Friedrich Plötzender / Birgit Plötzeneder
Praxiseinstieg LabVIEW

Friedrich Plötzeneder / Birgit Plötzeneder

Praxiseinstieg
LabVIEW

12 Experimente mit LabVIEW zeigen
Ihnen die praktische Anwendung

Mit 404 Abbildungen

Bibliografische Information der Deutschen Bibliothek

Die Deutsche Bibliothek verzeichnet diese Publikation in der Deutschen Nationalbibliografie;
detaillierte Daten sind im Internet über http://dnb.ddb.de abrufbar.

© 2010 Franzis Verlag GmbH, 85586 Poing

Satz: Fotosatz Pfeifer, 82166 Gräfelfing
art & design: www.ideehoch2.de
Druck: Bercker, 47623 Kevelaer
Printed in Germany

ISBN 978-3-7723-4039-0

Vorwort

In jeder Firma, jeder Schule oder jedem Institut gibt es jemanden, der jedem hilft und alles kann. Für alle Sonderfälle oder Probleme hat er (oder sie) den passenden Kleber, eine Bezugsquelle oder sogar schon eine Lösung in der Schublade.

LabVIEW ist dieser Praktiker in der PC-Messtechnik. Es hat viele Algorithmen, ist leicht programmierbar und kann ausgezeichnet mit externer Hardware kommunizieren.

Das vorliegende Buch ist in zwei Abschnitte gegliedert:

Der erste Teil des Buchs, Kapitel 1–19, erklärt die Programmiersprache LabVIEW Schritt für Schritt. Die Kapitel sind mit instruktiven Beispielen abgeschlossen. Aufgrund des Umfangs von LabVIEW, das mehr als tausend ausprogrammierte Algorithmen hat, sind nur die wichtigsten und Sprachelemente besprochen.

Der zweite Teil des Buchs, Kapitel 20–30, zeigt, wie leicht man mit LabVIEW technische, physikalische oder mathematische Probleme unterschiedlichster Bereiche lösen kann. Die Experimente sind mit einfacher, oft bereits vorhandener Ausrüstung möglich. Sie können zu Hause oder im Labor einer Schule oder Hochschule ohne große Investition durchgeführt werden. Sie sind bezüglich der Durchführung und Mathematik vollständig beschrieben und erprobt.

Die Experimente sind als Laborübung an Hochschulen oder HTLs und für Lehramtsstudenten, Ingenieure und Autodidakten, die mit LabVIEW arbeiten, geeignet.

Dateien zum Buch können von der Website www.ploetzeneder-labview.com heruntergeladen werden. E-Mails an f.ploetzeneder@fh-wels.at oder b.ploetzeneder@gmail.com.

Geleitwort

Am Campus Wels der Fachhochschule Oberösterreich haben wir seit nunmehr über 15 Jahren die Software-Entwicklungsumgebung *LabVIEW* im Studiengang *Automatisierungstechnik* erfolgreich im Einsatz und schon sehr viele Praktiker für unseren Wirtschaftsraum damit ausgebildet. Bis heute ist meine persönliche Begeisterung als Lehrender für die LabVIEW charakterisierende intuitive, grafisch-visuelle Programmierung ungebrochen. Gemeinsam mit dem Autor des vorliegenden Lehrbuchs gelingt es uns in Wels, diese Begeisterung an Studierende weiter zu vermitteln.

Die Mächtigkeit von LabVIEW, der Umfang an wiederverwendbaren Programmbeispielen und Dokumentationen, aber auch der jährliche „Zuwachs" an neuer Funktionalität und Leistungsfähigkeit ist enorm. Das macht es Anfängern schwer, sich zu orientieren. Aber auch für erfahrene Praktiker, die nicht tagtäglich mit LabVIEW arbeiten, ist es nicht leicht, auf dem Laufenden zu bleiben. Vor diesem Hintergrund sehe ich in diesem Buch eine große Bereicherung. Es liefert einem fundierten und kompakten Einstieg und enthält eine große Anzahl konkret anwendbarer Beispiele guten Programmierstils.

In einer didaktisch ausgereiften Form wird dem Leser eine umfassende Einführung in die grafisch-visuelle Programmierung mit LabVIEW geboten. Ausgehend von elementaren Begriffen werden alle Kenntnisse vermittelt, die zur Lösung umfangreicher Problemstellungen notwendig sind. Das Buch ist für Anfänger ohne besondere Vorkenntnisse geeignet. Es bleibt dabei aber nicht an der Oberfläche, sondern vermittelt auch fortgeschrittene Programmiermethoden und enthält nützliche Laborexperimente als konkrete Beispiele. Selbst erfahrene LabVIEW-Anwender können mithilfe des Buchs Neues hinzulernen.

Positiv aufgefallen sind mir die sorgfältig erstellten realen Laborexperimente. Sie sind dank ihrer Übersichtlichkeit nicht nur leicht verständlich, sondern vermitteln auch die Funktionsvielfalt von LabVIEW anschaulich.

FH. Prof. Univ. Doz. Dipl. Ing. Dr. Karl Kellermayr

Fachbereichsleiter Informationstechnologie

Campus Wels

Fachhochschule Oberösterreich

Inhaltsverzeichnis

1 Einführung

LabVIEW (Laboratory Virtual Instrumentation Engineering Workbench) von National Instruments ist eine grafische Programmiersprache, die es seit 1986 gibt. Nun liegt sie in der Version LabVIEW 2009 vor. Die hauptsächlichen Anwendungsgebiete liegen in der Mess-, Regelungs- und Automatisierungstechnik.

1.1 System installieren

Die vorgestellten Programme und Experimente funktionieren in jedem Fall ab LabVIEW 2009, einige aber auch mit LabVIEW 8.5 oder 8.6. Eine Studentenversion steht kostengünstig zur Verfügung, alternativ kann man die 30 Tage lauffähige Version von LabVIEW unter *http://www.ni.com/downloads/evaluation.htm* herunterladen. Für Benutzer, die noch nie mit LabVIEW gearbeitet haben, sei im Startmenü im Menüpunkt *Erste Schritte mit LabVIEW* ein Einstieg empfohlen.

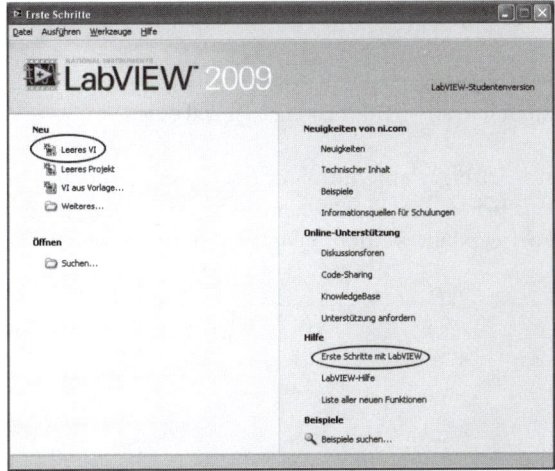

Abb. 1.1: Erste Schritte mit LabVIEW (unter *Hilfe* zu finden)

Bei Programmen mit Bildverarbeitung, z. B. dem 3-D-Scanner, ist es nötig, die Bildverarbeitungssoftware *Vision Development Module 2009* und die entsprechenden Treiber *VAS-November2009.zip* zu installieren. Sie finden diese Programme unter: *http://joule.ni.com/nidu/cds/view/p/id/1524/lang/de* und *http://joule.ni.com/nidu/cds/view/p/id/1392/lang/de*

Diese Programme benötigen auf Ihrem PC knapp 2 GB Speicher.

2 Grundlegendes

2.1 Frontpanel und Blockdiagramm

Wenn man mit LabVIEW ein neues Programm erstellt (über *Leeres VI*), werden zwei Fenster geöffnet. Das graue Fenster ist das Frontpanel, das weiße Fenster das Blockdiagramm.

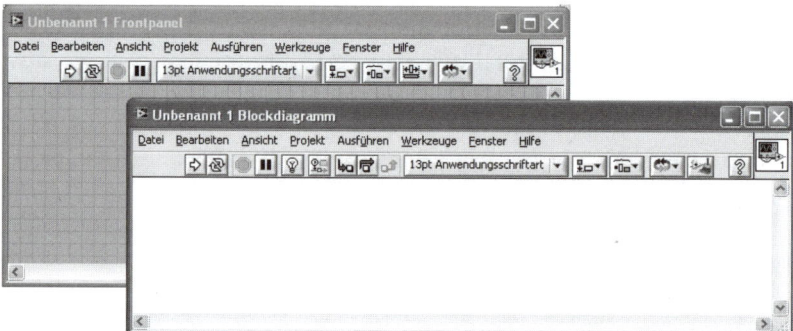

Abb. 2.1: Frontpanel und Blockdiagramm nach dem Start von LabVIEW (Leeres VI)

Im Frontpanel werden die Ein- und Anzeigeelemente platziert. Diese Elemente bezeichnet man auch als *Frontpanelelemente*. Im Blockdiagramm (auch Diagramm) kann das Programm in grafischer Form erstellt werden.

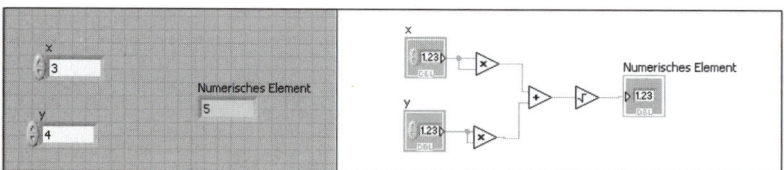

Abb. 2.2: Auswertung der pythagoreischen Formel

Das gezeigte Programm ist in dieser einfachen Form bereits lauffähig. LabVIEW ist, vereinfacht ausgedrückt, ein zum Leben erwecktes Flussdiagramm.

Ein LabVIEW-Programm wird von der Entwicklungsumgebung kompiliert, d. h. in Maschinencode umgewandelt und ausgeführt. Die Ausführungsgeschwindigkeit ist dadurch sehr hoch und im Vergleich zu Java 10–100 Mal schneller.

2.2 Die fünf wichtigsten Fenster und das Fehlerfenster

Tabelle 2.1: Die wichtigsten Fenster in LabVIEW im Überblick

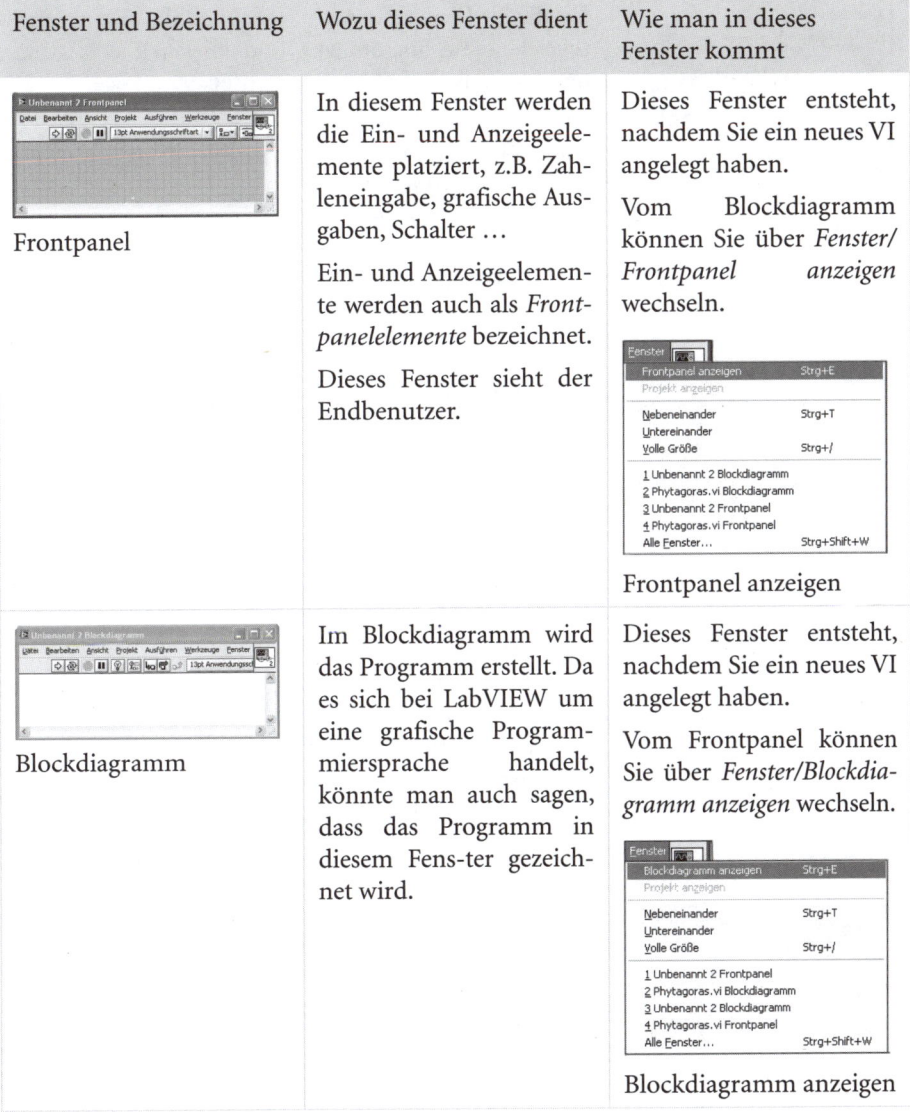

Fenster und Bezeichnung	Wozu dieses Fenster dient	Wie man in dieses Fenster kommt
Frontpanel	In diesem Fenster werden die Ein- und Anzeigeelemente platziert, z.B. Zahleneingabe, grafische Ausgaben, Schalter … Ein- und Anzeigeelemente werden auch als *Frontpanelelemente* bezeichnet. Dieses Fenster sieht der Endbenutzer.	Dieses Fenster entsteht, nachdem Sie ein neues VI angelegt haben. Vom Blockdiagramm können Sie über *Fenster/ Frontpanel anzeigen* wechseln. Frontpanel anzeigen
Blockdiagramm	Im Blockdiagramm wird das Programm erstellt. Da es sich bei LabVIEW um eine grafische Programmiersprache handelt, könnte man auch sagen, dass das Programm in diesem Fens-ter gezeichnet wird.	Dieses Fenster entsteht, nachdem Sie ein neues VI angelegt haben. Vom Frontpanel können Sie über *Fenster/Blockdiagramm anzeigen* wechseln. Blockdiagramm anzeigen

Fenster und Bezeichnung	Wozu dieses Fenster dient	Wie man in dieses Fenster kommt
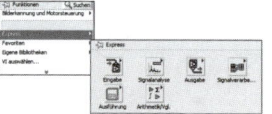 Elementefenster	In diesem Fenster können Sie die Bedien- und Anzeigeelemente auswählen und in das Frontpanel einsetzen. Das Menü kann durch einen Klick auf das Symbol ⌄ erweitert werden.	Gehen Sie mit dem Cursor über das Frontpanel und klicken Sie mit der rechten Maustaste.
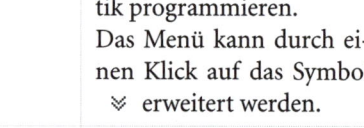 Funktionspalette	Eingabe: Datenerzeugung und -erfassung. Signalanalyse: Auswertung. Ausgabe: Signalausgabe und speichern. Signalverarbeitung: Extrahieren und Synthetisieren von Sig-nalen. Ausführung und Arithmetik programmieren. Das Menü kann durch einen Klick auf das Symbol ⌄ erweitert werden.	Gehen Sie mit dem Cursor über das Blockdiagramm und klicken Sie mit der rechten Maustaste.
 Werkzeugpalette	In diesem Menü können Sie die Bearbeitungswerkzeuge auswählen.	Sie wählen das Menü *Ansicht >> Werkzeugpalette* 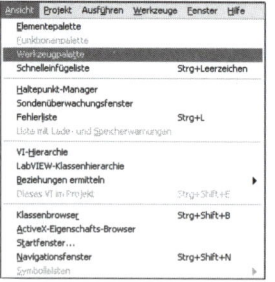 Werkzeugpalette anzeigen

Fenster und Bezeichnung	Wozu dieses Fenster dient	Wie man in dieses Fenster kommt
 Fehlerfenster Über das Pull-down-Menü *Anzeigen >> Fehlerliste* über den Shortcut Strg + L können Sie auch das Fehlerfenster öffnen.	Dieses Fenster zeigt die Fehler, wenn ein Programm nicht ausführbar ist (einen Programmierfehler hat). Doppelklick auf die blau markierte Zeile. Sie springen dann auf den Programmfehler im Blockdiagramm.	Falls das Programm nicht ausführbar ist (weil es einen Programmierfehler hat) und Sie es trotzdem starten, erscheint dieses Fenster. Ein nicht ausführbares Programm erkennen Sie am gebrochenen Startbutton in der Symbolleiste. Das Programm hat einen Programmierfehler.

2.3 Details der wichtigsten Fenster

Wenn Sie mit dem Cursor über das Frontpanel gehen und mit der rechten Maustaste klicken, öffnet sich die Elementpalette, die die Frontpanelementc enthält.

Tabelle 2.2: Elementpalette mit den Frontpanelelementen

Einfaches Elementemenü	Vollständiges Elementemenü
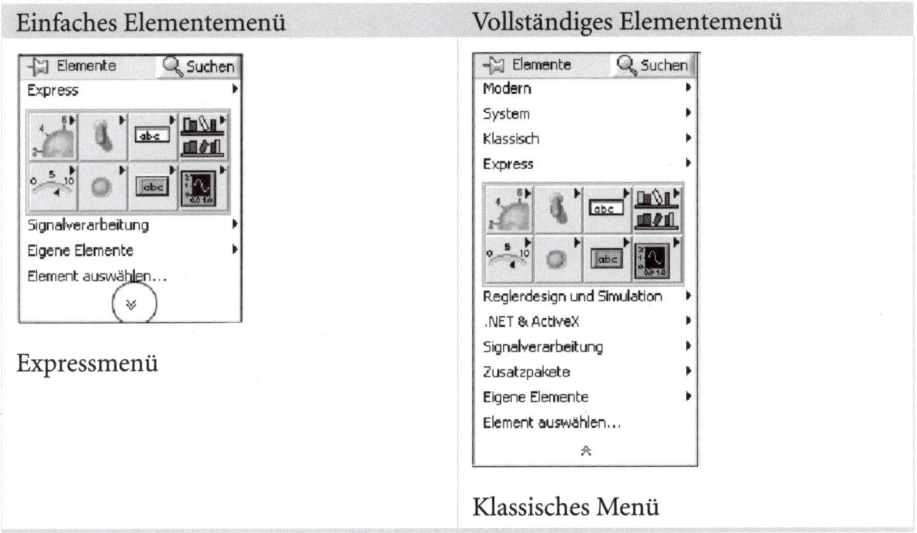	
Expressmenü	Klassisches Menü

Die wichtigsten Frontpanelelemente finden Sie im Expressmenü. Eine noch größere Anzahl von Frontpanelelementen ist im klassischen Menü zu finden. Wenn Sie mit dem Cursor über das Blockdiagramm gehen und mit der rechten Maustaste klicken, können Sie die Funktionspalette öffnen.

Tabelle 2.3: Funktionspalette

Einfaches Menü für Funktionen	Ausführliche Funktionspalette
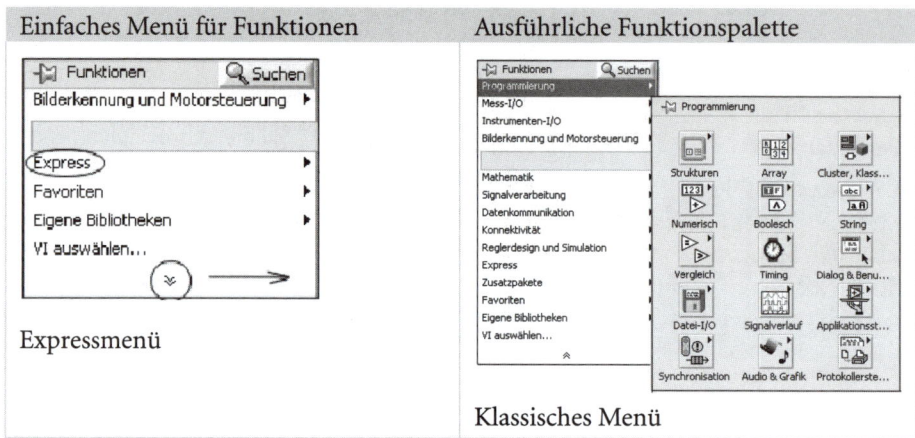	
Expressmenü	Klassisches Menü

In LabVIEW gibt es grundsätzlich zwei Arten von Funktionen: die klassischen Funktionen und die Expressfunktionen. Die Expressfunktionen sind „Blöcke", die über ein Menü zu konfigurieren sind. Das ist in der Regel relativ leicht. Nachteil ist, dass die Eigenschaften des Programms nicht mehr ersichtlich sind.

Dazu ein Beispiel:

Tabelle 2.4: Express- oder konventionelle Funktionen

Programm mit Express VI: Die Funktion, hier die Formel, wurde per Menü eingegeben (Express).	Konventionelles LabVIEW-Programm (klassisch).
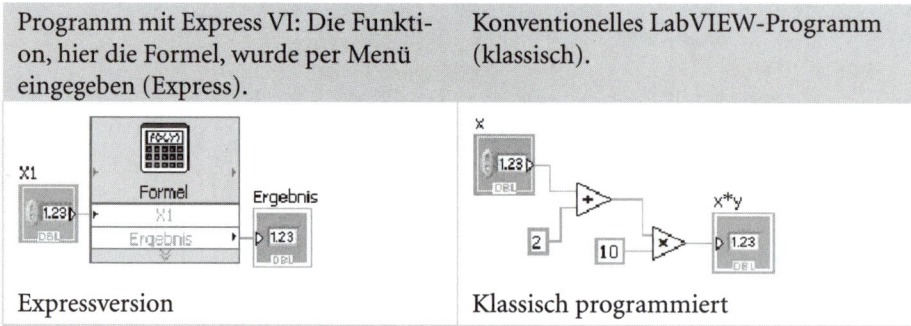	
Expressversion	Klassisch programmiert

Anfängern, die an einfach zu realisierenden Lösungen interessiert sind (z. B. Datenerfassung mit Speicherung), sei die Expresstechnik empfohlen. Es kann aber sein, dass

Sie mit der Expresstechnik Grenzen erreichen, die Sie nicht überschreiten können. Dann muss auf die konventionelle LabVIEW-Technik zurückgegriffen werden.

Die Werkzeugpalette detailliert:

Tabelle 2.5: Werkzeugpalette

Werkzeugpalette	Manuelle Werkzeugauswahl Falls LED grün leuchtet >> automatische Werkzeugauswahl		
	Finger: Dateneingabe, Bedienen von Frontpanelelementen	Pfeil: Auswahl von Objekten	Buchstabe A: Texteingabe
	Drahtspule: Verbinden	Schubkasten: Kontextmenü mit linker Maustaste	Hand: Bewegen aller Objekte in einem Fenster
	Stoppschild: Breakpoint setzen oder löschen	Gelber Kreis mit P: Wert anzeigen	Pipette: Farbe aufnehmen
	Zwei Quadrate: Malkasten; der Pinsel kann zwei Farben enthalten. Es kann z. B. ein Schalter mit Gehäuse mit einem Klick mit zwei Farben koloriert werden.		

3 Datentypen und ein erstes Programm

Das Frontpanel, das der spätere Benutzer bei der Bedienung des Programms sieht, muss Möglichkeiten zur Eingabe und Ausgabe von Daten bieten. Diese findet man in der Elementpalette (Rechtsklick), die Eingabeelemente und Anzeigeelemente bereitstellt, nach Datentypen und Kommunikationsrichtung geordnet. Die Daten werden entsprechend auf verschiedene Weisen gespeichert und verarbeitet, von denen hier die elementaren und für Einsteiger relevanten vorgestellt werden.

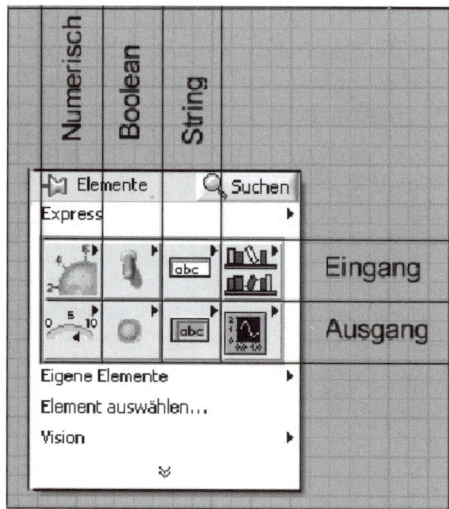

Abb. 3.1: Datentypen von Frontpanelelementen

3.1 Numerische Datentypen

Je nach Verwendung werden numerische Daten in verschiedenen Formaten gespeichert:

- EXT: Kommazahl mit besonders großer Genauigkeit
- DBL: Kommazahl mit normaler Genauigkeit
- SGL: Kommazahl mit geringer Genauigkeit
- I8-I64: Integerzahlen (ohne Komma), die positiv und negativ sein können

- U8-U64: Unsigned Integer, die nur positive Zahlen sein können
- CXT, CDB, CSG: komplexe Zahlen

Welche Werte können mit den verschiedenen Datentypen abgebildet werden?

Tabelle 3.1: Wertebereiche einiger numerischer Datentypen

U8	0 bis 255	
I8	-2^7 bis $+2^7-1$	-128 bis 127
U16	0 bis $+2^{16}-1$	0 bis 65535
I16	-2^{15} bis $+2^{15}-1$	-32768 bis 32767
DBL		-10^{+308} bis $+10^{+308}$

Es ist immer darauf zu achten, dass man bei einer Rechnung den Wertebereich nicht überschreitet. Verwendet man den Typ U8, ergibt die Rechnung 100 – 101 = 255, was aber falsch ist.

Tabelle 3.2: Numerische Datentypen

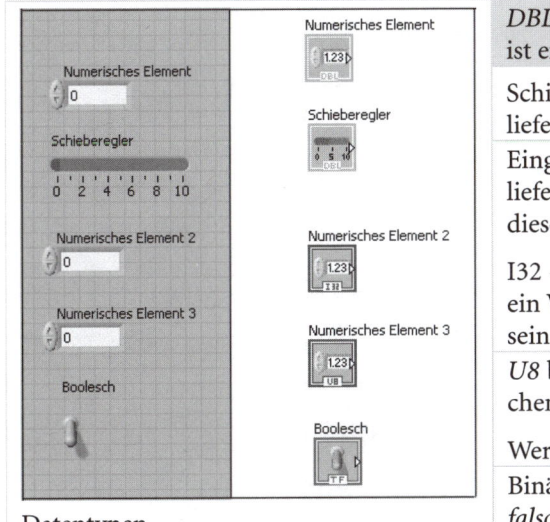

Datentypen	*DBL* bedeutet *Double Precision* und ist eine Zahl mit Komma.
	Schieberegler, der eine DBL-Zahl liefert = Zahl mit Komma
	Eingabeelement, das einen Integer liefert. Integer sind ganze Zahlen, in diesem Fall im 32-Bit-Format.
	I32 – dabei steht I für eine Zahl, die ein Vorzeichen hat, also auch negativ sein kann.
	U8 bedeutet 8-Bit-Zahl ohne Vorzeichen.
	Wertebereich 0 bis 255
	Binäre Daten können *wahr* oder *falsch* sein.

3.1.1 Erzeugen eines Eingabeelements

Ein Eingabeelement erhält man aus der Elementpalette durch Rechtsklick im Frontpanel und Auswählen eines entsprechenden Bedienelements. Es stehen verschiedene Optionen zur Verfügung. Typische wurden bereits in der ersten Grafik angezeigt.

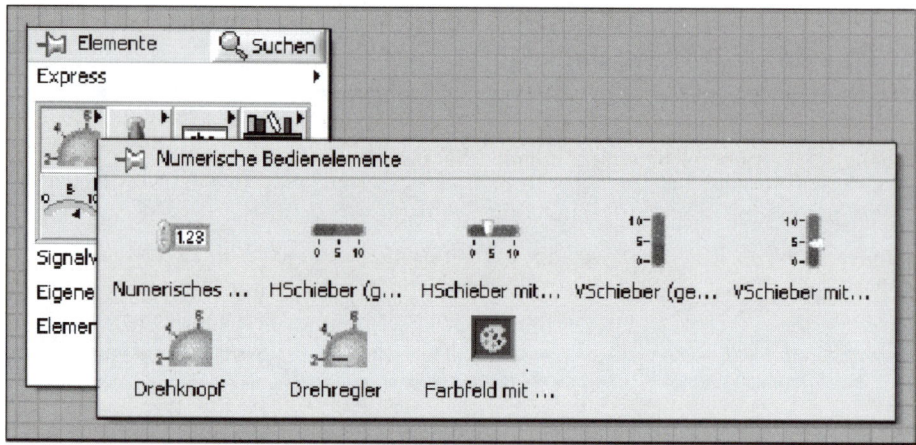

Abb. 3.2: Erzeugung eines Eingabeelements

Bei der Erstellung können Sie nicht auswählen, ob ein Eingabe-/Anzeigeelement für eine numerische Eingabe den Datentyp DBL oder U8 hat. Sie müssen nachträglich den Datentyp festlegen.

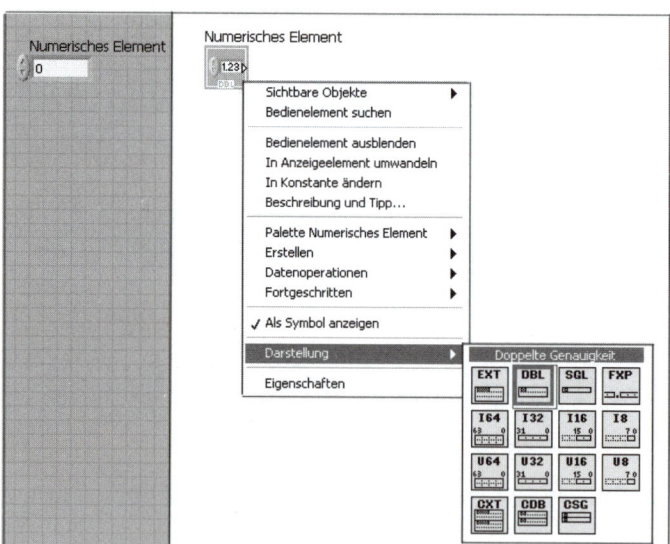

Abb. 3.3: Kontextmenü-Darstellung zur Auswahl des Datentyps

Die Entscheidung, ob es sich um eine Eingabe oder Ausgabe handelt, kann man auch nachträglich über die rechte Maustaste >> *In Bedienelement/Anzeigeelement umwandeln* ändern.

3.1.2 Darstellung der Symbole der Frontpanelelemente im Blockdiagramm

Im Blockdiagramm sind zwei Darstellungen für Ein- und Anzeigeelemente möglich. Die größere Darstellung enthält mitunter noch zusätzliche Informationen, z. B. über den Typ der Ausgabe (Zeigerinstrument ...). Über das Kontextmenü (rechte Maustaste) kann man die gewünschte Darstellung wählen.

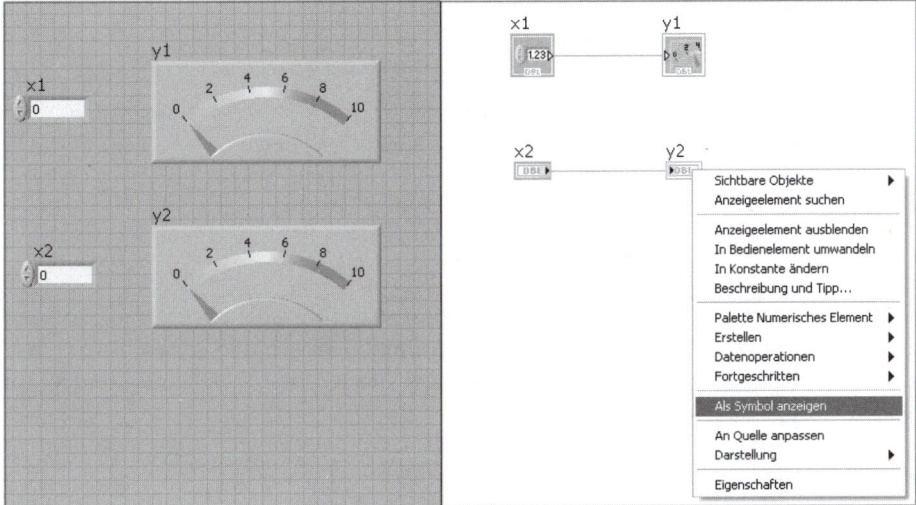

Abb. 3.4: Symbole für Ein- und Anzeigeelemente

3.1.3 Einfache Berechnungen

Die grundlegenden mathematischen Funktionen lassen sich im klassischen Menü unter *Programmierung >> Numerisch* finden. Die Programmierung dieser Funktionen ist einleuchtend. Links wird mit Eingabevariablen verbunden, rechts erhält man das Ergebnis.

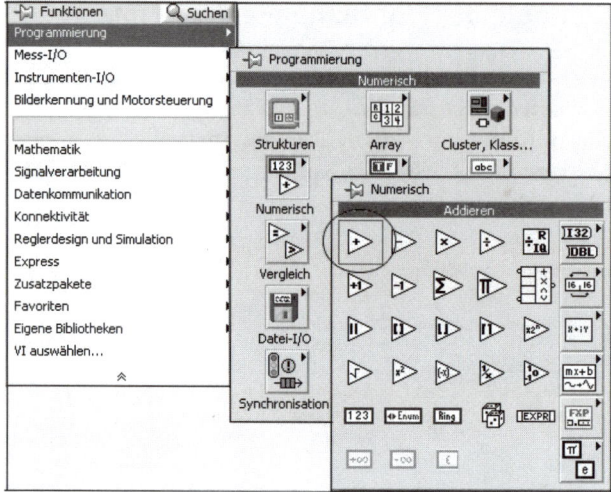

Abb. 3.5: Auswahl der Funktion *Addieren*

In *Abb. 3.6* wurde das am Beispiel der Addition ausgeführt, die einfach mit Ein- und Anzeigeelementen verbunden wird. Das Programm in diesem Bild ist bereits lauffähig. Die Verbindung (mit der Drahtspule) und das Starten des Programms werden am Ende des Kapitels erläutert.

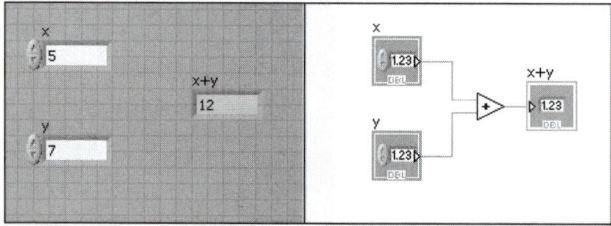

Abb. 3.6: Ausführbares Programm zur Addition von zwei Zahlen

3.2 Strings oder Zeichenketten

Ein weiterer wichtiger Datentyp ist ein String. Strings sind Zeichenketten und können Buchstaben, Sonderzeichen oder Ziffern enthalten. Strings werden ähnlich erzeugt wie numerische Datentypen, und so sehen sie auch im Programm aus.

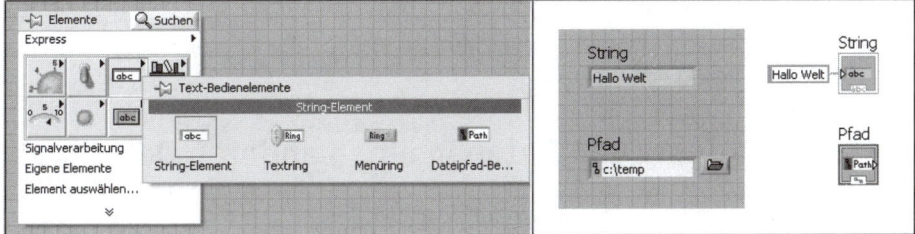

Abb. 3.7: Erzeugung, Strings im Programm

Im Bild oben werden auf der rechten Seite ein Programm mit einer String-Ausgabe und eine Pfadanzeige dargestellt. Ein Pfad ist ein spezieller Datentyp, der die typische Formatierung eines Dateipfads aufweist. Die besondere Eigenschaft dieses Elements zeigt sich erst (später) im Blockdiagramm: Man kann diesen Pfad konkret zur Dateibearbeitung verwenden. Mit dem, was bis hier vorgestellt wurde, kann bereits die „Hallo, Welt!"-Übung am Ende des Kapitels durchgeführt werden.

3.3 Boolesch

Binäre Daten (*true/false*) werden in der deutschen Version von LabVIEW als *boolesch* (*wahr/falsch*) bezeichnet. Sie können z. B. damit den Zustand eines Schalters zeigen.

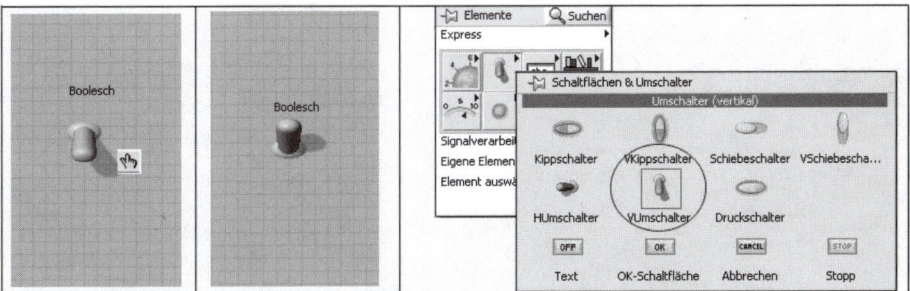

Abb. 3.8: Bedienen des Schalters mit dem Finger aus der Werkzeugpalette

3.4 Weitere Datentypen

Es gibt noch mehr Datentypen, die aber nicht hier besprochen werden. Einer davon ist der Typ *dynamische Daten*, der beim Einsatz der Expresstechnik vorkommt. Ein Signal enthält nicht nur die (Mess-)Daten, sondern auch die Startzeit und ein *dt*, das den zeitlichen Abstand der Werte angibt.

Weiterführender Hinweis: Im Kap. 17 („Soundkarte") wird die Verwendung von *Arrays >> Signalverlauf >> Dynamische Daten* erläutert.

3.5 Umwandlung von Daten in einen anderen Datentyp

Numerische Daten können in einen anderen numerischen Datentyp umgewandelt werden. Dafür stehen schon Funktionen im Menü *Konvertierung* zur Verfügung.

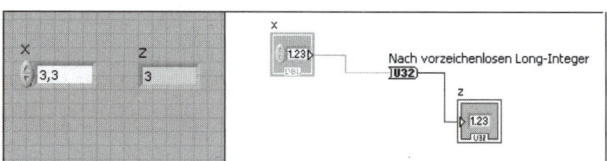

Abb. 3.9: Konversion vom Typ *Double* in *Integer*

Da ein Integer ganze Zahlen darstellt, geht der Wert nach dem Dezimalpunkt verloren. Die Umwandlungsfunktionen finden Sie unter *Programmierung >> Numerisch >> Konvertierung*.

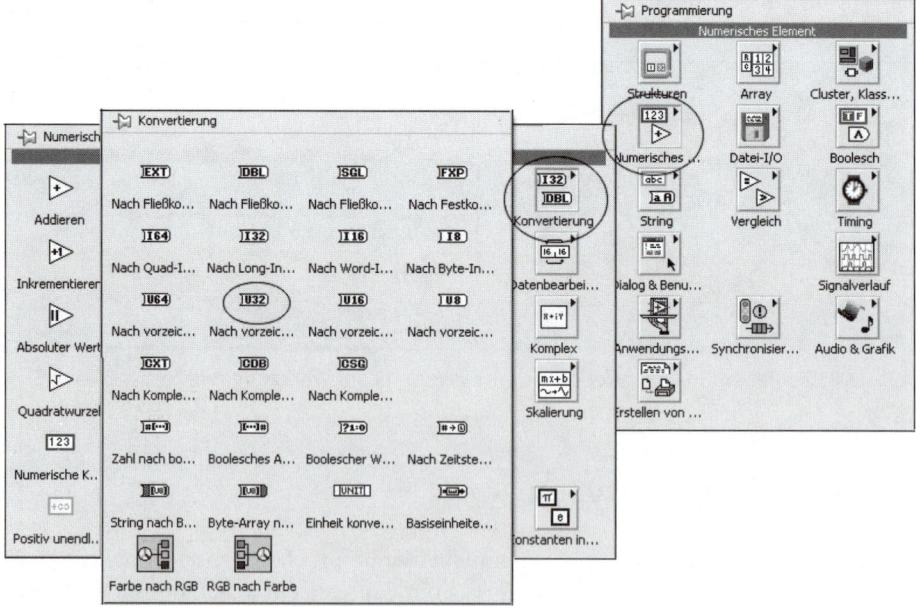

Abb. 3.10: Konversionsfunktion für die Umwandlung in einen U32 (vorzeichenlos und 32 Bit)

3.6 Konstanten

Eine Konstante ist im Blockdiagramm zu finden und hat einen Wert, den der Programmierer festgelegt hat. Der Benutzer kann diesen Wert nicht verändern. Eine Konstante kann man auf zwei Arten erzeugen: im Menü, durch Wahl bei den entsprechenden Funktionen oder indem man mit der Drahtspule an einen Eingang geht und sie über das Kontextmenü erstellt.

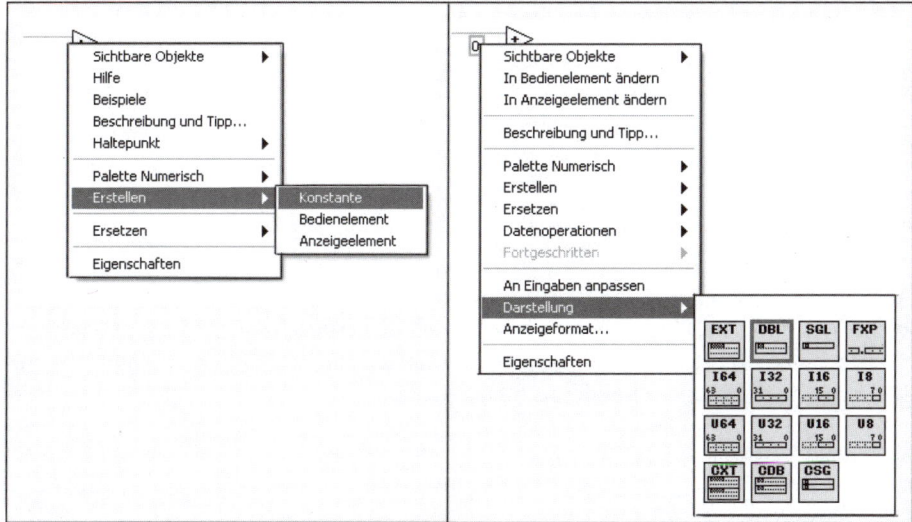

Abb. 3.11: Erstellen einer Konstante über das Kontextmenü

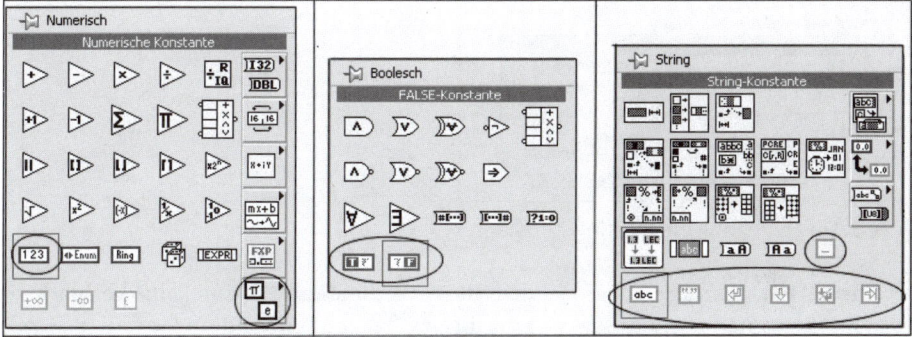

Abb. 3.12: Erstellen einer Konstanten vom Typ *Numerisch*, *Binär* oder *String*

3.7 Hallo, Welt!

An dieser Stelle folgt das meistgeschriebene Programm der Welt in der LabVIEW-Version: An einer String-Konstante ist eine Ausgabe angeschlossen, sodass nach dem Programmstart der Text ausgegeben wird.

Fügen Sie zunächst in ein leeres *VI* eine String-*Anzeige* (aus der Elementpalette) ein. Drücken Sie auf *ausführen*, *Wiederholt ausführen* oder *Ausführung abbrechen*. Der Unterschied zwischen den ersten beiden ist, ob ständig auf Änderungen gewartet wird oder ob nur der Zustand vor dem Starten abgefragt wird.

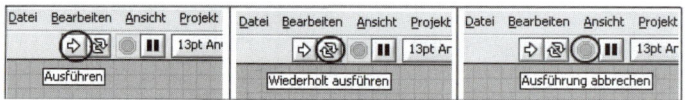

Abb. 3.13: Ausführen und Stoppen eines Programms

Hier passiert aber nichts – wo nichts programmiert wurde, kann nichts angezeigt werden. Stoppen Sie Ihr Programm und klicken Sie im Frontpanel doppelt auf die Ausgabe. Sie wechseln dadurch ins Blockdiagramm und finden so den zugehörigen Block. Das funktioniert auch umgekehrt. Im Blockdiagramm wird nun der Anzeige ein konstanter Wert zugewiesen. Dazu klicken Sie mit der rechten Maustaste auf den Block und folgen dem Bild:

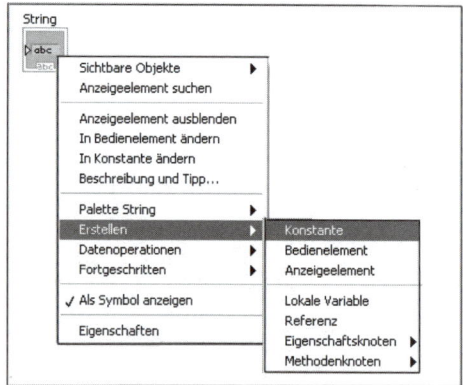

Abb. 3.14: Erzeugung einer String-Konstanten

Es entsteht ein kleines Feld, das mit dem Block verbunden ist. Wenn keine Verbindung besteht, haben Sie versehentlich ein Eingabeelement gewählt. Ändern Sie dies (z. B. mit Rechtsklick, *in Anzeigeelement umwandeln*).

Tippen Sie „Hallo, Welt!" in dieses Feld. Wenn Sie den Cursor im Feld verlieren, können Sie mit dem Schreibwerkzeug aus der Werkzeugpalette wieder dorthin gelangen.

Wechseln Sie jetzt zum gewöhnlichen Mauszeiger (aus der Werkzeugpalette) und starten Sie das Programm.

3.7.1 Hinweis zur Drahtspule

Die Drahtspule ist eines der wichtigsten Werkzeuge in LabVIEW. Mit ihr kann man verschiedene Blöcke im Blockdiagramm verbinden, wie es schon ohne ihr Zutun zwischen der Konstante (Hallo, Welt!) und dem Anzeigeelement geschehen ist. Klicken Sie mit dem Mauszeiger auf die Verbindung und löschen Sie diese. Wählen Sie dann die Drahtspule und stellen Sie die Verbindung wieder her.

Fügen Sie nun einmal ein Eingabeelement für Strings in Ihr Programm ein und erstellen Sie eine weitere Konstante durch Rechtsklick auf das Symbol. Diese ist nicht mit der Eingabe verbunden und auf der anderen Seite des kleinen Andockpfeils positioniert. Erzwingen Sie die Verbindung mit der Drahtspule und Sie stellen fest: LabVIEW lässt das nicht zu und zeigt die fehlerhafte Verbindung an.

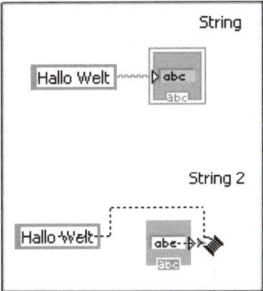

Abb. 3.15: Die Drahtspule zeigt bei Berührung eine fehlerhafte Verbindung.

4 Einfache Frontpanelelemente

4.1 Umwandlung von Bedien-/Anzeigeelementen und Konstanten

Numerische Bedien- und Anzeigeelemente können für verschiedene Aufgaben konfiguriert werden. Es besteht die Möglichkeit, ein Bedienelement, ein Anzeigeelement oder eine Konstante in die jeweils andere Form umzuwandeln. So kann aus einem Bedienelement ein Anzeigeelement oder eine Konstante erzeugt werden.

Über das Kontextmenü im Blockdiagramm können Umwandlungen ausgeführt werden.

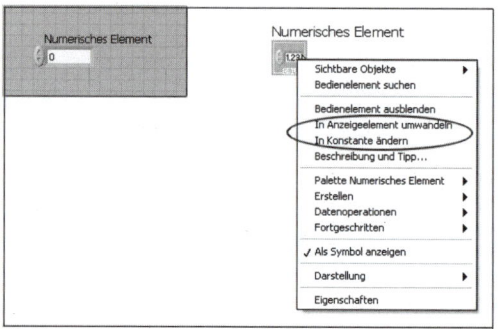

Abb. 4.1: Umwandlung eines Bedienelements in ein Anzeigeelement oder in eine Konstante

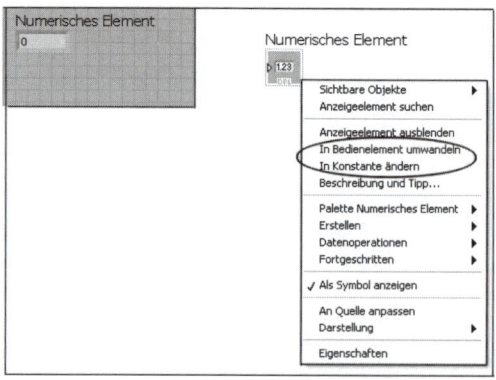

Abb. 4.2: Umwandlung eines Anzeigeelements in ein Bedienelement oder eine Konstante

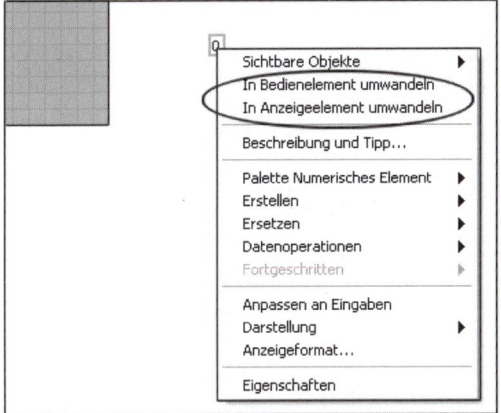

Abb. 4.3: Umwandlung einer Konstanten in ein Bedienelement oder ein Anzeigeelement

4.2 Konfiguration numerischer Frontpanelelemente

Bei der Anzeige numerischer Daten ist nicht immer eindeutig, welche am sinnvollsten ist. Z. B. kann es wichtig sein, Kommastellen zu sehen, oder man will ein anderes Zahlensystem verwenden. Um dies umzustellen, wird im Kontextmenü von einem numerischen Element der Punkt *Eigenschaften* gewählt.

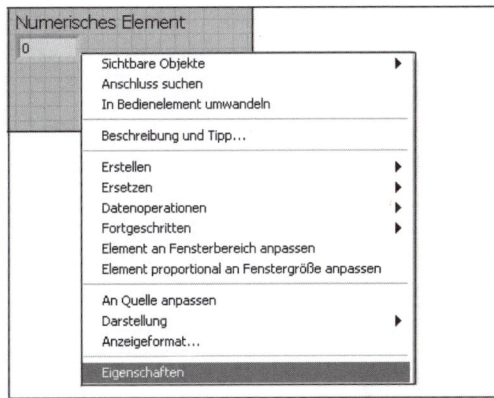

Abb. 4.4: Kontextmenü zum Konfigurieren der numerischen Eingabe

Sie erhalten folgendes Fenster, das eine weitere Auswahl über die Registerkarten erlaubt:

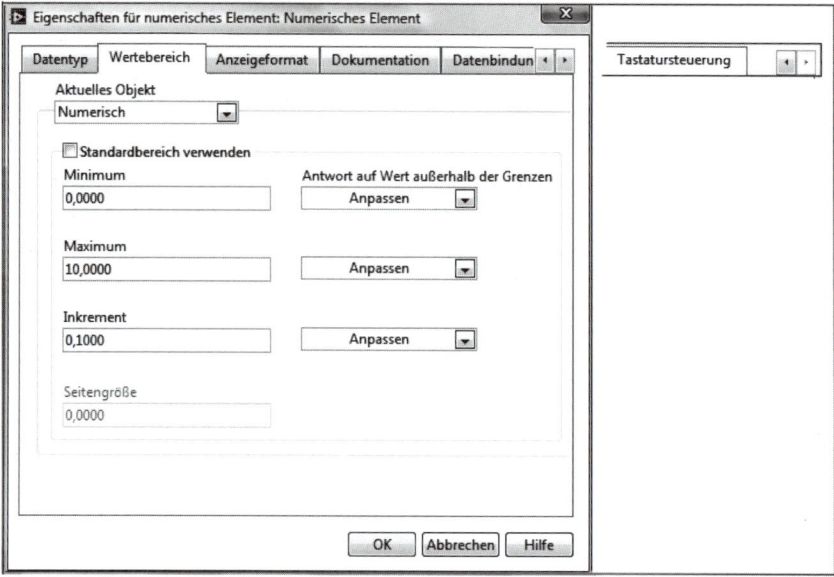

Abb. 4.5: Registerkarte *Wertebereich*

Bei der Registerkarte *Wertebereich* können Sie unter anderem einstellen, um welchen Wert die Eingabe verändert wird, wenn Sie auf der Pfeilschaltfläche den Wert erhöhen oder verringern.

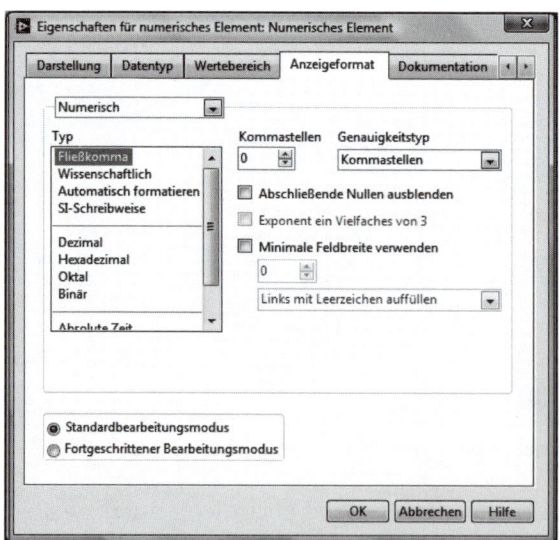

Abb. 4.6: Eigenschaft von Frontpanelelement zu Festlegung des Anzeigeformats

Von den Optionen in der Registerkarte *Anzeigeformat* (*Abb. 4.6*; diese Fenster sind auch über *Kontextmenü >> Anzeigeformat* erreichbar) ist besonders die Auswahl der Darstellungsmöglichkeit (dezimal, hexadezimal, oktal, binär) wichtig. Diese Auswahl ist aber vom Datentyp abhängig. So ist z. B. für *Double Precision* eine Darstellung im Binärformat nicht möglich.

Will man einen Wert, der im Programm vorgegeben ist, nach dem Öffnen sehen, muss man ihn als Standard setzen. Das erfolgt im Kontextmenü unter *Datenoperationen*. Wenn das Programm in Abbildung 4.7 gespeichert und später wieder geladen wird, erscheint im Eingabeelement der Wert 10.

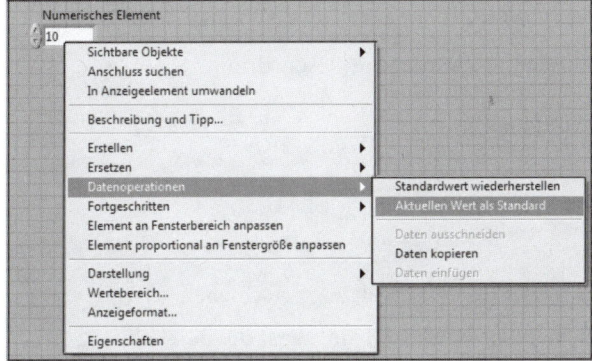

Abb. 4.7: Wert eines Frontpanelelements beim Öffnen des Programms festlegen

Mit einem weiteren Menüpunkt kann man die Beschriftung („Numerisches Element") sichtbar oder unsichtbar machen. Dies funktioniert selbstverständlich bei allen Bedien- und Anzeigeelementen.

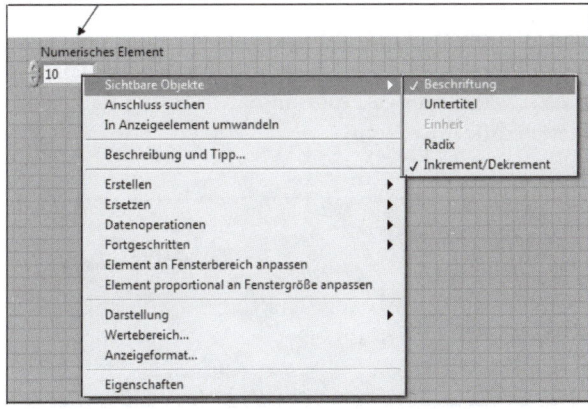

Abb. 4.8: Beschriftung sichtbar/unsichtbar

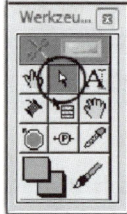

Abb. 4.9: Werkzeugpalette – Pfeil zum Bearbeiten der Beschriftung

Die Beschriftung wird gleichzeitig im Frontpanel und im Blockdiagramm angezeigt und hilft, den Zusammenhang von Frontpanelelement und Element im Diagramm zu finden. Die Beschriftung soll nicht mit einem frei verschiebbaren Kommentar verwechselt werden, sondern ist mit dem Frontpanelelement verbunden.

Mögliche Verschiebung bei Frontpanelelementen mit Beschriftung

Tabelle 4.1: Verschieben der Beschriftung

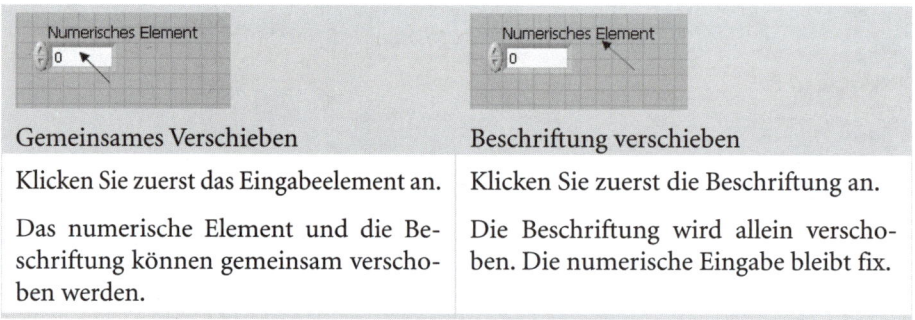

Gemeinsames Verschieben	Beschriftung verschieben
Klicken Sie zuerst das Eingabeelement an.	Klicken Sie zuerst die Beschriftung an.
Das numerische Element und die Beschriftung können gemeinsam verschoben werden.	Die Beschriftung wird allein verschoben. Die numerische Eingabe bleibt fix.

4.3 Skalierung von Anzeigeinstrumenten

Anzeigeelemente, die wie Analoginstrumente/Drehspulinstrumente aussehen, können unter *Express >> Numerische Anzeigeelemente >> Messgerät* gefunden werden. Die Skalenendwerte (Pfeil) können auch während der Programmausführung nach Auswahl des „A" in der Werkzeugpalette editiert werden.

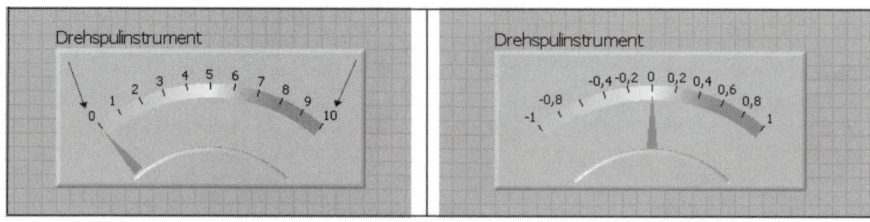

Abb. 4.10: Skalenendwerte verändern

Die Berechnung der Zwischenwerte erfolgt danach automatisch. Eine logarithmische Skala wie in *Abb. 4.11* kann man durch Rechtsklick und Menü erlangen.

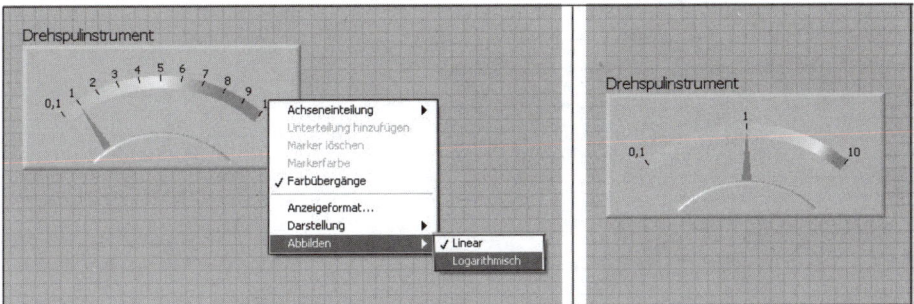

Abb. 4.11: Das Drehspulinstrument wird über das Kontextmenü mit logarithmischer Skala versehen.

4.4 Listenfelder

Listenfelder sind Frontpanelelemente, bei denen man eine Zeile auswählen kann. Im Blockdiagramm wird ein Zahlenwert geliefert, der von der gewählten Zeile abhängt. Wird die oberste Zeile gewählt, ist der Zahlenwert 0. Jede Zeile nach unten erhöht den Zahlenwert im Diagramm.

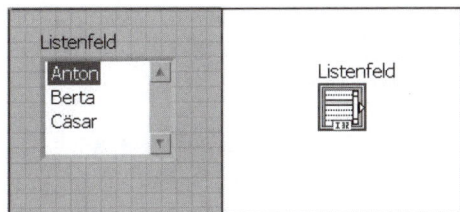

Abb. 4.12: Listenfeld

Im Beispiel oben sind folgende Werte zu erwarten:

Anton liefert 0, Berta liefert 1, Cäsar liefert 2.

Das Listenfeld findet man unter *Modern >> Liste & Tabelle >> Listenfeld*.

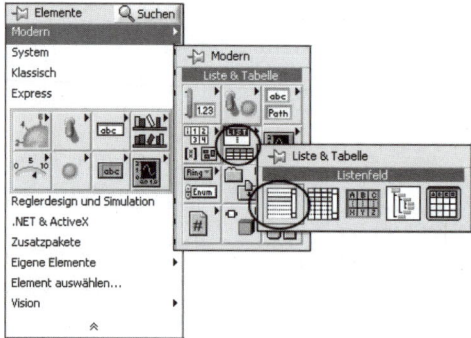

Abb. 4.13: Listenfeld in der Frontpanelpalette

4.5 Konfigurieren eines Schalters

4.5.1 Schaltverhalten

Schalter können mit einem Kontextmenü im Schaltverhalten konfiguriert werden. Dieses Verhalten ist dem realer Schalter nachempfunden.

Tabelle 4.2: Die wichtigsten Schaltereinstellungen im Menü Schaltverhalten

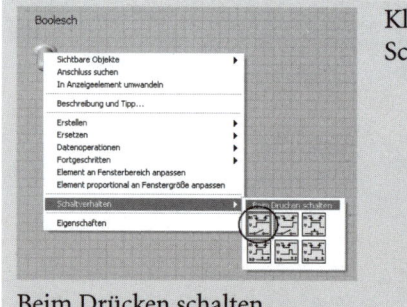 Beim Drücken schalten	Klick auf Schalter => Ein, weiterer Klick auf Schalter => Aus (vergleichbar mit Lichtschalter)
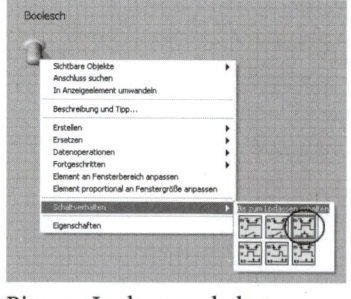 Bis zum Loslassen schalten	Solange auf den Schalter gedrückt wird, ist dieser eingeschaltet (vergleichbar mit der Klingel an einer Haustür).

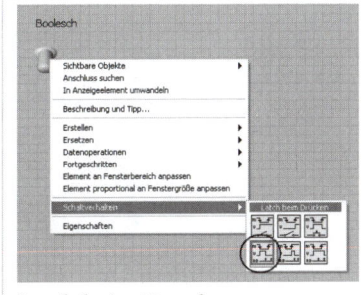

Klick auf Schalter => Ein

Wird der Schalter vom Programm abgefragt und ist dieser auf *Ein* (Wahr), wird er auf *Aus* (Falsch) gesetzt.

Spätere Anwendung:

Latch beim Drücken

Die While-Schleife läuft, bis der Taster *Stopp* gedrückt wird. Dann wird die Schleife verlassen und der Taster wieder auf *AUS* (Falsch) gesetzt.

4.5.2 Boolescher Text

Mit dem booleschen Text kann man, je nach Schalterstellung, einen unterschiedlichen Text ausgeben.

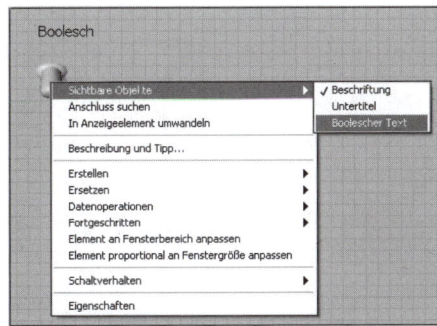

Abb. 4.14: Kontextmenü um einen Text auszugeben, der von der Schalterstellung abhängt

Nach Aktivierung von booleschem Text wird *AUS* sichtbar.

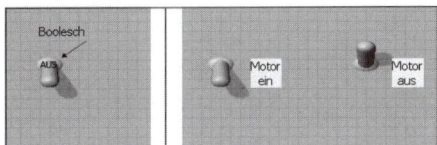

Abb. 4.15: Boolescher Text mit Bearbeitung

Nach Bearbeitung des booleschen Textes *AUS* kann dieser auf jede Position verschoben werden. Zusätzlich ist im Beispiel oben noch die Beschriftung deaktiviert.

5 Entscheidungsstrukturen

Ein Computer kann nur Entscheidungen treffen, wenn man ihm „sagt", wie. Das wird durch Entscheidungsstrukturen realisiert. Die Entscheidungsstruktur ist die programmiertechnische Umsetzung von „wenn – dann".

5.1 Funktion *Auswählen*

Eine sehr einfache Entscheidung kann man mit der Funktion *Auswählen* umsetzen, die im Blockdiagramm eingefügt wird. Sie finden diese Funktion zwei Mal in der Funktionspalette: im Expressmenü und im klassischen Menü.

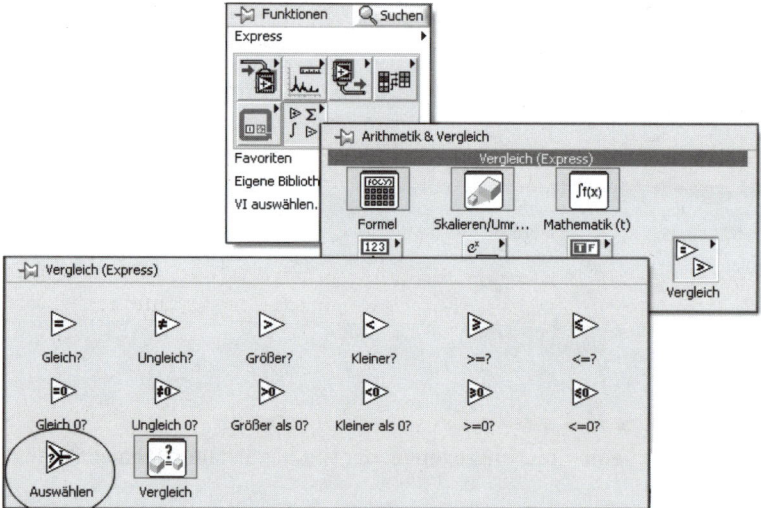

Abb. 5.1: Funktion *Auswählen* im Expressmenü

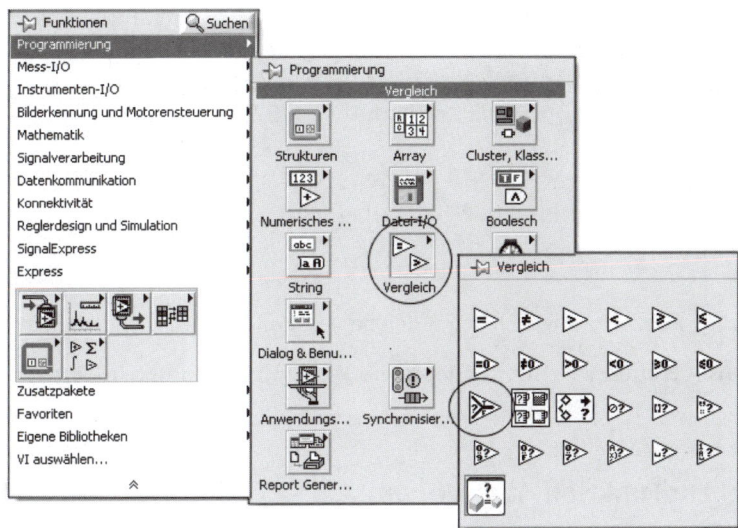

Abb. 5.2: Funktion *Auswählen* im klassischen Menü *Programmierung*

5.1.1 Auswählen in einem Programm

Ein Schalter gibt einen Wert vom Datentyp *boolesch* aus, also *wahr* oder *falsch (true* oder *false* in der englischen Version von LabVIEW), entsprechend der Schalterstellung *EIN* und *AUS*.

Ist im Programm unten der Schalter oben gekippt, wird vom Schalter *Wahr* ausgegeben. Bei der Funktion *Auswählen* wird dadurch der obere Signalweg durchgeschaltet und im Anzeigeelement der Wert 2 ausgegeben.

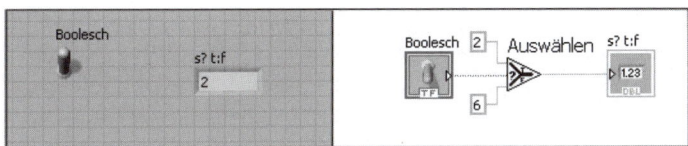

Abb. 5.3: Schalter oben =› *Wahr* =› oberer Signalweg bei der Auswahl

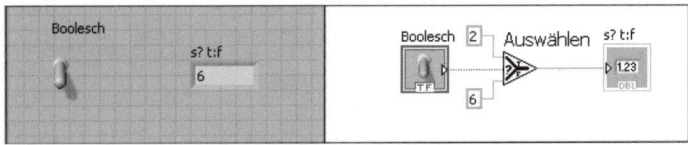

Abb. 5.4: Schalter unten =› *Falsch* =› unterer Signalweg bei der Auswahl

Nicht nur ein Schalter kann einen booleschen Wert liefern, sondern auch ein *Vergleich*. Dies ist eine Funktion, die im selben Menü wie *Auswählen* zu finden ist. Im Bild unten wird, wenn X größer als 5 ist, der boolesche Wert *Wahr* ausgegeben. In klassischen Programmiersprachen (z. B. in C) würde das einem If (X > 5) entsprechen.

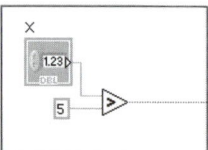

Abb. 5.5: Vergleich liefert den booleschen Wert *Wahr* oder *Falsch*

Bei einer Vergleichsoperation wird immer der obere Wert mit dem unteren Wert verglichen.

5.1.2 Beispiel zur Funktion *Auswählen*

Eine etwas schwierigere Anwendung der Funktion *Auswählen* wird im nächsten Beispiel gezeigt. Es handelt sich um ein Programm zur Berechnung des Absolutwerts einer Zahl. Links sehen Sie das numerische Element, also die Eingabe des Werts, von dem man den Absolutwert bilden will. Er wird zunächst durch die Funktion *Größer als 0*, die sich im selben Menü wie die Funktion *Auswählen* befindet, mit Null verglichen. Wenn die Eingabe größer ist, wird der Wert direkt von der Funktion *Auswählen* übernommen und ausgegeben. Wenn nicht, wird mit der Funktion *Multiplizieren* (zu finden im Menü *Programmierung >> Numerisch*) der Zahlenwert mit -1 multipliziert. In der folgenden Abb. sehen Sie, dass der Absolutwert, den Sie gerade programmiert haben, bereits als Funktion vorhanden ist.

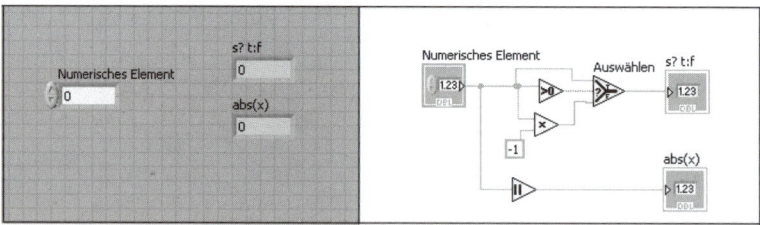

Abb. 5.6: Absolutwert

5.2 Funktion einer Case-Struktur

Eine *Case-Struktur* bietet mehr Möglichkeiten als ein einfaches *Auswählen*. Sie können damit nicht nur zwischen *Wahr* und *Falsch* unterscheiden, sondern beliebige Eingangswerte mit beliebigen Parametern vergleichen – z. B. auf eine Texteingabe eines Benutzers reagieren. Natürlich lässt sich das alles auch durch die Funktion *Auswählen* umsetzen. Es ist aber naheliegend, den einfacheren Weg zu gehen.

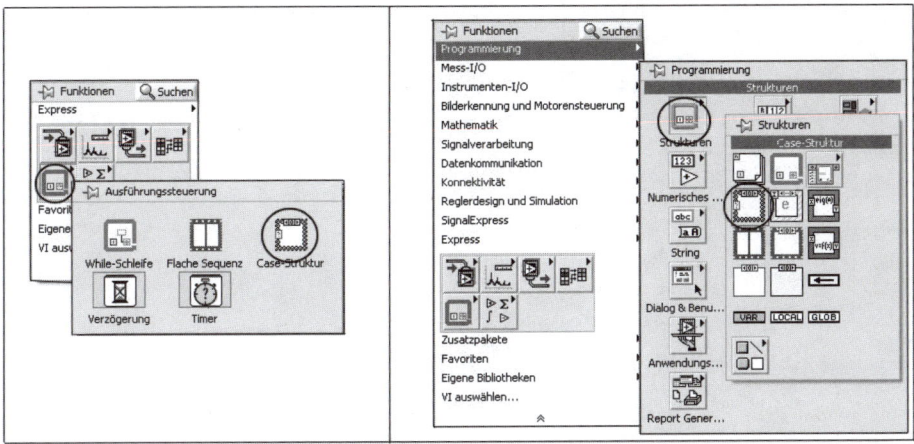

Abb. 5.7: Entscheidungsstruktur im Express- und Normalmenü

Eine *Case-Struktur* enthält in der obersten Zeile ein Selektorfeld und am linken Rand ein verschiebbares Entscheidungsterminal.

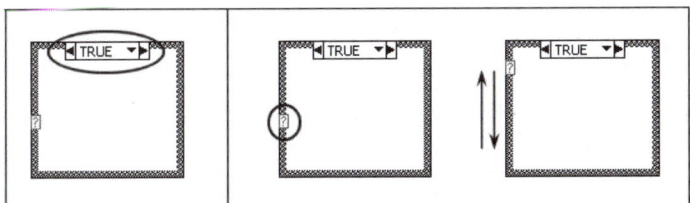

Abb. 5.8: Selektorfeld und Entscheidungsterminal an einem Case

Am Selektorfeld befinden sich horizontale Pfeile. Klickt man auf diese Pfeile, werden die weiteren Fälle sichtbar. Die verschiedenen Fälle liegen wie ein Stapel Papier übereinander, und man kann nur einen Fall sehen.

Abb. 5.9 zeigt das bereits erstellte Programm (Auswahl zwischen 2 und 6) mit einer Case-Struktur; es wird aber noch Schritt für Schritt besprochen.

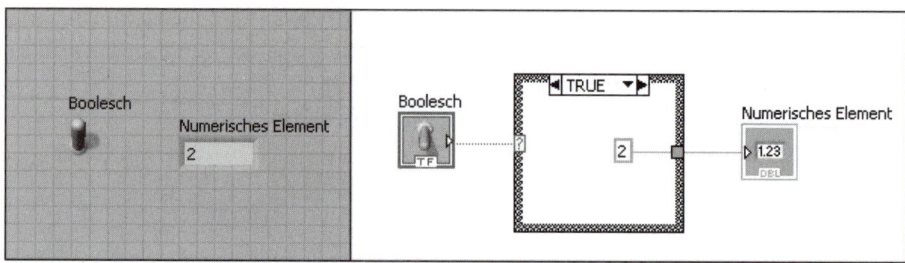

Abb. 5.9: Auswahl zwischen 2 und 6

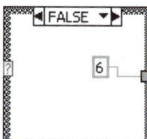

Abb. 5.10: Case false, ergibt 6

5.3 Case-Struktur für boolesche Werte

Wie die *Case-Struktur* zu programmieren ist, lässt sich am einfachsten an einem Beispiel darstellen. Es wird ein Programm geschrieben, das auf eine Schalteraktion die Zahlen 2 bzw. 6 ausgibt.

- Schalter im Panel einfügen
- Case-Struktur im Blockdiagramm einfügen
- Im Blockdiagramm den Schalter mit dem Entscheidungsterminal (grünes Fragezeichen) verbinden.
- Im Fall *True* in die Entscheidungsstruktur eine Konstante mit dem Wert 2 einfügen: (Die Konstante ist im Menü *Numerisch* zu finden.)
- Mit der Drahtspule die Konstante mit dem rechten Rand verbinden. Das bestimmt, was nach der Entscheidung „nach außen" kommuniziert wird.

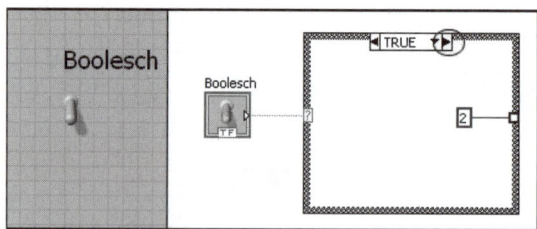

Abb. 5.11: Case mit Durchführung

- Auf den Fall *False* umschalten – das ist mit einem Mausklick auf den Pfeil im oberen Rand der Entscheidungsstruktur möglich.
- Mit der Drahtspule die Konstante 6 mit der Durchführung am rechten Rand verbinden. Die Durchführung muss danach als ausgefülltes Rechteck erscheinen.
- Von außen mit der Drahtspule auf die Durchführung gehen und mit der rechten Maustaste ein Anzeigeelement erstellen.

5.4 Case-Struktur für numerische Daten

Wird ein Integer an die Case-Struktur angeschlossen, können auch mehr als zwei Fälle selektiert werden. Beachten Sie, dass beim Anschluss eines Integers das Entscheidungsterminal blau wird. Die Case-Struktur verändert ihre Eigenschaften aufgrund des Datentyps am Eingang. Ein solches Verhalten einer Funktion wird auch als *Polymorphie* bezeichnet.

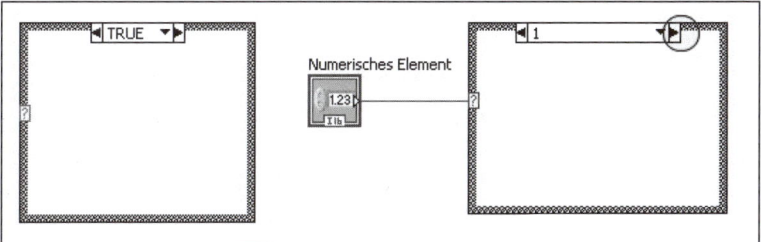

Abb. 5.12: Verändertes Entscheidungsterminal nach Verbindung mit Integer

Den zweiten Fall kann man jetzt nicht sofort sehen, da er grafisch darunterliegt. Sie müssen, um den zweiten Fall sehen zu können, am Pfeil in der rechten oberen Ecke klicken. Danach sehen Sie den Fall 0 und zusätzlich die Bezeichnung *Voreinstellung*. Das bedeutet, dass dieser Fall für den Wert 0 und alle anderen nicht definierten Werte ausgeführt wird.

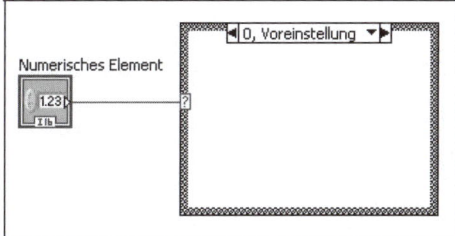

Abb. 5.13: Fall mit Voreinstellung in einer Case-Struktur

Wenn Sie mit dem Cursor auf die Case-Struktur gehen, können Sie mit Rechtsklick das Kontextmenü öffnen und den Case mit einer anderen Voreinstellung versehen. D. h., der Standardfall wird z. B. identisch mit dem der 1.

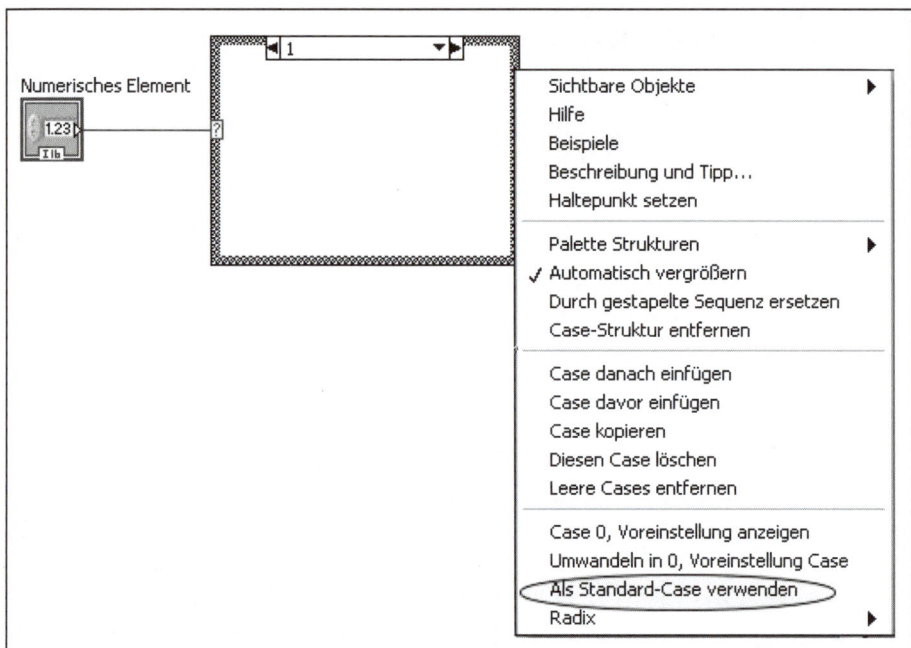

Abb. 5.14: Setzen der Voreinstellung für den Fall 1

Tabelle 5.1: Case-Struktur mit einer Bereichsauswahl im Sektorfeld

Wenn 0 oder ein nicht festgelegter Wert am Entscheidungsterminal anliegt	Wenn ein Wert zwischen 1 und 5 am Entscheidungsterminal anliegt	Wenn Werte größer/ gleich 6 am Entscheidungsterminal anliegen

Zuerst hat die Entscheidungsstruktur nur zwei Fälle. Falls Sie, wie im Beispiel oben, einen dritten Fall benötigen, gehen Sie auf die Case-Struktur und öffnen das Kontextmenü. Sie können danach einen weiteren Fall in die Case-Struktur einfügen.

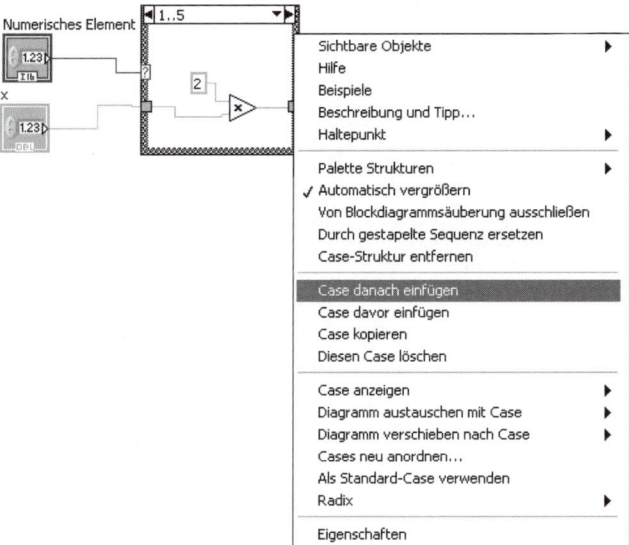

Abb. 5.15: Einfügen eines zusätzlichen Falls in die Entscheidungsstruktur

Danach können Sie den Bereich (1–5) im Sektorfeld editieren.

5.5 Case-Struktur für Strings

Auch ein String (Zeichenkette) kann von der Case-Struktur ausgewertet werden.

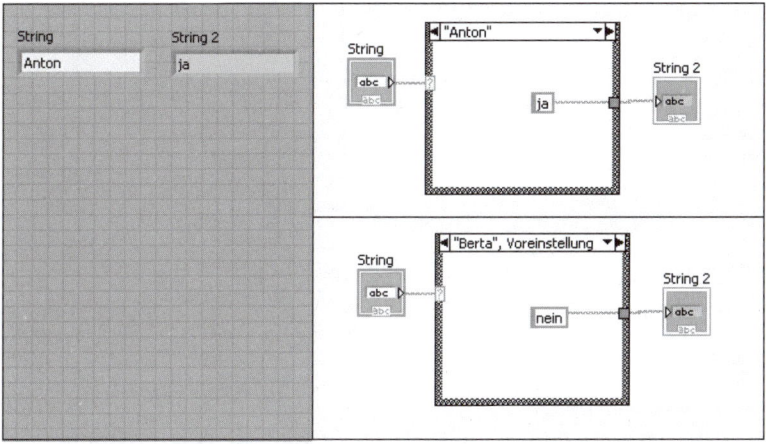

Abb. 5.16: Case, der aufgrund des Strings am Eingang die Auswahl trifft

5.6 Häufige Fehler bei Case-Strukturen

5.6.1 Syntaxfehler

Falls in einem Case nicht ausgewertet werden kann, da ein Programmierfehler vorliegt, ist das am Startbutton ersichtlich. In diesem Fall ist der Startbutton „gebrochen" dargestellt und der Fehler kann nur durch eine Veränderung im Programm behoben werden. Man bezeichnet das als *Syntaxfehler*.

Abb. 5.17: Gebrochener Startbutton aufgrund eines Syntaxfehlers

5.6.2 Fehlerhafter Case

Nicht alle Eingangsgrößen können einem bestimmten Fall zugeordnet werden. Wenn der Eingangswert *1* ist, wird der linke Case ausgewählt. Beim Wert *2* wird der rechte Case gewählt. Was passiert aber bei einem Eingangswert *3*? Das ist nicht definiert und aus diesem Grund kann dieses Programm nicht ausgeführt werden.

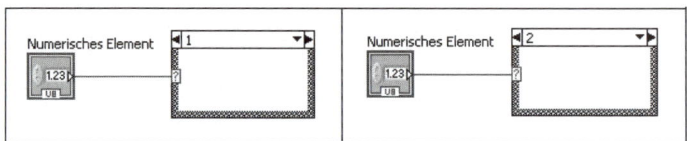

Abb. 5.18: Entscheidung nicht ausführbar

Wenn man aber für den Fall *1* die *Voreinstellung* wählt, werden alle sonst nicht festgelegten Werte vom Eingang zu diesem Fall führen.

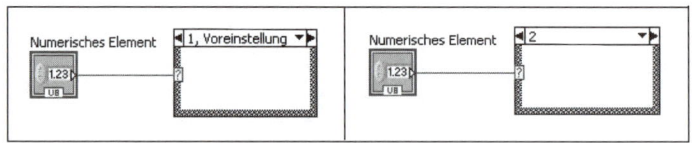

Abb. 5.19: Ausführbare Entscheidung, da alle Fälle definiert sind

5.6.3 Keine Ausgangsgröße

Ein anderer, häufig vorkommender Fehler ist, dass in einem Case keine Ausgangsgröße abgegeben wird. Wird der Case *false* gewählt, ist der Ausgangswert unbestimmt. Das wird als Syntaxfehler mit einem gebrochenen Startbutton signalisiert.

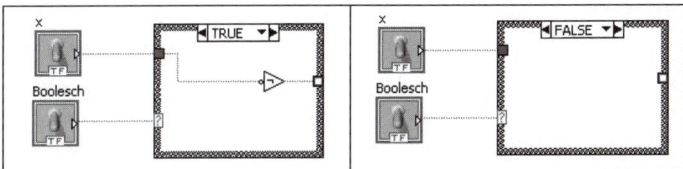

Abb. 5.20: Fehler; der Ausgang ist nicht immer definiert.

6 Arrays

Um zusammengehörende Daten (vom selben Datentyp) zu speichern, verwendet man Arrays, die Sie sich z. B. als eine Art Liste vorstellen können. Ein typischer Fall sind Messreihen. Ein Array kann auch mehrdimensional sein, z. B. eine Matrix oder Tabelle abbilden.

6.1 Eindimensionale Arrays

Arrays sind dadurch gekennzeichnet, dass sie Daten gleichen Typs zusammenfassen und man auf die Elemente indiziert (also über eine Nummer) zugreifen kann. Die Nummerierung der Arrayelemente beginnt bei Null. Der Wert, der links vom Array ist, heißt *Indexanzeige*. Eine Indexanzeige beeinflusst nicht den Inhalt eines Arrays, sondern zeigt ab dieser Position die Arrayelemente.

Alle drei Arrays im Bild unten haben den gleichen Inhalt. Dieser ist 5,6,7 und kann in der ersten Darstellung vollständig abgelesen werden.

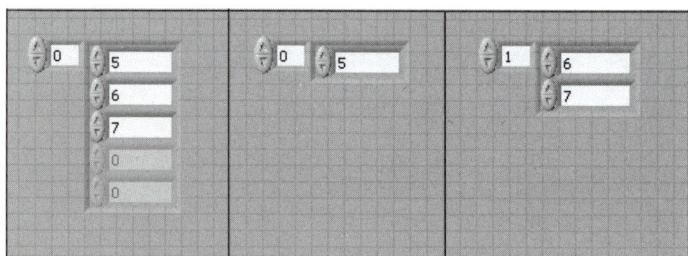

Abb. 6.1: Arrays mit gleichem Inhalt

Links sieht man, dass das Array drei Elemente hat. Die Nummerierung der Elemente beginnt bei 0. Im mittleren Array sieht man nur einen Wert. Es ist aber dasselbe Array wie links. Sichtbar ist aber nur ein Element. Rechts sind Elemente ab Index 1 sichtbar. Der Wert des Elements 0 ist nicht sichtbar.

Für die Erstellung von Arrays gibt es im Frontpanel ein eigenes Menü. Zuerst legen Sie fest, dass Sie ein Array haben wollen, danach fügen Sie die gewünschten Frontpanelelemente in das Array ein.

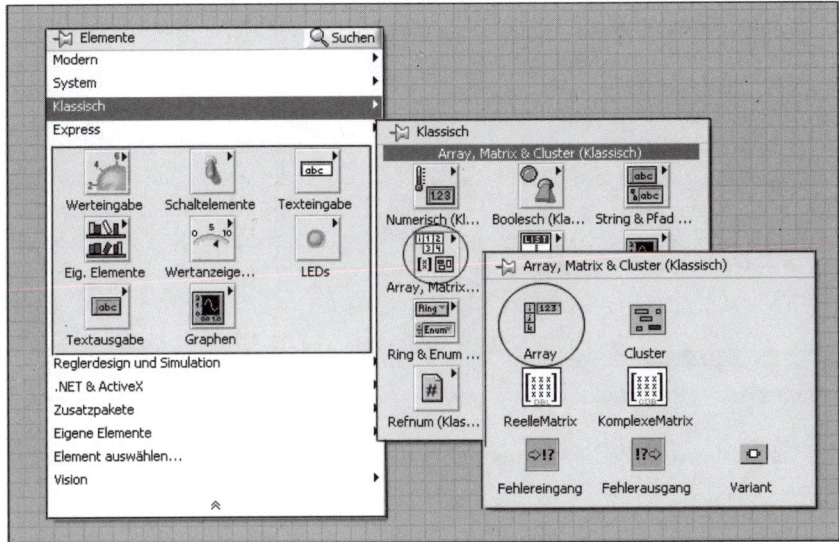

Abb. 6.2: Array auswählen und ins Frontpanel ziehen

Das Ergebnis des Einfügens ist ein Array-Rahmen ohne Datenelement. Schwarz (im Blockdiagramm) bedeutet, dass noch kein Datentyp festgelegt ist.

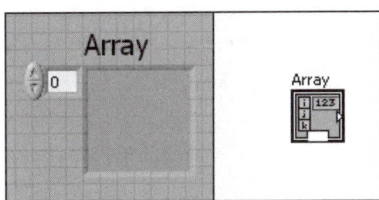

Abb. 6.3: Neu erstelltes Array (Array-Rahmen)

In das Array kann man einfache Datenelemente wie *Integer*, *Strings* oder *Boolesch* einfügen. Dabei kann es sich um Bedien- oder auch Anzeigeelemente handeln.

In diesem Beispiel wird ein Array als numerisches Bedienelement verwendet. Dazu platziert man einfach ein solches Bedienelement auf den Array-Rahmen.

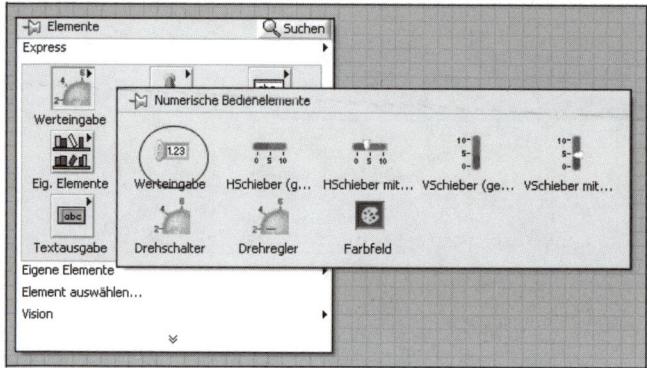

Abb. 6.4: Numerisches Bedienelement auswählen

Ziehen Sie das numerische Bedienelement über den Array-Rahmen im Frontpanel, bis der Rand gestrichelt erscheint.

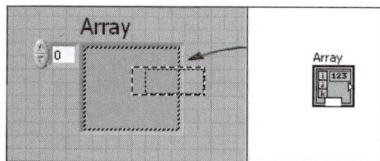

Abb. 6.5: Numerisches Bedienelement über Array-Rahmen

Nach dem Einsetzen des numerischen Bedienelements (linke Maustaste loslassen) wird das Array erstellt.

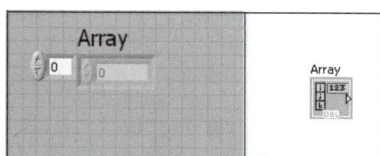

Abb. 6.6: Ergebnis: Array-Bedienelement vom Typ *Double*

6.1.1 Verändern der Array-Darstellung

Ein eindimensionales Array kann verschieden viele Elemente darstellen. Die Elemente können horizontal, also in einer Zeile, oder vertikal in einer Spalte dargestellt werden. Dazu klickt man an den Rand des Arrays, bis acht blaue Punkte erscheinen. An den entsprechenden Punkten oder am winkelförmigen Cursor kann man das Array nach rechts oder unten ziehen.

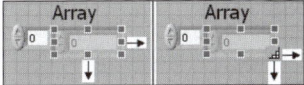

Abb. 6.7: Anzeige mehrerer Datenelemente eines Arrays

Zusätzlich kann man das Array-Element vergrößern oder verkleinern. Dazu ist der Cursor so lange über das Array zu ziehen, bis zwei blaue Markierungspunkte erscheinen. An den Punkten kann mit der Maus die gewünschte Größe der Elemente eingestellt werden.

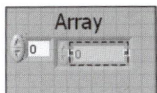

Abb. 6.8: Blaue Markierungspunkte am Array-Element

Tabelle 6.1: Verändertes Array im Frontpanel

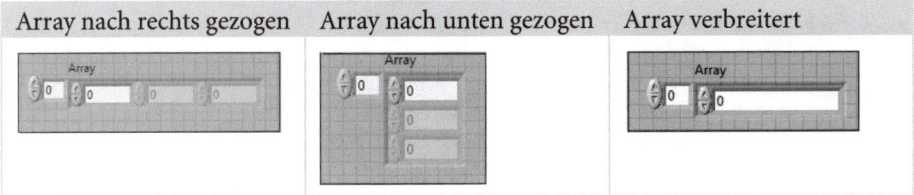

Array nach rechts gezogen	Array nach unten gezogen	Array verbreitert

6.2 Array-Funktionen (eindimensional)

Funktionen, mit denen man Arrays bearbeiten kann, findet man in der Funktionspalette.

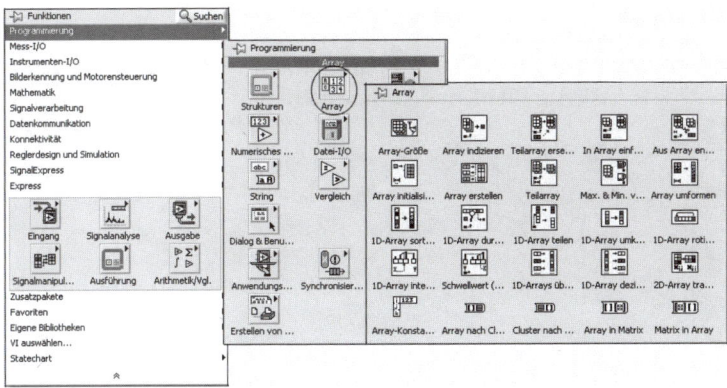

Abb. 6.9: Array-Funktionen

6.2.1 Array-Länge

Die *Array-Länge* kann in der Funktionspalette mit der Funktion *Array-Größe* bestimmt werden. Die Funktion ist auch für mehrdimensionale Arrays geeignet.

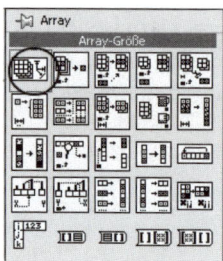

Abb. 6.10: Array-Größe zur Bestimmung der Array-Länge

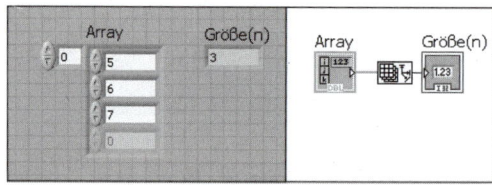

Abb. 6.11: Bestimmung der Array-Länge

In diesem Beispiel ist die Array-Länge drei. Das ist auch am Eingabeelement ersichtlich, da die nachfolgenden Elemente grau sind.

6.2.2 Array indizieren

Mit *Array indizieren* wird ein Element (z. B. Nr. 1) ausgewählt und danach angezeigt. Dabei ist zu beachten, dass das erste Element den Index *0* hat.

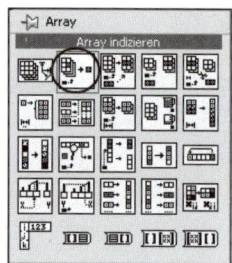

Abb. 6.12: Array indizieren

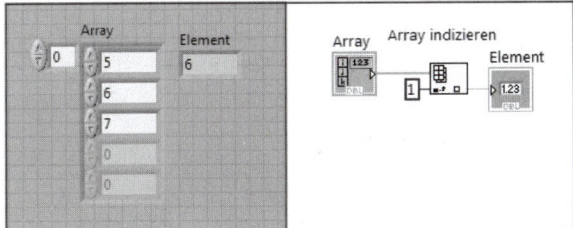

Abb. 6.13: Auswahl eines Elements mit der Funktion *Array indizieren*

Die Funktion *Array indizieren* kann auch mehrere Elemente aus dem Array heraus-schneiden. Dazu muss die Funktion *Array indizieren* mit der gedrückten Maustaste an der Stelle mit dem Pfeil nach unten gezogen werden.

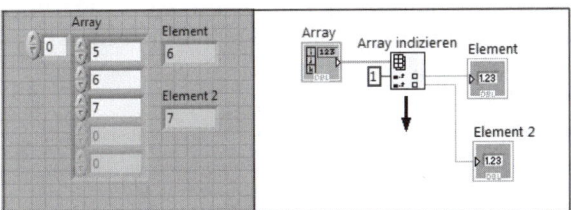

Abb. 6.14: Die Elemente mit dem Index 1 und 2 werden angezeigt (nicht das Element mit dem Index 0).

6.3 Mehrdimensionale Arrays

6.3.1 Arrays verknüpfen

Die Funktion *Array erstellen* ist sehr vielseitig. Die Daten am Eingang der Funktion können Arrays oder Elemente sein.

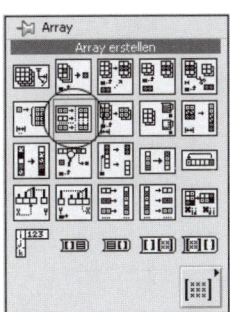

Abb. 6.15: Array erstellen

Im Beispiel unten ist das erstellte Array eindimensional. Für das erste Ergebnis-Array wird einfach die Konstante *100* angehängt, beim zweiten zusätzlich noch einmal das Ursprungs-Array.

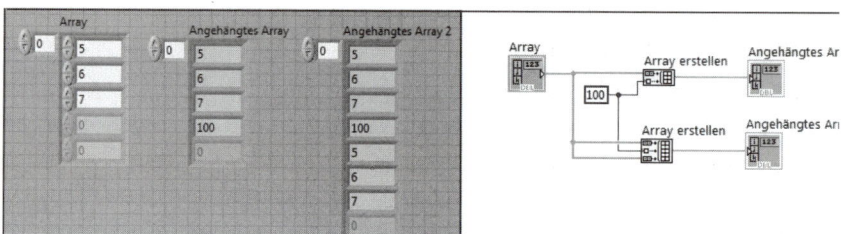

Abb. 6.16: Array und Element oben – Array, Element und Array unten im Blockdiagramm

Es gibt zwei Möglichkeiten, ein Array an ein anderes zu hängen. Im ersten Fall wurde das Array am Ende angehängt und es entstand ein eindimensionales Array. Ferner kann aus zwei gleichen Arrays am Eingang ein zweidimensionales Array erstellt werden.

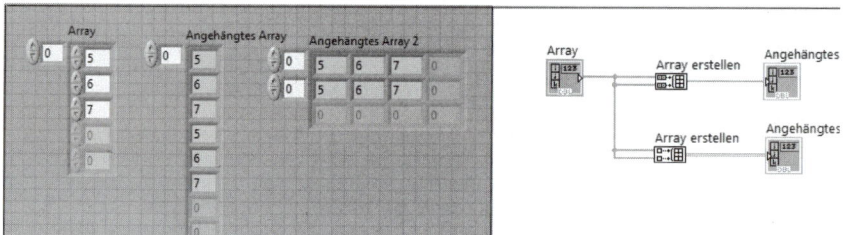

Abb. 6.17: *Array erstellen* erzeugt aus denselben Daten Arrays unterschiedlicher Dimension

Wer entscheidet nun, ob das Array mit der Funktion *Array erstellen* nach Fall 1 oder Fall 2 erzeugt wird?

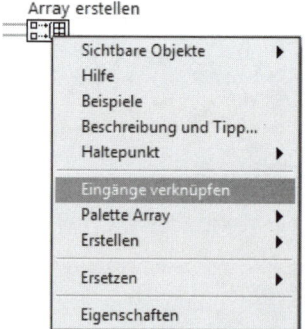

Abb. 6.18: Auswahl der Verknüpfungsmethode an den Eingängen der Funktion *Array erstellen*

Wird im Menü oben die Funktion *Eingänge verknüpfen* aktiviert, werden die Eingangsgrößen hintereinander in einem eindimensionalen Array ausgegeben. Wenn die Eingänge nicht verknüpft werden, entsteht ein zweidimensionales Array.

6.3.2 Arrays beliebigen Typs

Mit der o. g. Methode können beliebige Arrays erzeugt werden. Allerdings ist das manchmal zu kompliziert: Was, wenn ein Array nicht zwei Dimensionen hat, sondern 100? Um solche beliebigen Arrays zu erstellen, wird mit der Funktion *Array initialisieren* gearbeitet.

Wird bei einer Definition einer Variablen vor der ersten Verwendung ein Wert zugewiesen, bezeichnet man das als *Initialisieren*. Im Beispiel unten werden die Arrays mit dem Wert *0* initialisiert. Außerdem muss man die Länge festlegen. Man kann bei dieser Funktion mehrere Werte angeben, und damit die Dimension festlegen.

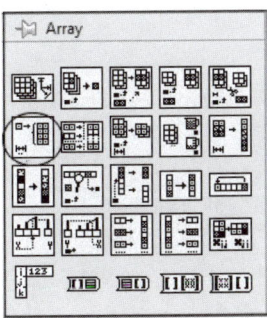

Abb. 6.19: Array initialisieren

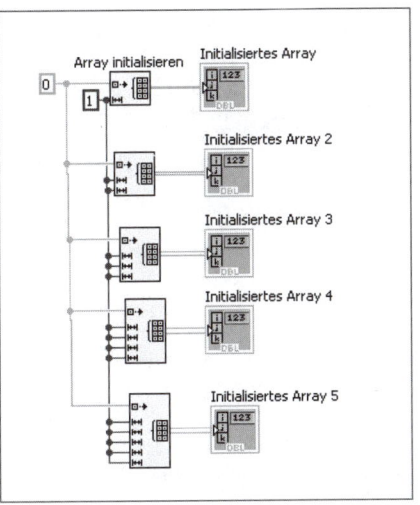

Abb. 6.20: Initialisierte Arrays der Länge 1 und mit einer Dimension von 1–5

Im Beispiel oben wird ein Array erzeugt, das jeweils nur ein Element lang, aber unterschiedlich groß ist (1, 1x1, 1x1x1 ...). Es wird ersichtlich, dass die Stärke der Verbindungslinien von der Dimension des Arrays abhängt. Die Elemente der Arrays sind vom Type *Double* und haben den Wert *Null*. Auf diese Weise kann man beliebige Arrays erstellen (z. B. 3x4x5).

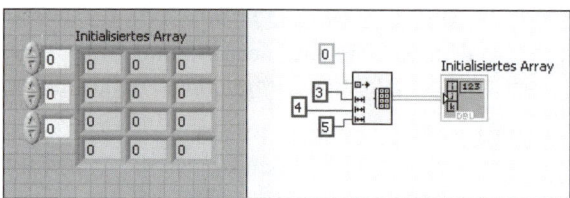

Abb. 6.21: Erstellen eines dreidimensionalen Arrays

6.3.3 Zweidimensionales Array im Frontpanel

Wie auch die eindimensionalen haben die zweidimensionalen Arrays vom Index abhängige Anzeigeformen.

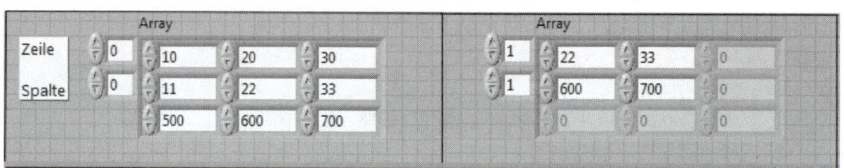

Abb. 6.22: Darstellung eines zweidimensionalen Arrays mit gleichem Inhalt – links Indexanzeiger 0,0; rechts Indexanzeiger 1,1

Mit dem Indexanzeiger kann man festlegen, welcher Teil des Arrays angezeigt wird. Rechts im Bild werden die Daten ab Zeile 1 und Spalte 1 dargestellt, links ab 0,0. Es gibt zwei Methoden, um eine mehrdimensionale Anzeige zu erstellen.

1. Methode

Erstellen Sie die Anzeige eines eindimensionalen Arrays (wie schon oben beschrieben).

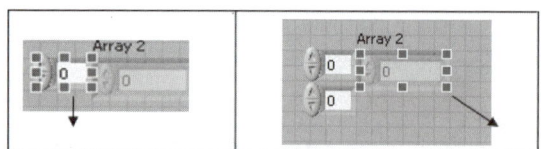

Abb. 6.23: Indexzeiger vergrößern und anschließend das Datenfeld aufziehen

2. Methode

Setzen Sie eine Funktion (z. B. *2D-Array transponieren*) in das Blockdiagramm, das ein zweidimensionales Array benötigt. Zu finden ist sie im Fenster *Array*.

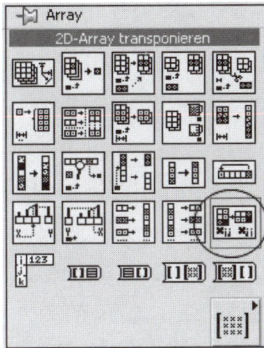

Abb. 6.24: Auswahl der Funktion *2D-Array transponieren*

Gehen Sie mit der Drahtspule auf den Eingang und öffnen Sie das Kontextmenü. Wählen Sie *Erstellen >> Bedienelement*.

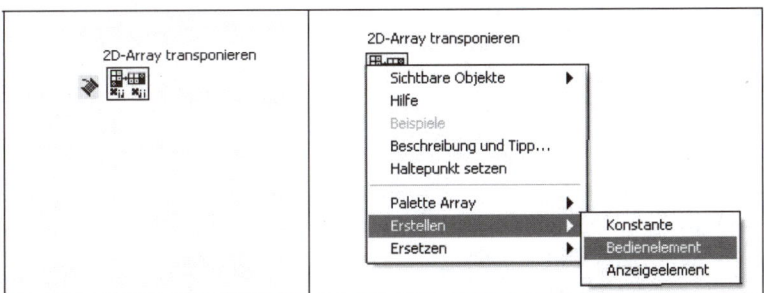

Abb. 6.25: Erstellen eines 2-D-Arrays im Frontpanelelement

Auch mit dieser Methode wird ein zweidimensionales Array erstellt.

6.4 Array-Funktionen (mehrdimensional)

6.4.1 Transponieren

Transponieren bedeutet (in der Mathematik und in LabVIEW), dass Zeilen und Spalten vertauscht werden. Sie können die oben gezeigte Array-Funktion gleich ausprobieren:

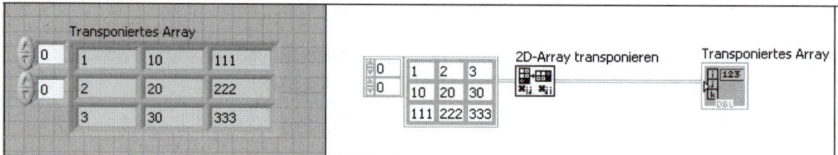

Abb. 6.26: Die Arraykonstante wird transponiert und ausgegeben.

6.4.2 Array indizieren

Die Funktion *Array indizieren* hat bei zweidimensionalen Arrays eine größere Vielfalt und eine andere Bedeutung als bei eindimensionalen Arrays.

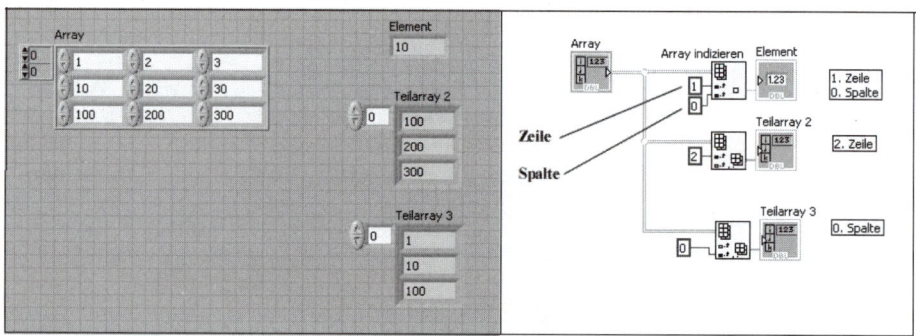

Abb. 6.27: Die Funktion *Array indizieren* auf drei verschiedene Arten auf ein 2-D-Array angewendet.

Es kann mit der Funktion *Array indizieren* nicht nur ein Element aus dem zweidimensionalen Array herausgeschnitten werden, sondern auch eine beliebige Zeile oder Spalte. Wenn eine Zeile herausgeschnitten wird (im Beispiel oben die Zeile 2), ist der Anschluss für die Spalte offen zu lassen.

6.4.3 Rechnen mit einem Array

Die üblichen Rechenoperationen für die normalen Variablen (Einzelwerte) sind natürlich auch für Arrays geeignet und im selben Menü zu finden.

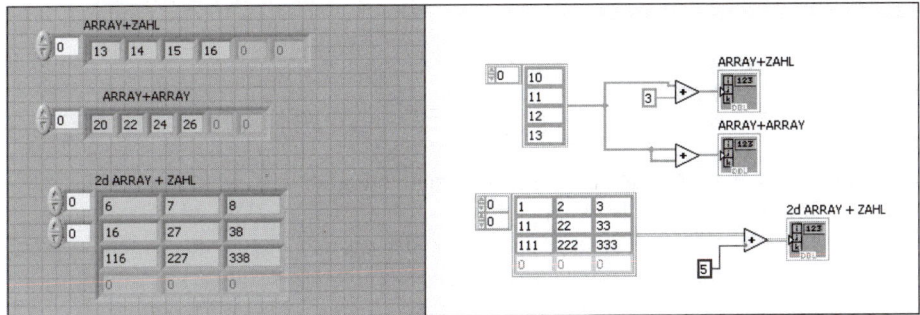

Abb. 6.28: Beispiele für Rechenoperationen mit Arrays

Die Funktionen (z. B. Addition) haben aber, abhängig von den Eingangsdaten (Array oder Zahl), unterschiedliche Eigenschaften.

7 Cluster

Ein *Cluster* ist eine Zusammenfassung verschiedener Daten. In Analogie zur Elektrotechnik kann man sich das Bündeln zu einem Cluster wie das Vereinigen von Leitungen zu einem Kabel vorstellen. Die Elemente, die zusammengefasst werden, können von gleichem oder unterschiedlichem Datentyp sein. Bei einem Array müssen im Gegensatz dazu die Daten zwingend von gleichem Typ sein.

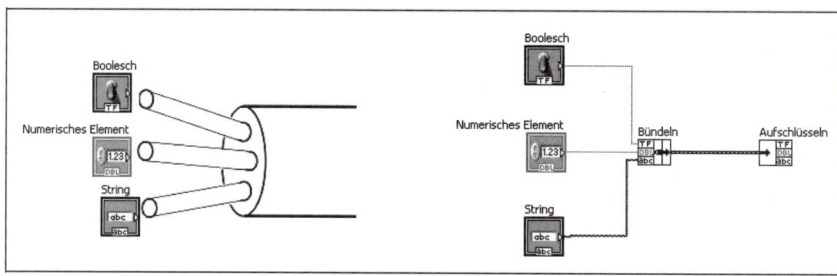

Abb. 7.1: Zusammenfassung von Daten in einem Cluster

Mit der Vereinigung mehrerer Daten in einem Cluster kann ein übersichtliches Programm erstellt werden, da weniger Verbindungsleitungen notwendig sind. Für Programmierer von Sprachen wie C ist der Cluster mit einem Wort erklärt: Struktur.

7.1 Erstellen und Zerlegen eines Clusters

Einzelne Daten können, wie im Bild oben ersichtlich, mit der Funktion *Bündeln* zu einem Cluster vereinigt werden. Dabei spielt die Reihenfolge, mit der die Daten in die Funktion *Bündeln* eingegeben werden, eine besondere Rolle. Beim einfachen *Entbündeln* kommen die einzelnen Daten wieder in der gleichen Reihenfolge heraus. Eine andere Möglichkeit ist, auf den Cluster die Funktion *Nach Namen aufschlüsseln* anzuwenden. Damit kann man einzelne Daten nach Namen aus dem Cluster herausholen.

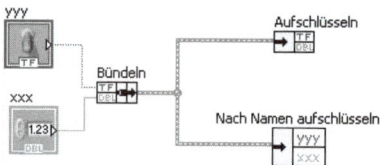

Abb. 7.2: Die zwei Methoden zum Aufschlüsseln eines Clusters

7.2 Cluster als Frontpanelelement

Eine andere Methode, einen Cluster zu erhalten, ist, schon im Frontpanel ein Bedienelement vom Typ *Cluster* zu erstellen. Das kann auf folgende Weise erfolgen:

Wählen Sie bei den *Frontpanelelemente >> Modern >> Array, Matrix & Cluster >> Cluster* ein Cluster aus und platzieren Sie es in das Frontpanel. Der Cluster enthält noch keine Daten und wird schwarz dargestellt.

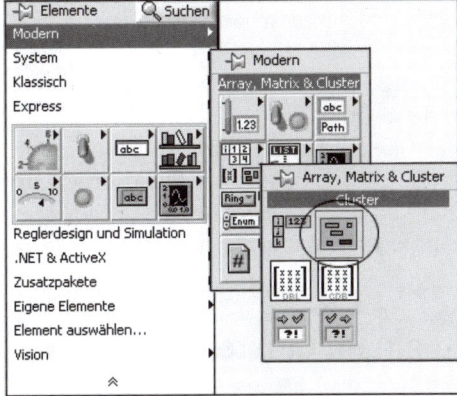

Abb. 7.3: Cluster-Element für das Frontpanel

Wählen Sie danach ein Frontpanelelement aus, z. B. einen Schalter, und ziehen Sie es über den Cluster, bis der Rand gestrichelt ist. Danach setzen Sie dieses Element durch Loslassen der linken Maustaste ein.

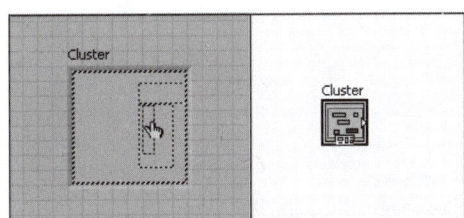

Abb. 7.4: Einsetzen eines Frontpanelements, z. B. eines Schalters, in den Cluster

Nachdem ein Schalter und eine numerische Eingabe in den Cluster gezogen wurden, hat das Programm folgendes Aussehen:

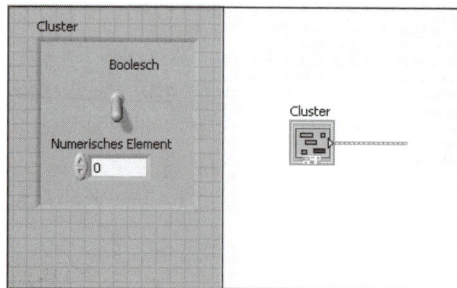

Abb. 7.5: Cluster mit booleschen Werten (Schalter) und numerischer Eingabe

Cluster werden im Diagramm in zwei Farben dargestellt. Beinhalten Cluster verschiedene Datentypen (siehe Bild oben), werden diese violett dargestellt. Sind im Cluster alle Elemente vom gleichen Datentyp, ist die Darstellung im Diagramm in brauner Farbe. Nur bei diesen Clustern gibt es die Möglichkeit, sie mit der Funktion *Cluster nach Array* in ein Array zu verwandeln. Cluster können entweder Bedien- oder Anzeigeelemente enthalten, nicht jedoch beide Frontpanelelemente gleichzeitig.

7.3 Ändern einzelner Werte in einem Cluster

Es gibt zwei Funktionen, mit denen man einen Wert im Cluster ändern kann, ohne den Cluster vollständig zu zerlegen und wieder zusammenzusetzen. Mit der Funktion *Bündeln* oder *Nach Namen bündeln* identifiziert man die zu ändernden Daten, schneidet sie „chirurgisch" heraus und ersetzt sie durch den neuen Wert.

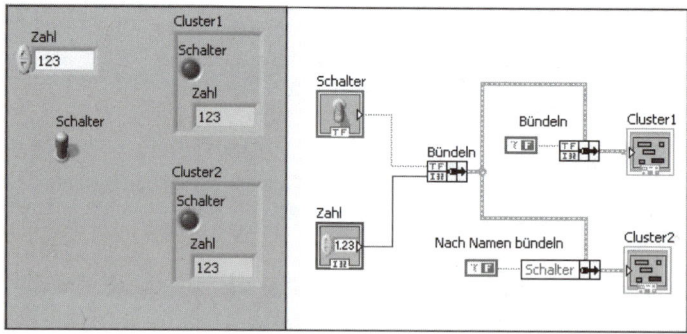

Abb. 7.6: „Chirurgische Methode" zum Ändern einzelner Daten in einem Cluster

7.4 Umwandlung von Cluster in Arrays und Arrays in Cluster

Ein Cluster, der Daten gleichen Datentyps enthält, kann auch in ein Array umgewandelt werden. Dazu dient die Funktion *Cluster nach Array*.

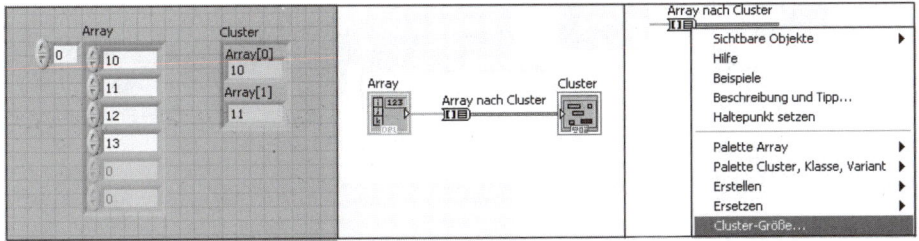

Abb. 7.7: Umwandlung eines Arrays in einen Cluster

Bei der Umwandlung eines Arrays in einen Cluster ist anzugeben, wie viele Elemente umgewandelt werden sollen.

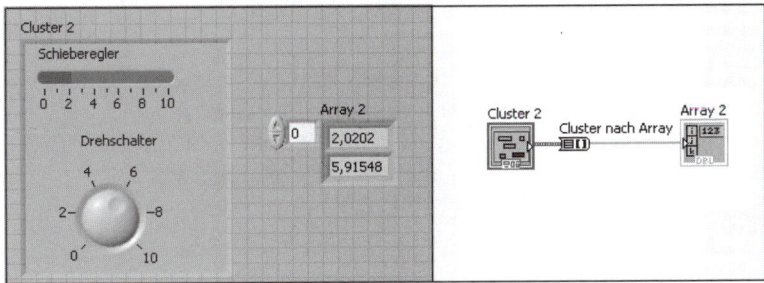

Abb. 7.8: Umwandlung eines Clusters in ein Array

7.5 Error-Cluster

Viele Funktionen in LabVIEW geben einen Error-Cluster aus. Dieser Cluster hat drei Elemente. Der boolesche Wert signalisiert, ob die Funktion fehlerfrei ausgeführt wurde. Der Error-Code, der bei fehlerfreier Ausführung Null ist, gibt den Fehler als Zahlenwert an und der String im Error-Cluster liefert eine Fehlerbeschreibung.

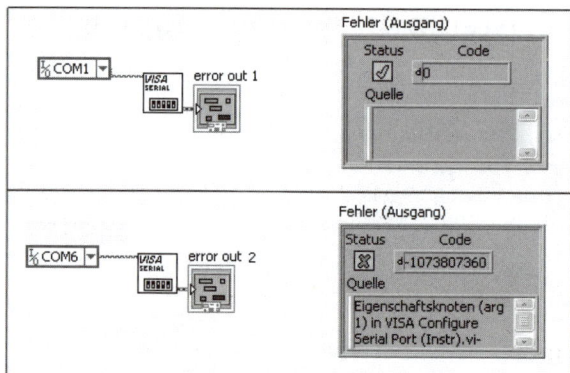

Abb. 7.9: Error-Cluster beim Öffnen der seriellen Schnittstelle

Das Bild zeigt einen Error-Cluster beim Öffnen der seriellen Schnittstelle. Am Rechner ist keine COM6-Schnittstelle vorhanden und es wird trotzdem versucht, die Schnittstelle zu öffnen. Im Error-Cluster unten ist dieser Fehler ersichtlich.

Viele Funktionen in LabVIEW haben einen Eingang und einen Ausgang für den Error-Cluster. Wird bei einer Kette von Funktionen der Cluster durch die Drahtspule immer weiter verbunden, wird bei Auftreten eines Fehlers der Rest der Funktionen in der Kette nicht mehr ausgeführt.

Beispiel: Das Beschreiben der seriellen Schnittstelle erfolgt mit den Funktionen *Schnittstelle öffnen* (*VISA Configure Serial Port*), *Schreiben* (*VISA: Write*) und *Schließen der Schnittstelle* (*VISA: Schließen*). Wenn nun erfolglos versucht wird, die Schnittstelle zu öffnen, werden die nachfolgenden Funktionen nicht mehr aufgerufen.

Diese Kette bezeichnet man als *Daisy Chain*

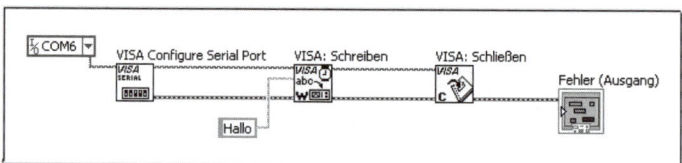

Abb. 7.10: Daisy Chain mit dem Error-Level-Cluster.

Der Einsatz von Clustern ist in der Programmierung nicht zwingend notwendig, macht die Programme aber übersichtlicher.

8 Strings

Strings wurden bereits im Kapitel über die Datentypen eingeführt. Es handelt sich um Zeichenketten. Sie können Buchstaben, Ziffern, Sonderzeichen oder auch nichtdruckbare Zeichen enthalten.

8.1 Eingabe und Ausgabe

Strings lassen sich mit Ein- und Anzeigeelementen verwenden.

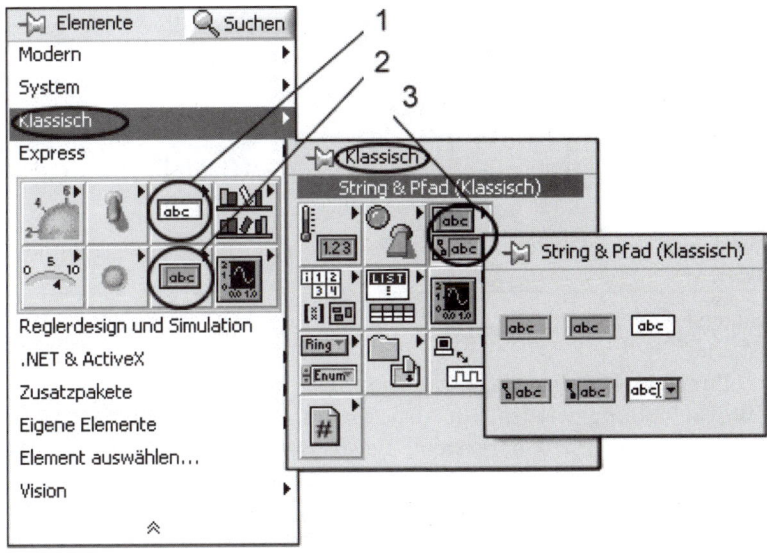

Abb. 8.1: Frontpanelelemente für Strings

Es gibt drei Stellen, an denen Strings zu finden sind:

1. Eingabe/Express
2. Ausgabe/Express
3. Ein- und Ausgabe im klassischen Menü

8.1.1 Verschiedene Darstellungsformen von Strings

Die Ausgabe eines Strings (in diesem Fall einer Konstante) lässt sich in einem Anzeigeelement unterschiedlich darstellen.

Die verschiedenen Darstellungsmöglichkeiten (normal, Code, Passwort, hexadezimal) sind nur für die Anzeige relevant und verändern nicht den String.

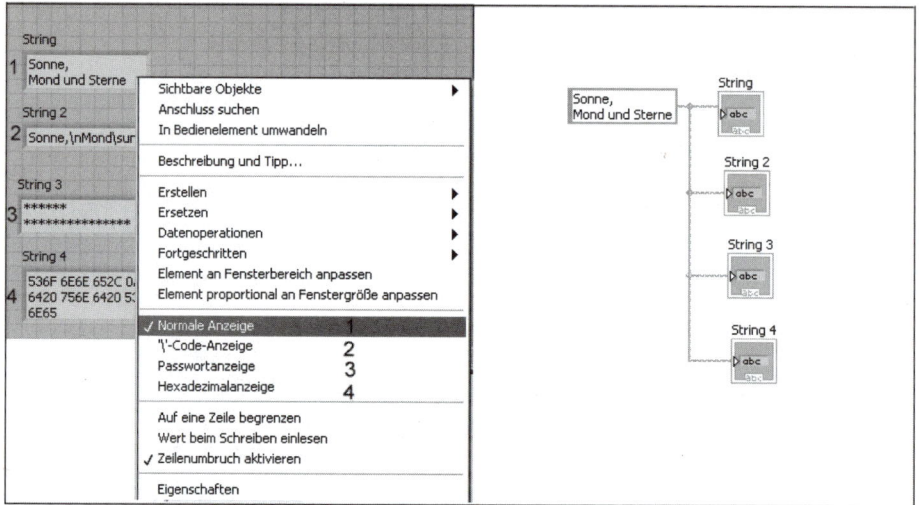

Abb. 8.2: Darstellungsformen von Strings

1. Normaldarstellung gibt alle druckbaren Zeichen aus.
2. Bei der Code-Darstellung werden alle druckbaren Zeichen ausgegeben, alle anderen Zeichen werden mit \ dargestellt. Beispielsweise wird ein Zeilenumbruch als ‚\n‘ angezeigt (‚\n‘ ist ein Zeichen).
3. Die Passwortdarstellung gibt für jedes Zeichen einen * aus. Dadurch kann die Eingabe nicht mehr gelesen werden.
4. Die Hexadezimaldarstellung gibt für jedes Zeichen den ASCII-Wert (charakteristischer Zahlenwert für jedes Zeichen) aus (im Kapitel über Schleifen ist eine ASCII-Tabelle programmiert).

5. Die Konstante im Programm lässt sich wie gewohnt durch Rechtsklick auf das Anzeigeelement und Auswahl der entsprechenden Funktion erzeugen.

8.2 String-Funktionen

String-Funktionen lassen sich nur im klassischen Menü (Blockdiagramm) finden. Im Expressmenü sind sie nicht vorhanden.

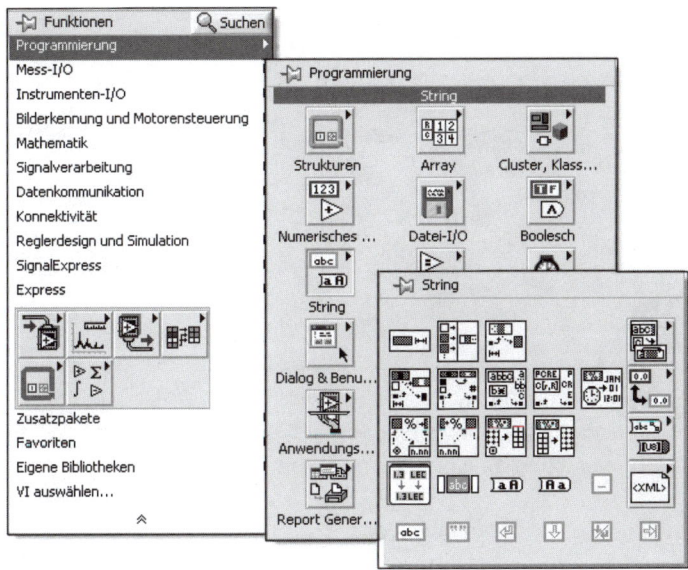

Abb. 8.3: String-Funktionen

8.2.1 String-Länge und String verknüpfen

Die Funktion *String-Länge* entspricht der Funktion der Array-Länge. Es wird die Anzahl der einzelnen Zeichen des Strings bestimmt.

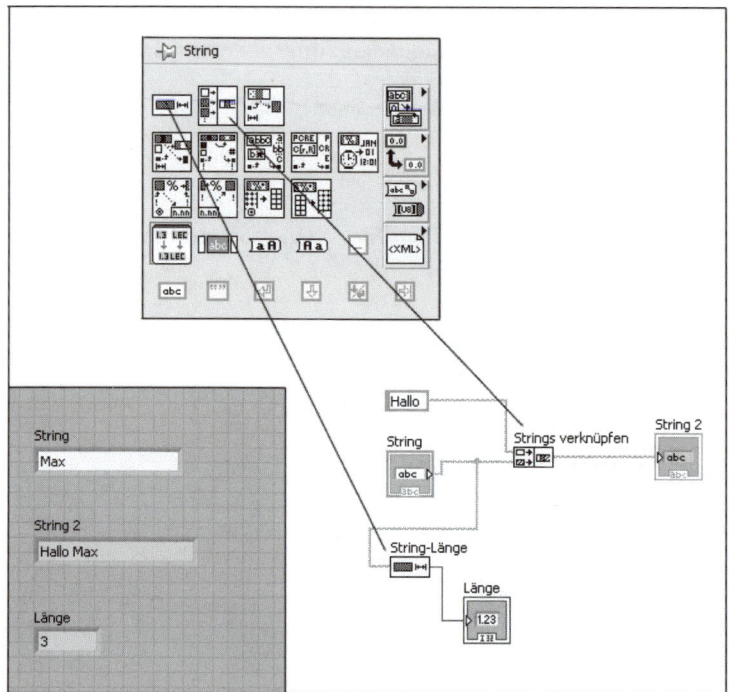

Abb. 8.4: String-Länge und String verknüpfen

Die Funktion *String verknüpfen* hängt an einen String einen weiteren String an.

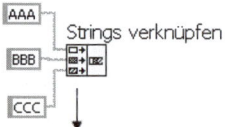

Abb. 8.5: String verknüpfen mit mehreren Eingängen

Die Funktion *String verknüpfen* kann mit der Maus nach unten gezogen werden, sodass beliebig viele Eingänge zur Verfügung stehen.

8.2.2 Muster suchen und String suchen und ersetzen

Die Funktionen *Muster suchen* oder *String suchen und ersetzen* dienen zum Auffinden einer vorgegebenen Zeichenkette. Sie werden am Beispiel der Zeichenkette „*Hallo Max, wie geht es Dir?*" demonstriert.

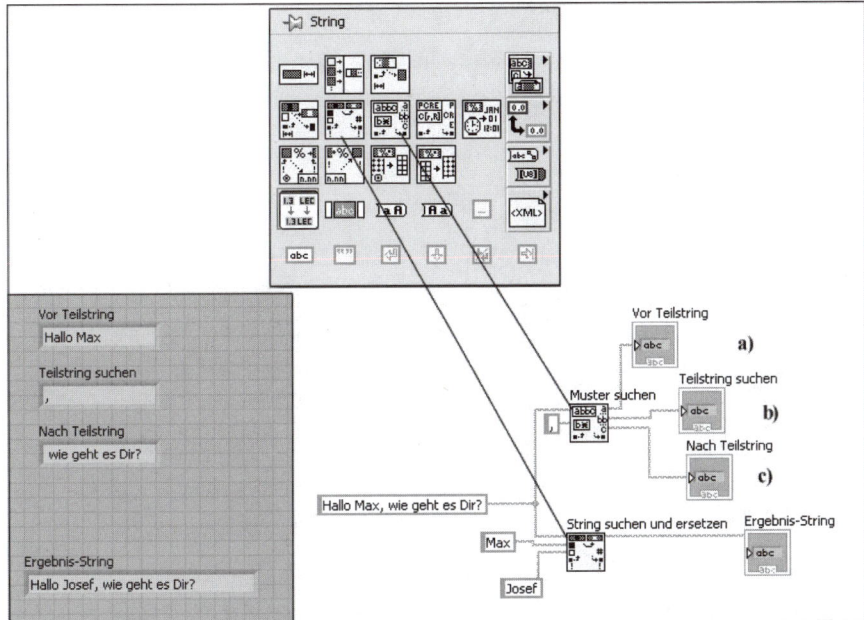

Abb. 8.6: Anwendung der Funktion *Muster suchen* und *String suchen und ersetzen*

Mit *Muster suchen* soll ein vorgegebener String (in diesem Fall das Komma) gefunden werden. Es werden von der Funktion drei Strings ausgegeben:

a) String vor Muster („*Hallo Max*")
b) Muster, falls gefunden („*,*")
c) String nach Muster („*wie geht es Dir?*")

Falls das Muster nicht gefunden wird, wird der gesamte zu durchsuchende String bei a) ausgegeben. Der vierte, nicht angeschlossene Ausgang, der Offset, würde –1 ausgeben.

Die Funktion *String suchen und ersetzen* ist selbsterklärend. Im Beispiel soll „*Max*" durch „*Josef*" ersetzt werden. Bei dieser Funktion kann man einen Schalter (siehe unten) anhängen. Mit diesem Schalter kann gewählt werden, ob der Austausch einmal oder mehrmals ausgeführt soll.

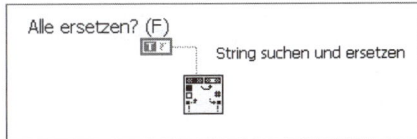

Abb. 8.7: String einmal oder mehrmals austauschen

8.2.3 Teil-String

Das Suchen eines Teil-Strings ist eine typische Aufgabe in der Programmierung. In Abbildung 8.8 sucht man aus dem String *abcdefgh* einen zwei Zeichen langen String, der um 1 versetzt beginnt.

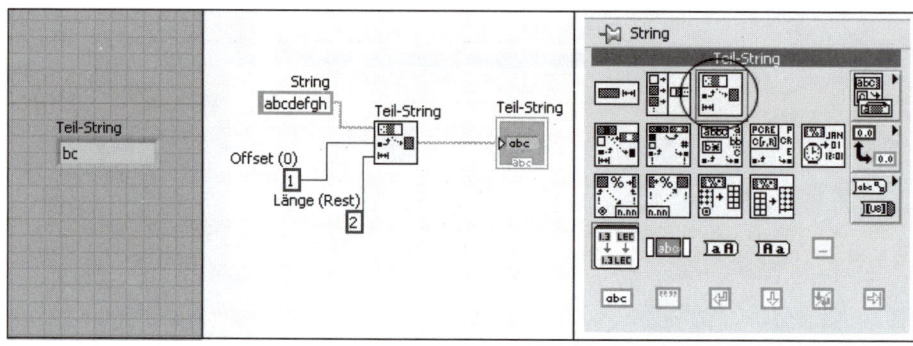

Abb. 8.8: Teil-String

Als Argument hat *Teil-String*, neben dem String, den Offset und die Länge. Das Zeichen *a* im Beispiel hat den Offset *0*, durch Offset *1* wird auf das *b* zugegriffen.

8.3 Praxisanwendungen

Im Folgenden werden zwei wichtige Aufgaben gelöst, die in der Praxis immer wieder bei der Verwertung von Strings auftreten.

8.3.1 Auswertung eines typischen Messgeräte-Strings

Viele Multimeter haben eine serielle Schnittstelle (oder USB/RS-232 mit FTDI-Chip) mit einem einfachen Protokoll. Der PC sendet das Zeichen *D* auf die RS-232-Schnittstelle (genaue Beschreibung im Kapitel über die serielle Schnittstelle) und dadurch wird im Messgerät die Messung gestartet. Danach sendet das Messgerät das Ergebnis als String in folgender Formatierung:

OH 110.2 Ohm

Dieser String ist zu zerlegen und auszuwerten. Zu beachten ist, dass vor der Umwandlung des Strings in eine Zahl (DBL) der Dezimalpunkt durch einen Beistrich ersetzt werden muss. Außerdem muss noch eine Umrechnung für den Temperatursensor PT100 durchgeführt werden.

Näherungsweise Umrechnung von Widerstandswert in Temperatur bei einem PT100:

T = (R – 100) / 0,39

T = Temperatur in Celsius

R = gemessener Widerstandswert

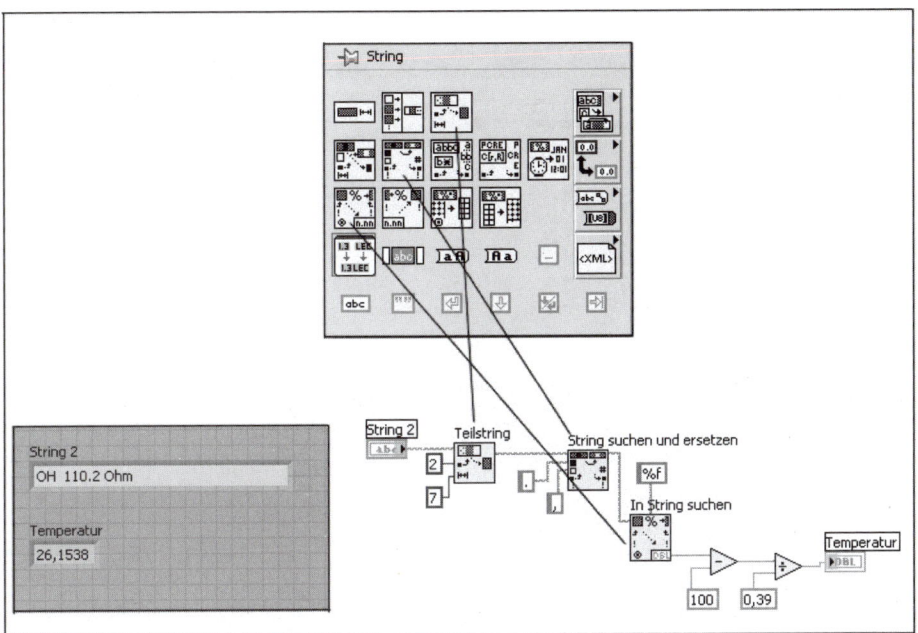

Abb. 8.9: Auswertung eines Messgeräte-Strings aus [1], [2]

Vereinfachte Version zur Auswertung eines Messgeräte-Strings:

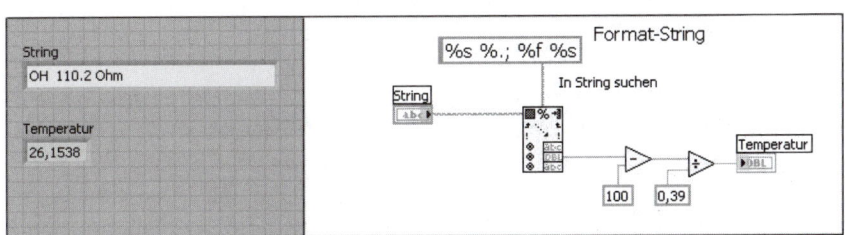

Abb. 8.10: Auswertung eines Messgeräte-Strings

Das Programm bewirkt das Gleiche wie das vorige Programm. Die Funktion *In String suchen* zerlegt zuerst den String in einzelne Wörter. Wörter sind in einem String durch

Whitespace getrennt (Leerzeichen, Tabulator oder Zeilenumbruch). Danach erfolgt die Auswertung der einzelnen Wörter entsprechend dem Format-String, wobei %.; %f den Dezimalpunkt in Form eines Punkts (.) auch für die deutsche Version von Windows richtig auswertet.

Den Format-String findet man am leichtesten durch einen Doppelklick auf die Funktion *In String suchen*.

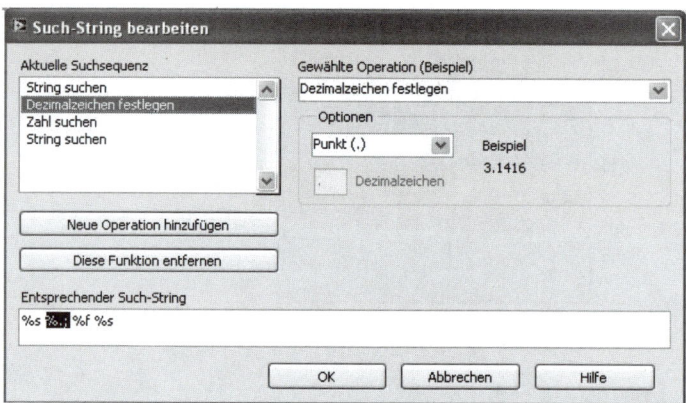

Abb. 8.11: Erzeugung eines Format-Strings (Such-String) durch Menü der Funktion *Such-String bearbeiten*

8.3.2 String-Format für Excel-Datei

Diese Anwendung stellt einen kleinen inhaltlichen Vorgriff (Datei schreiben) dar und kann deswegen übersprungen werden, wenn man Kapitel für Kapitel vorgeht. Sie ist mit dem bereits vorhandenen Wissen aber leicht verständlich. Regelmäßig ist es erforderlich, Daten im Excel-Format zu schreiben. Dazu müssen sie speziell formatiert werden. Es ist wichtig zu wissen, dass hier die Spalten mit Tabulatoren (\t) und die Zeilen mit CR (\r) und LF (\n) getrennt sind.

Hat man als Grundlage ein Array mit Daten, erzeugt man mit *Array nach Tabellen-String* einen String daraus. Der Format-String (%3.2) bedeutet, dass die Zahl mit mindestens drei Ziffern gespeichert würde (falls weniger, würden Nullen nach dem Komma angehängt). Außerdem werden mindestens zwei Nachkommastellen erzwungen. Den String kann man einfach in eine Textdatei schreiben. In dieser Formatierung kann Excel sie öffnen (siehe auch Kapitel über Dateien). Bei der String-Konstante wurde die Darstellung auf *Code-Anzeige* gestellt.

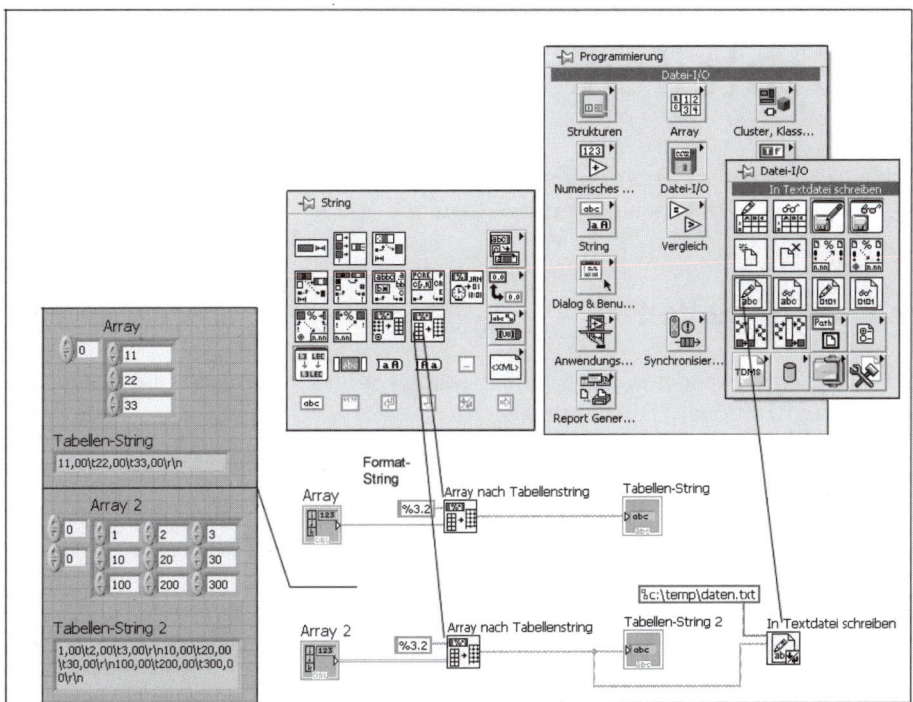

Abb. 8.12: Tabellen-String aus Array erzeugen und in eine Excel-Datei speichern

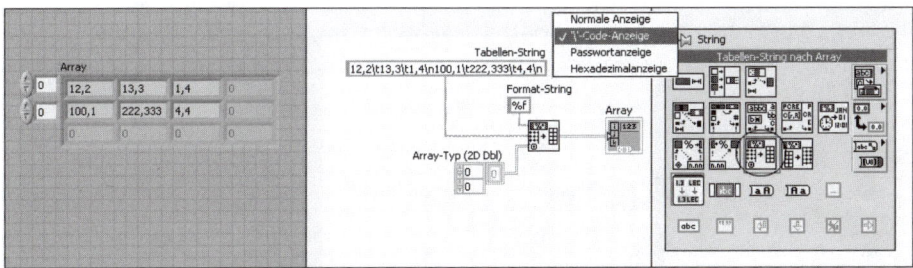

Abb. 8.13: Tabellen-String in Array

Mit der Funktion wird ein Tabellen-String in ein Array umgewandelt. Zur Trennung der Spalten wird ein Tabulator \t verwendet. Um eine neue Zeile zu beginnen, kann für Excel \r, \n oder \r\n verwendet werden.

9 Schleifen

Schleifen verwendet man, um Programmteile mehrfach auszuführen. In LabVIEW stehen For- und While-Schleifen zur Verfügung.

9.1 For-Schleifen

For-Schleifen verwendet man, wenn man schon vor Start der Schleife die gewünschte Anzahl der Iterationen (Durchläufe) kennt.

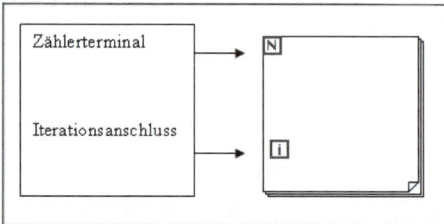

Abb. 9.1: Bezeichnungen der Elemente in einer For-Schleife

Eine For-Schleife wird N-mal durchlaufen. Im Beispiel unten ist das Zählerterminal N auf 10 gesetzt und es erfolgen 10 Schleifendurchläufe. Es gibt keine Möglichkeit, die Schleife vorher zu beenden (tatsächlich geht es doch – siehe unten). Der Iterationsanschluss nimmt die Werte 0 bis 9 an, hat also zehn verschiedene Werte (in der Informatik wird immer bei 0 begonnen zu zählen). Sie finden die For-Schleife unter *Programmieren >> Strukturen*.

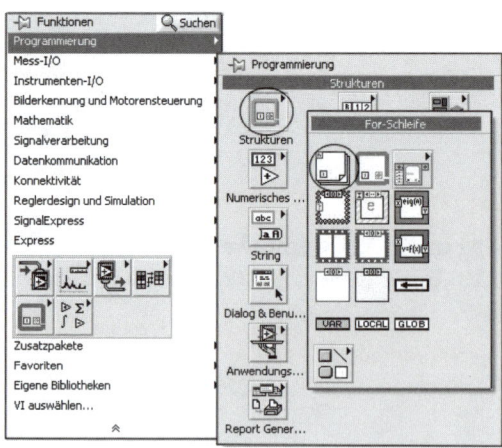

Abb. 9.2: For-Schleife in der Funktions-palette

Für das erste Beispiel benötigen Sie noch eine weitere nützliche Funktion, den *Timer*. Die Timer-Funktion stoppt das LabVIEW-Programm. Nach der angegebenen Zeit startet Windows das Programm wieder. In der Zwischenzeit kann die CPU von anderen Programmen benutzt werden. In der Sprache der Informatik wird der „Task abgegeben". Sie finden den Timer unter *Programmieren >> Timing*.

Der Timer wartet eine gewisse Anzahl von Millisekunden.

Sie werden nach dem Start dieses einfachen Programms (*Klassisches Menü >> Numerische Anzeigeelemente >> Tank*) beobachten können, dass sich der Tank im Sekundentakt füllt und maximal den Wert 9 annimmt. Die Sekunde kommt vom Timer, der auf 1.000 ms gesetzt ist.

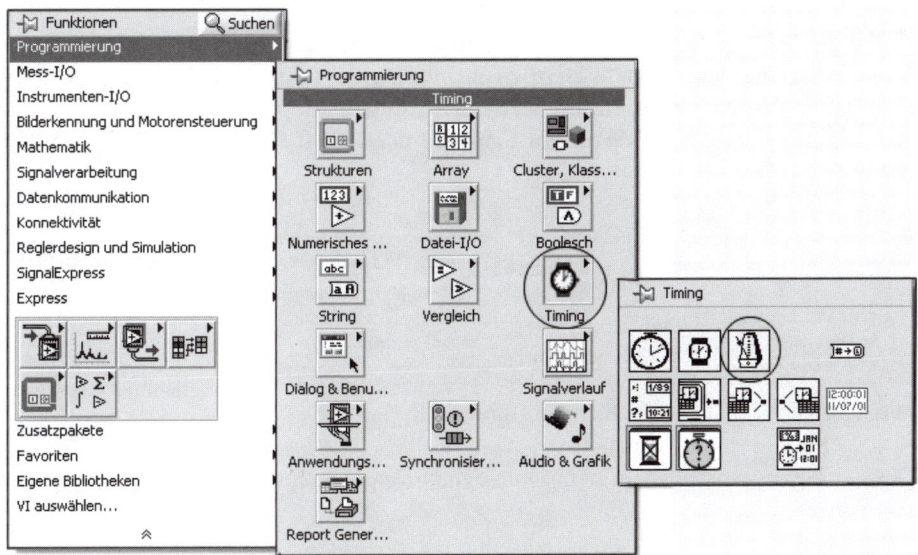

Abb. 9.3: Timer in der Funktionspalette

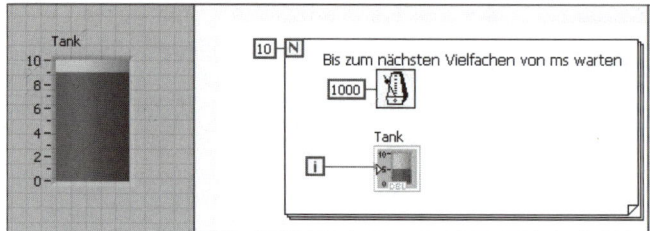

Abb. 9.4: Einfaches Beispiel mit einer For-Schleife

9.2 While-Schleife

Die While-Schleife hat einen Bedingungsanschluss, mit dem man die Ausführung der Schleife beenden kann. Aus diesem Grund verwendet man diese Schleife vor allem dann, wenn beim Start die Anzahl der Schleifendurchläufe noch nicht bekannt ist. Sie lässt sich im selben Menü wie die For-Schleife finden, steht aber auch im Expressmenü zur Verfügung.

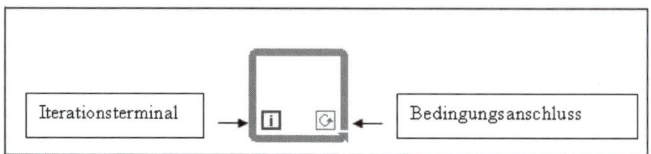

Abb. 9.5: Bezeichnungen der Elemente einer While-Schleife

Der Bedingungsanschluss in der While-Schleife (rechts unten) kann mit Rechtsklick konfiguriert werden.

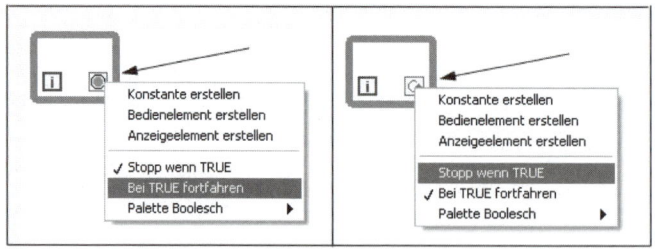

Abb. 9.6: Konfiguration Bedingungsanschluss

Im linken Bild hat der Bedingungsanschluss einen roten Punkt. Die Schleife wird ausgeführt, solange an diesem Anschluss ein *Falsch* anliegt. Im rechten Bild wird die Schleife ausgeführt, solange ein *Wahr* anliegt.

In der Sprache der C-Programmierer ist die While-Schleife von LabVIEW eine Do-While-Schleife. Das bedeutet, dass die Schleife mindestens einmal ausgeführt wird. Eine While-Schleife, die abweisend ist (wie in C), ist in LabVIEW nicht vorhanden und muss aus einem Case und einer While-Schleife gebildet werden.

Das gleiche Beispiel, wie oben mit der For-Schleife, wird mit einer While-Schleife realisiert.

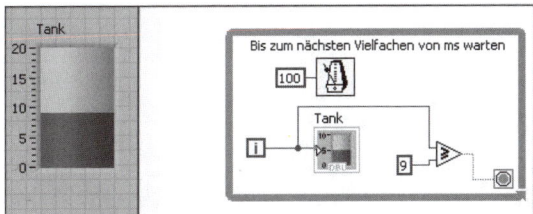

Abb. 9.7: Version 1 der While-Schleife mit zehn Iterationen

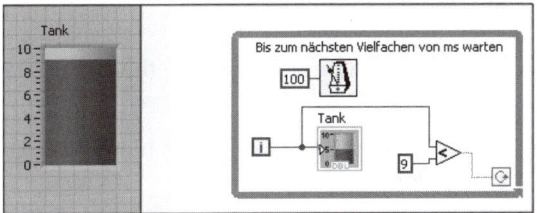

Abb. 9.8: Version 2 der While-Schleife mit zehn Iterationen

Das Gegenteil von „Kleiner" ist „Größer Gleich".

9.3 Die For-While-Schleife

Nützlicherweise kann man auch bei einer For-Schleife einen Bedingungsanschluss erstellen. Das erspart einige unübersichtliche Programmkonstrukte.

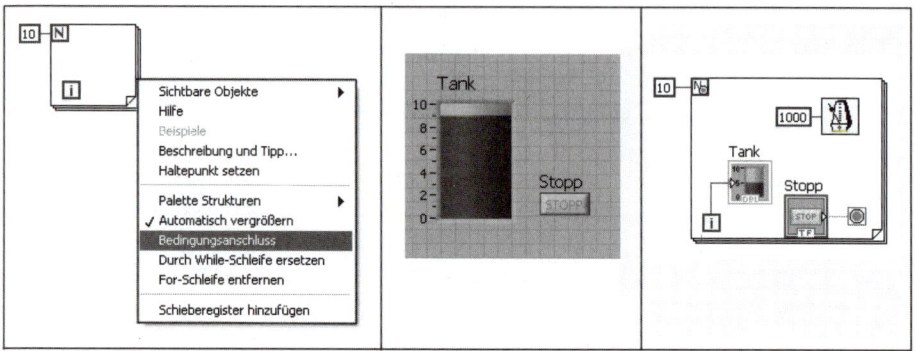

Abb. 9.9: Die neue For-While-Schleife

In diesem Beispiel wurde ein Schalter hinzugefügt. Die Schleife bricht bei der N-ten (10.) Iteration ab, kann aber auch vorher am Bedingungsterminal beendet werden.

9.4 Ein- und Ausgabe in Schleifen

Die Ausgabe von Werten nach Beenden einer Schleife kann auf zwei Methoden durchgeführt werden:

1. Es wird der Wert ausgegeben, der beim letzten Schleifendurchlauf anliegt. Der ausgegebene Wert ist ein Skalar, also eine einzelne Zahl.

2. Es werden alle Werte ausgegeben, die bei den einzelnen Schleifendurchläufen entstanden sind. Der ausgegebene Wert ist ein Array.

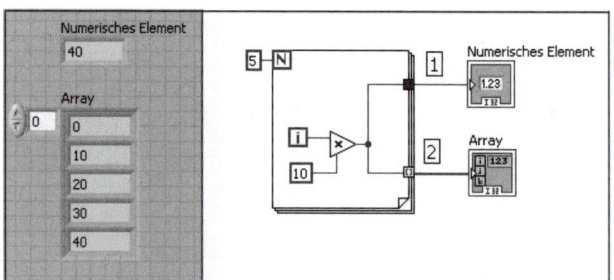

Abb. 9.10: Zwei Arten der Durchführungen zur Ausgabe von Werten

Durch *Indizierung aktivieren* oder *Indizierung deaktivieren* kann die Durchführungen bei einer Schleife konfiguriert werden.

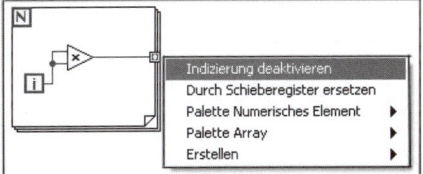

Abb. 9.11: Kontextmenü zur Auswahl der Durchführung bei einer Schleife

Will man ein Array mit einer Schleife bearbeiten, kann dies ebenfalls durch Indizieren durchgeführt werden.

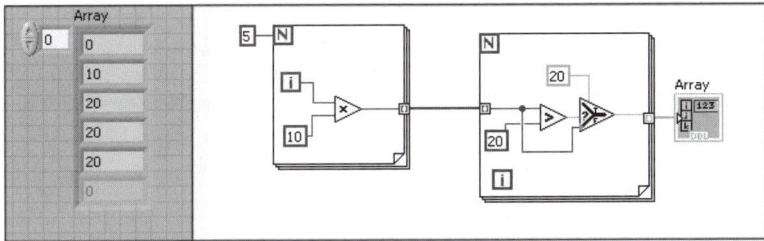

Abb. 9.12: Zerlegen eines Arrays durch Indizieren (englisch indexing) am Eingang einer Schleife

Bei der Schleife links wird ein Array der Länge 5 ausgegeben. Dieses Array ist das Eingangssignal für die rechte For-Schleife. Beachtenswert ist, dass das Zählerterminal N frei bleiben kann. Die Anzahl der Schleifendurchläufe wird durch die Array-Länge bestimmt. Das Array ist als Einheit in der rechten Schleife nicht mehr vorhanden, sondern nur die einzelnen Elemente. Wenn der Wert der Arrayelemente größer 20 ist, wird in das rechte Ausgangsarray 20 eingefügt, sonst der Wert des linken Arrays (siehe Frontpanelausgabe auf der linken Seite).

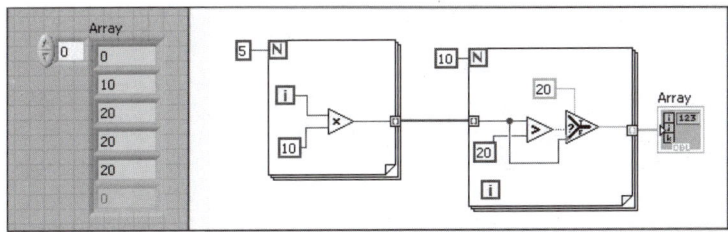

Abb. 9.13: Indizierung (indexing) am Eingang einer For-Schleife (Unterschied: Zählerterminal der rechten For-Schleife hat einen Wert)

Falls am Zählerterminal N ein höherer Wert (10) angelegt wird, als die Array-Länge (5) ist, wird die Iteration in der Schleife von der Array-Länge bestimmt. Die allgemeine Regel ist, dass beim Deindexing an einer For-Schleife die Anzahl der Iterationen vom Minimum der Array-Länge und dem Wert am Zählerterminal bestimmt wird.

Wenn das Array jedoch ohne Indizierung am Eingang übergeben wird, ist in der Schleife das vollständige Array verfügbar.

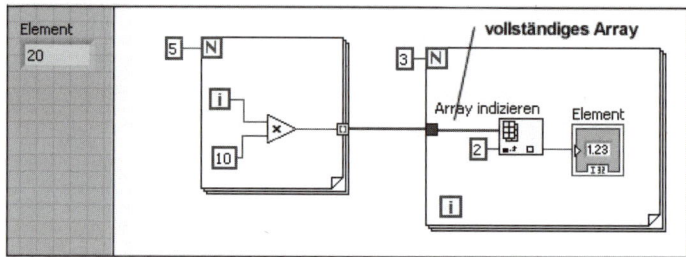

Abb. 9.14: Indizierung rechts abgeschaltet (Deindexing), das vollständige Array ist in der Schleife verfügbar.

9.5 Beispiele

9.5.1 Grafische Ausgabe von Arrays

Häufig (und nützlich) ist es, Arrays als Graphen auszugeben. LabVIEW bietet hierfür den Signalgraphen, im Expressmenü unter *Graph-Anzeigeelemente* zu finden.

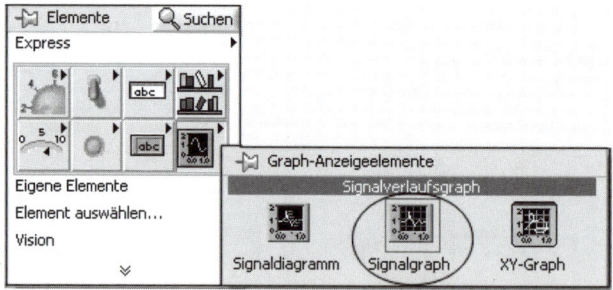

Abb. 9.15: Signalgraph zur Anzeige eines Arrays

(Signalgraph und Signalverlaufsgraph werden in der Folge synonym verwendet.)

Als Beispiel dient eine Sinusfunktion, zu finden unter *Programmierung >> Mathematik >> Grund- und Spezialfunktionen >> Trigonometrische Funktionen >> Sinus*.

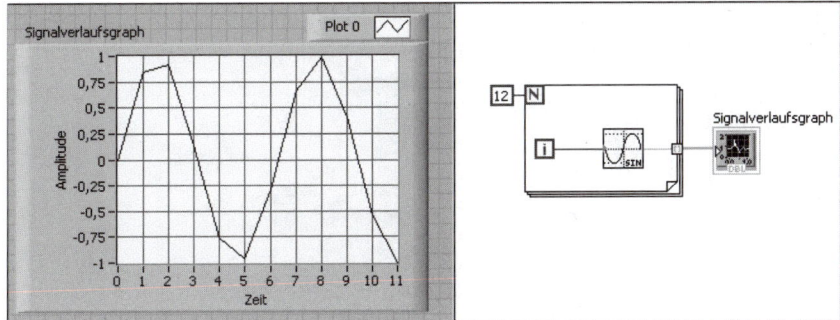

Abb. 9.16: Ausgabe einer Sinuskurve

Diese Sinuskurve hat einen eckigen Verlauf. Grund ist, dass die Funktion *Sinus* das Argument (also die Iterationsvariable) im Bogenmaß auswertet. Eine Periode ist bei 2 · Pi oder 6,28 zu erwarten – bei 12 Werten also 2 Perioden. Wenn das Argument für den Sinus nicht mehr in Schritten von 1, sondern 0,1 rad erfolgt, wird der Verlauf der Sinuskurve feiner quantisiert.

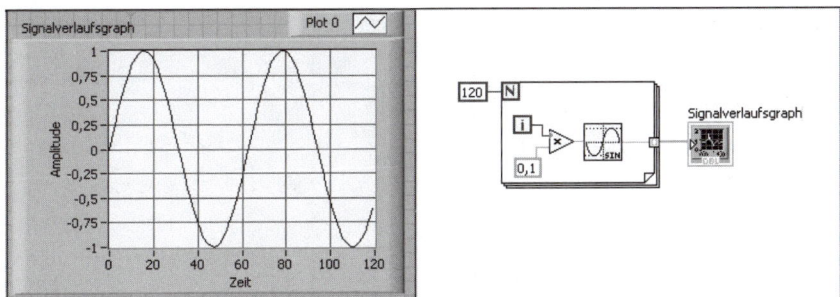

Abb. 9.17: Sinuskurve mit Schritten von 0,1 rad

Die grafischen Frontpanelelemente werden in Kap. 12 ausführlich besprochen.

9.5.2 Summe der arithmetischen Reihe

Aufgabe: Addiere alle Zahlen von 1 bis 100, also Summe = 1 + 2 + 3 + 4 + ... + 99 + 100.

Lösung (zur Kontrolle): gaußsche Summenformel: Summe = (1 + 100) · 50

Ein Array mit allen Zahlen von 1 bis 100 liegt am Ausgang der For-Schleife an. Von diesen Zahlen soll die Summe gebildet werden. Eine entsprechende Funktion (*Array-Elemente addieren*) finden Sie unter *Programmierung >> Numerisches Element*.

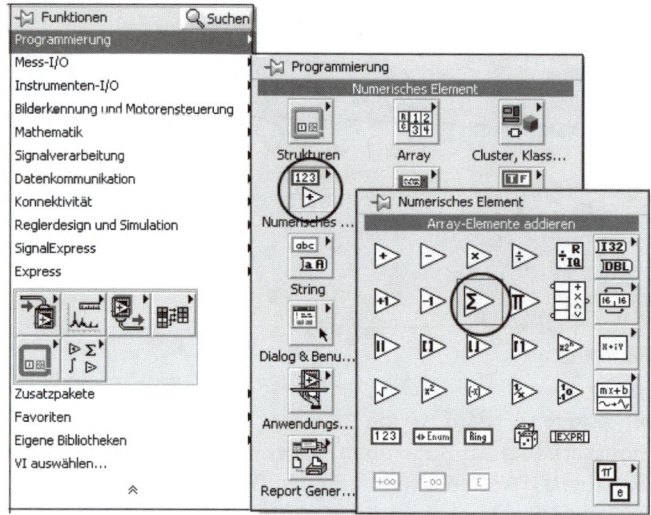

Abb. 9.18: Summe aller Elemente in einem Array mit der Funktion *Array-Elemente addieren*

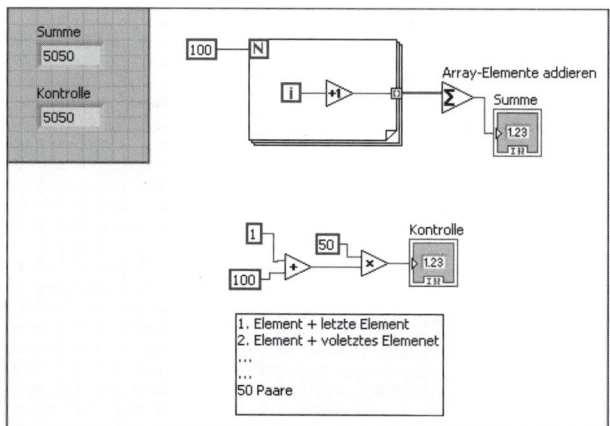

Abb. 9.19: Summe der arithmetischen Reihe

Das Programm gestaltet sich entsprechend einfach. Zu beachten ist, dass nicht einfach die Iterationsvariable (die mit 0 beginnt) verwendet wird, sondern 1 addiert wird.

9.5.3 Erstellen einer ASCII-Tabelle

Jedes druckbare Zeichen hat in der ASCII-Tabelle einen Zahlenwert im Bereich von 0 bis 255. Die ASCII-Tabelle wird durch eine verschachtelte Schleife realisiert. Dabei wird in der inneren For-Schleife die Spalte realisiert. Dieses eindimensionale Array wird in der äußeren Schleife nochmals indiziert. Damit wird ein zweidimensionales Array erstellt. Die Array-Elemente müssen die ASCII-Zeichen enthalten. Der fortlaufende Index in der Tabelle wird durch die Berechnung *Laufender Index = Spaltenindex + 16 · Zeilenindex* realisiert. Diese Zahl wird in das druckbare Zeichen verwandelt.

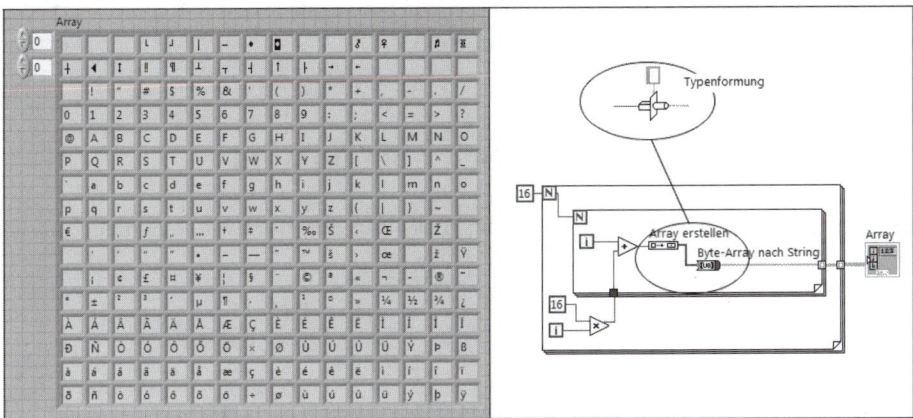

Abb. 9.20: ASCII-Tabelle

9.5.4 Aufstellen einer Einheitsmatrix

Bei einer Einheitsmatrix haben alle Elemente den Wert *Null*. Nur auf der Hauptdiagonalen (von links oben nach rechts unten) sind die Werte *Eins*. Im zweidimensionalen Array sind das die Elemente mit dem Index [0,0], [1,1], [2,2] … Auch dieses zweidimensionale Array wird durch verschachtelte Schleifen realisiert, deren Ausgänge indiziert sind.

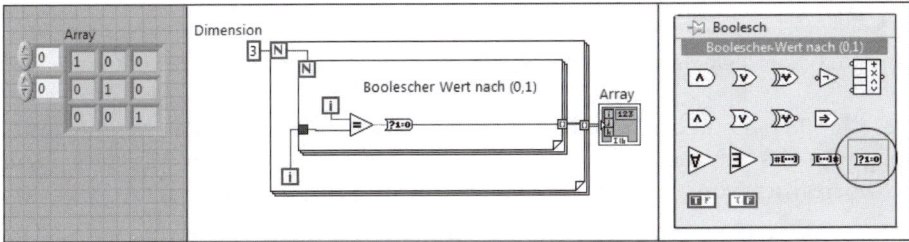

Abb. 9.21: Erstellen einer Einheitsmatrix in Form eines zweidimensionalen Arrays

10 Schieberegister

Schieberegister sind spezielle Variablen, die in Schleifen eingesetzt werden. Abgespeicherte Werte innerhalb der Schleifen bleiben auch beim nächsten Durchlauf erhalten. Dieses Programmierkonzept kann auch als *das Einsetzen von statischen Variablen* bezeichnet werden.

10.1 Grundelemente des Schieberegisters

Ein Schieberegister fügt man durch Rechtsklick einer For- oder While-Schleife zu.

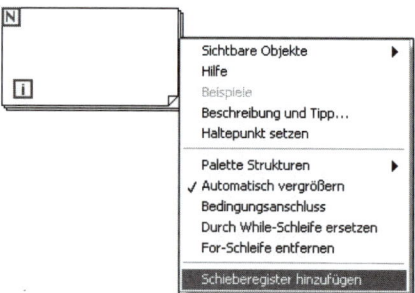

Abb. 10.1: Hinzufügen eines Schieberegisters über das Kontextmenü am rechten Rand der For-Schleife

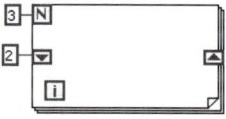

Abb. 10.2: Nach dem Hinzufügen des Schieberegisters und dem Anschluss der Konstanten

Der Wert *3* bestimmt die Anzahl der Schleifendurchläufe. Der Wert *2* ist der Initialisierungswert des Schieberegisters. Initialisierung bedeutet, dass einer Variablen (dem Schieberegister) vor der ersten Verwendung ein Wert zugewiesen wird.

Beim ersten Schleifendurchlauf kommt auf der linken Seite des Schieberegisters der Wert *2* heraus. Am Ende einer Schleife kann rechts ein Wert gespeichert werden, der beim nächsten Schleifendurchlauf wieder links herauskommt. Würde man also rechts eine Konstante mit 5 anschließen, würde links nur im ersten Durchlauf 2, dann stets 5 herauskommen.

10.2 Highlight-Modus

Beim folgenden Programm wird der Schieberegisterwert pro Schleifendurchlauf einmal quadriert. Das nachfolgend angegebene Programm wird im *Highlight*-Modus ausgeführt.

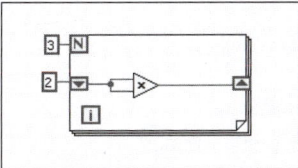

Abb. 10.3: Dieses Programm soll im Highlight-Modus untersucht werden.

Wird ein Programm im *Highlight*-Modus ausgeführt, kann man die aktuellen Werte mitverfolgen.

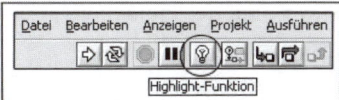

Abb. 10.4: Einschalten der Highlight-Funktion

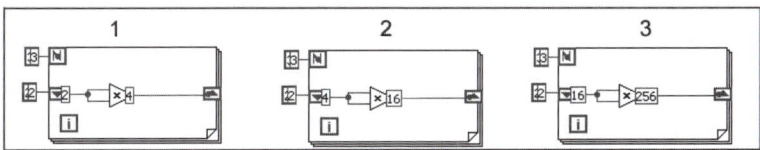

Abb. 10.5: Ablauf eines Programms mit initialisiertem Schieberegister im Highlight-Modus

1. Beim ersten Schleifendurchlauf kommt links der Wert *2* heraus.
2. Am Ende der Schleife wird rechts der Wert *4* gespeichert.
3. Beim zweiten Schleifendurchlauf kommt links der Wert *4* heraus.
4. Am Ende der Schleife wird rechts der Wert *16* gespeichert.
5. Beim dritten Schleifendurchlauf kommt links der Wert *16* heraus.
6. Am Ende der Schleife wird rechts der Wert *256* gespeichert.

10.3 Nicht initialisierte Schieberegister

Falls bei einem Schieberegister kein Initialisierungswert angeschlossen ist, wird beim ersten Mal der Wert *0* festgelegt. Eine neue Initialisierung (Wert *0* zuweisen) erfolgt bei einem neuen Start der Schleife <u>nicht</u>.

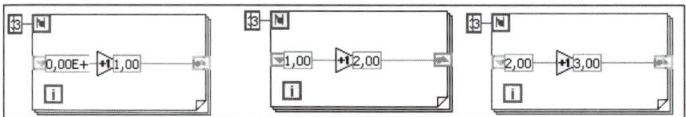

Abb. 10.6: Mit Highlighting ermittelte Werte nach dem ersten Programmstart

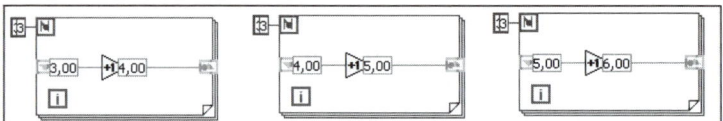

Abb. 10.7: Mit Highlighting ermittelte Werte nach dem zweiten Start des Programms

Es ist zu beobachten, dass die Werte des Schieberegisters bei einem neuen Start einer Schleife nicht *Null* sind. Beim ersten Programmdurchlauf hat das Schiebregister den Wert *3* auf der rechten Seite übernommen. Danach wurde die For-Schleife beendet. Beim zweiten Programmstart wird mit dem letzten Wert des Schieberegisters wieder begonnen. Im Schieberegister wurde der Wert gespeichert.

In sehr alten Versionen von LabVIEW hat man mit nicht initialisierten Schieberegistern (in einem Unterprogramm) globale Variablen realisiert.

10.4 Gestapelte Schieberegister

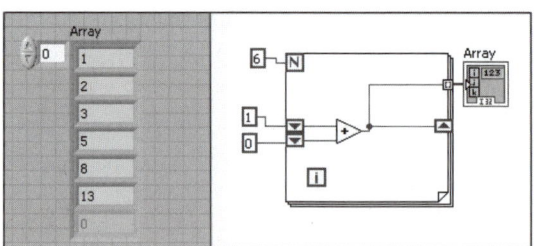

Abb. 10.8: Gestapelte Schieberegister

Bei gestapelten Schieberegistern kann man nicht nur auf den Wert des letzten Schleifendurchlaufs zugreifen, sondern auch auf den älterer Schleifendurchläufe. Im Beispiel oben wird auf den letzten und vorletzten Schleifendurchlauf zugegriffen und beide Werte werden addiert. Das entspricht dem Bildungsgesetz der Fibonacci-Zahlen.

Um aus einem Schieberegister ein gestapeltes Schieberegister zu erhalten, muss man den Anschluss auf der linken Seite mit der gedrückten linken Maustaste herunterziehen.

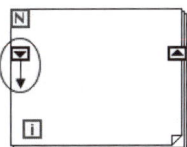

Abb. 10.9: Ziehen des linksseitigen Anschlusses für den Zugriff auf ältere Werte

Man kann auf beliebig viele Schleifendurchläufe (Iterationen) zurückgreifen. Im Beispiel wird auf die letzten vier Schleifendurchläufe zugegriffen.

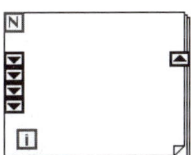

Abb. 10.10: Schieberegister mit Zugriff auf die letzten vier Werte

Wenn links auf mehrere Werte zugegriffen werden soll, sind entweder alle Anschlüsse oder es ist kein Anschluss zu initialisieren.

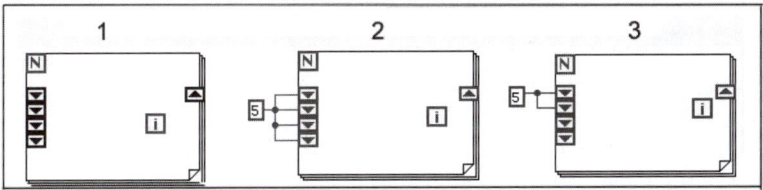

Abb. 10.11: 1, 2 – mögliche Initialisierung, 3 – fehlerhafte Initialisierung

10.5 Schieberegister in Form von Rückkopplungsknoten

Für Schieberegister gibt es in LabVIEW zwei Darstellungsarten. Man kann einfach durch ein Kontextmenü am Schieberegister die jeweils andere Darstellung wählen.

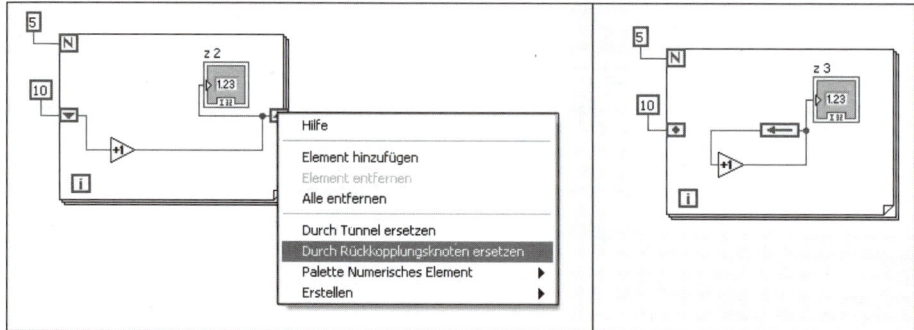

Abb. 10.12: Die zwei Arten der Darstellung von Schieberegistern

Mit einem Kontextmenü kann man das Schiebregister in eine Rückkopplung verwandeln. Wird am Initialisierungsknoten das Kontextmenü geöffnet, kann man die Rückkopplung in ein Schieberegister verwandeln.

10.6 Beispiele

10.6.1 Flankenerkennung

In der Automatisierungstechnik kommt es häufig vor, dass von einem Schalter die positive Flanke erkannt werden soll. Damit kann z. B. auf Knopfdruck ein Motor ein- oder ausgeschaltet werden. Eine positive Flanke wird daran erkannt, dass der alte Wert *Falsch* ist und der neue Wert *Wahr*. Der Wert des Schalters kann in ein Schieberegister gespeichert werden und so kann auf den alten Wert (Wert vorher) zurückgegriffen werden.

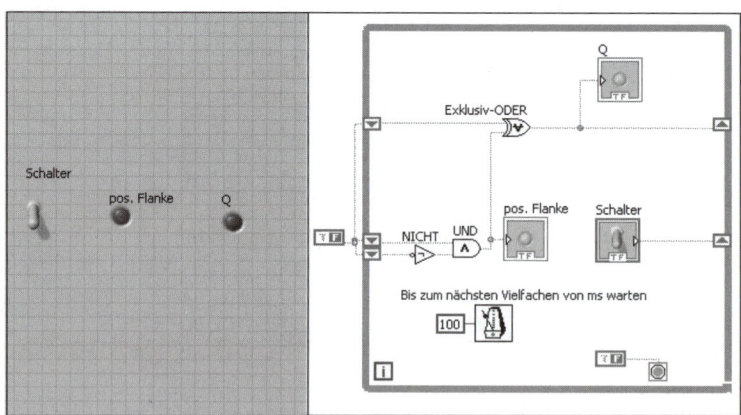

Abb. 10.13: Flankenerkennung

Ausgang Q wechselt den Zustand bei einer Flanke des Schalters (Flipflop). Ausgang *pos. Flanke* zeigt das Auftreten einer positiven Flanke. Der zeitlich weiter zurückliegende Wert wird invertiert und mit einem jüngeren Wert in ein UND-Gatter gegeben. Ist der Ausgang des UND-Gatters *Wahr*, wurde eine Flanke erkannt.

Damit die Anzeige *pos. Flanke* für das Auge sichtbar aufleuchtet, ist der Schleifendurchlauf mit einem Timer auf 0,1 Sekunden verlangsamt. Bei der erkannten positiven Flanke wird der Wert Q (das Anzeigeelement) über das *Exklusiv-Oder-Gatter* invertiert.

10.6.2 Summenzeichen auswerten

Bei einer Summenformel denken die LabVIEW-Programmierer sofort an eine For-Schleife mit einem Schieberegister. Anhand der Aufgabe aus *Abb. 10.14* wird dies gezeigt.

$$\sum_{i=1}^{10} \frac{1}{i} = \frac{1}{1} + \frac{1}{2} + \frac{1}{3} + \frac{1}{4} + \frac{1}{5} + \frac{1}{6} + \frac{1}{7} + \frac{1}{8} + \frac{1}{9} + \frac{1}{10}$$

Abb. 10.14: Formelauswertung

Eine For-Schleife wird verwendet, da die Anzahl der Iterationen schon am Anfang bekannt ist. Mit dem Schieberegister wird die Summenbildung realisiert.

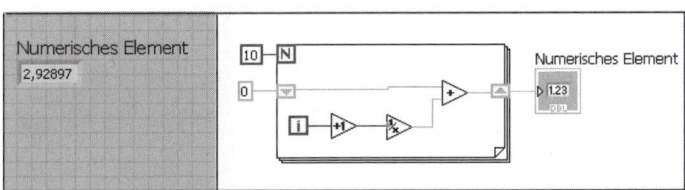

Abb. 10.15: Auswertung einer Summenformel

10.6.3 Erstellen eines Arrays mit allen geraden Zahlen von 2 bis 100

Als weiteres Beispiel wird die Erstellung eines Arrays gezeigt, das alle geraden Zahlen von 2 bis 100 beinhaltet.

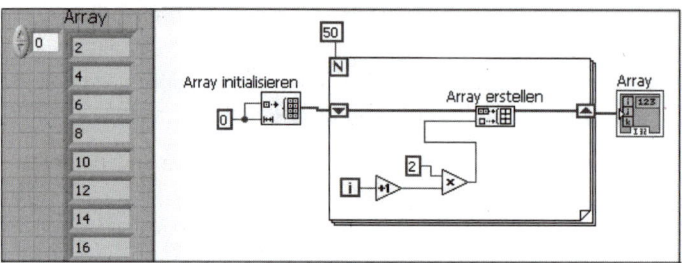

Abb. 10.16: Gerade Zahlen in einem Array

Zuerst wird ein Array erstellt (*Array initialisieren*), das null Elemente lang ist. An dieses Array wird in der Schleife eine gerade Zahl als Element angehängt (Array erstellen).

11 Unterprogramme

Unterprogramme sind ein wichtiges Konzept, um Komplexität in den Griff zu bekommen. Dabei trennt man Teile des Programms vom Gesamtprogramm und verwendet sie nur noch symbolisch. Sie kennen bereits viele Unterprogramme: Die meisten LabVIEW-Funktionen sind genau das! Die Nützlichkeit liegt nicht nur in der Übersichtlichkeit, sondern auch darin, dass man Programmteile sehr gut wiederverwenten kann.

11.1 Erstellen eines Unterprogramms

Eine wichtige Entwicklungsmethode für Software heißt *Bottom-up*. Bei dieser Methode wird das unterste Unterprogramm zuerst entwickelt und gründlich getestet. Danach werden die nächsten Ebenen der Unterprogramme programmiert, die auf die ersten zugreifen. Stellen Sie sich vor, sie müssten eine beliebig komplexe Funktion, die zwei Eingangsvariablen benötigt und zwei Werte ausgibt, in Ihr Programm einbauen. Eine sinnvolle Möglichkeit ist es, diese Funktion erst einmal fehlerfrei umzusetzen, und sie dann einfach einzufügen. In unserem Beispiel ist es nur eine einfache Addition/Subtraktion.

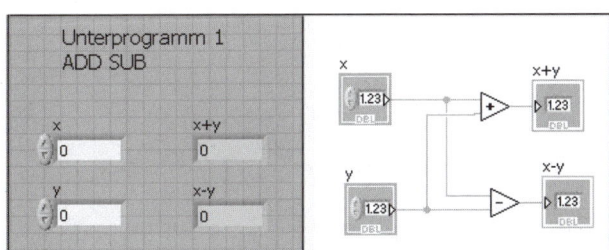

Abb. 11.1: Dieses Programm soll als Unterprogramm eingesetzt werden.

Wenn Sie dieses Programm jetzt als Unterprogramm wünschen, müssen Sie bestimmen, wie es im eigentlichen Programm (Hauptprogramm) aussieht. Dazu wählen Sie oben rechts im Frontpanel mit Rechtsklick *Symbol bearbeiten*.

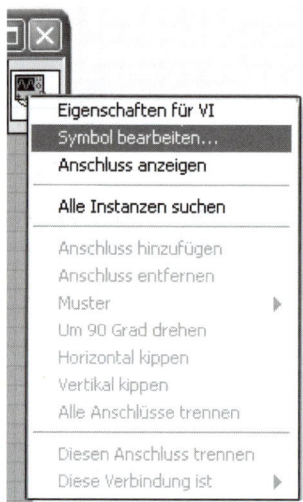

Abb. 11.2: Öffnen des Kontextmenüs am Symbol des Programms

In einer grafischen Programmiersprache hat ein Unterprogramm keinen Namen, sondern wird als Symbol eingesetzt. Gestalten Sie also ein neues Symbol. Wenn Sie Ihr Symbol erstellt haben, müssen Sie noch die Anschlüsse erstellen.

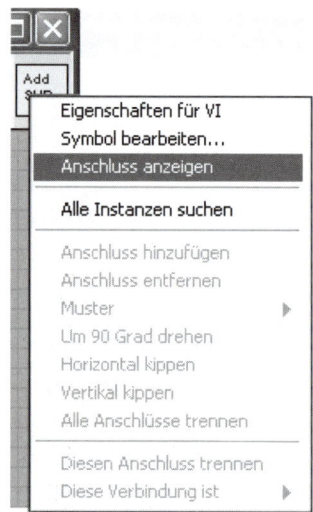

Abb. 11.3: Öffnen des Anschlussfensters

Sie sehen jetzt sehr viele Anschlussmöglichkeiten und benötigen genau vier Anschlüsse. Öffnen Sie das Kontextmenü und wählen Sie das Muster mit 4 Anschlüssen aus.

Abb. 11.4: Auswahl des Anschlussmusters

Schließen Sie die Frontpanelelemente am Anschlussmuster an. Klicken Sie das Frontpanel und das Anschlussmuster in der angegebenen Reihenfolge 1, 2, 3, 4, 5, 6, 7, 8 an. Sie wählen also jeweils die Variable und danach den entsprechenden Anschluss aus.

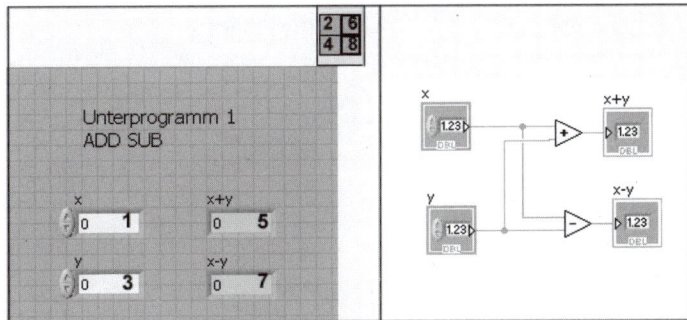

Abb. 11.5: Zuordnung von Frontpanelelementen und die Anschlüsse im Unterprogramm

Speichern Sie über *Datei >> Speichern unter* das Programm unter dem Namen *UP1.vi*. Erstellen Sie ein neues Programm mit zwei numerischen Eingaben und einem Zeigerinstrument.

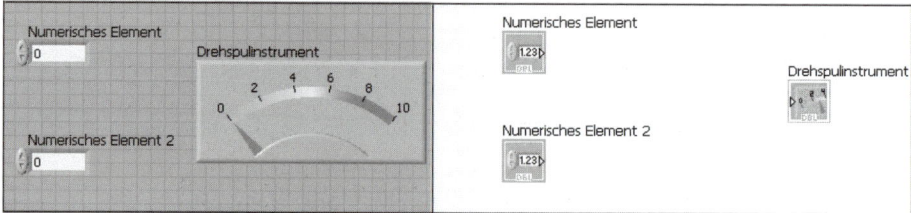

Abb. 11.6: Ein neues Programm wird das Hautprogramm.

Gehen Sie über das Blockdiagramm und öffnen Sie die Funktionspalette (rechte Maustaste):

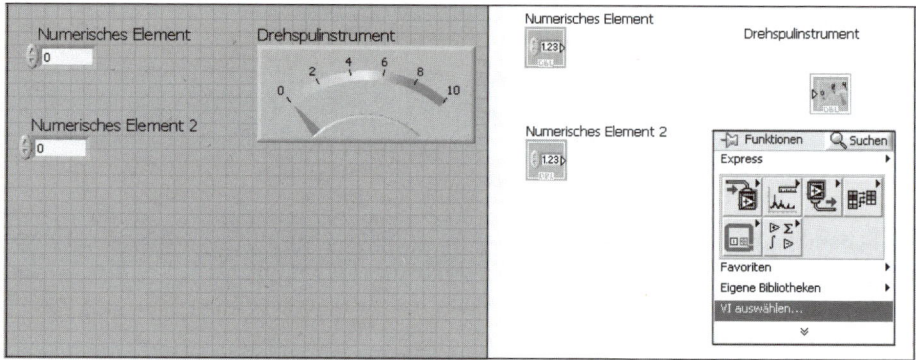

Abb. 11.7: Wählen des eigenen Unterprogramms in der Funktionspalette

Wählen Sie das Unterprogramm *UP1* aus und setzen Sie es in das Hauptprogramm ein.

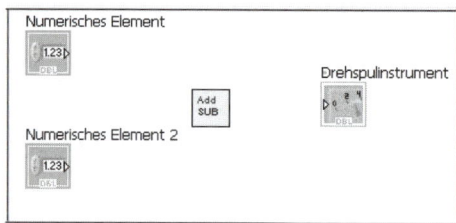

Abb. 11.8: Eingesetztes Unterprogramm

Verbinden Sie das Unterprogramm mit den Frontpanelelementen und testen Sie das Programm.

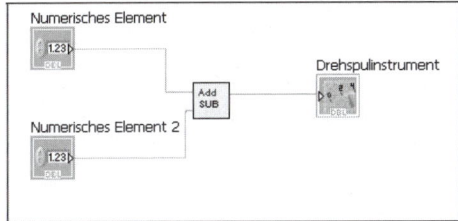

Abb. 11.9: Hauptprogramm mit Unterprogramm nach Verdrahtung

11.2 Automatisches Erstellen eines Unterprogramms im Hauptprogramm

Bei der Entwicklung eines LabVIEW-Programms kommt es vor, dass das Programm größer wird, als ursprünglich geplant. Schnell kommt der Wunsch auf, einen Teil des Hauptprogramms in ein Unterprogramm zu verwandeln. Dies wird in der Entwicklungsumgebung von LabVIEW auf folgende Weise unterstützt:

- Den Teil markieren, der in ein Unterprogramm verwandelt werden soll
- In der Symbolleiste *Bearbeiten >> SubVI erstellen* aufrufen

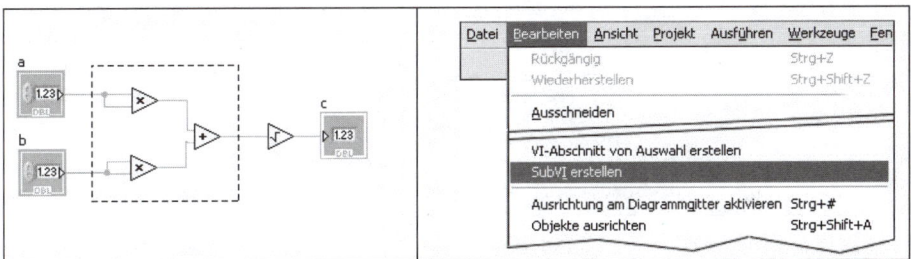

Abb. 11.10: Automatisches Erstellen eines Unterprogramms

Danach ist das Unterprogramm aus dem Hauptprogramm erstellt und schon in dieses eingesetzt.

11.3 Modi beim Aufrufen eines Unterprogramms

Das Aufrufen eines Unterprogramms kann auf unterschiedliche Arten durchgeführt werden. Beispielsweise können Frontpanels neu geöffnet werden (etwa für einen Anmeldedialog).

11.3.1 Frontpanel des Unterprogramms bei Aufruf öffnen

Beispiel:

Es soll ein Programm erstellt werden, das einen Anmeldedialog hat. Beim Start des Hauptprogramms soll das Frontpanel des Unterprogramms (der Dialog) geöffnet werden. Im Fenster des Unterprogramms kann der Name des Anwenders eingegeben werden. Nach einer Bestätigung soll das Fenster automatisch geschlossen werden und der String mit dem Namen ist vom Unterprogramm an das Hauptprogramm zu übergeben.

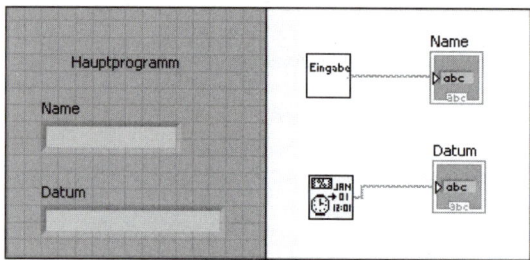

Abb. 11.11: Hauptprogramm; nach dem Start wird automatisch das Frontpanel des Unterprogramms geöffnet.

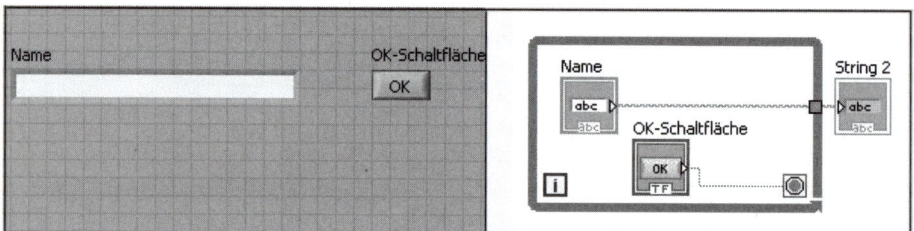

Abb. 11.12: Unterprogramm-Eingabe, das vom Hauptprogramm geöffnet wird.

In die String-Eingabe des Unterprogramms kann der Name eingegeben werden. Die *While*-Schleife wird so lange ausgeführt, bis auf den Button *OK* gedrückt wird. Danach wird das Unterprogrammfenster geschlossen und der String an das Hauptprogramm übergeben.

Wie wird erreicht, dass bei Aufruf des Unterprogramms das Frontpanel geöffnet und nach Ausführung wieder geschlossen wird? Dazu ist im Hauptprogramm mit der rechten Maustaste das Unterprogramm anzuklicken. Im entstehenden Kontextmenü kann man die *SubVI*-Einstellungen konfigurieren. Wie ist ein Unterprogramm zu konfigurieren, damit bei seinem Aufruf das Frontpanel geöffnet wird?

Tabelle 11.1: Konfiguration des Unterprogramms; Bedingung für das Öffnen des Frontpanels

Kontextmenü des Unterprogramms	Einstellung des Unterprogramms
	a) Öffnen bei Aufruf b) Schließen bei Beendigung
	Öffnen
Konfiguration	

11.3.2 Ablaufinvariante Ausführung eines Unterprogramms

Wird ein Unterprogramm mehrmals in ein Hauptprogramm eingesetzt, kann es zu einem besonderen Problem kommen. Soll beim Verlassen des Unterprogramms ein Wert einer Variablen erhalten bleiben, muss auch für jedes eingesetzte Unterprogramm ein Speicher bereitgestellt werden.

Spezialbeispiel aus der Elektronik:

Ein Binärzähler besteht aus zwei T-Flipflops. Jedes Flipflop soll in Form eines Unterprogramms realisiert werden.

Hinweis zum T-Flipflop: Der Ausgang Q ändert sich bei einer positiven Flanke am T-Eingang. *T-Eingang* steht dabei für „Trigger-Eingang".

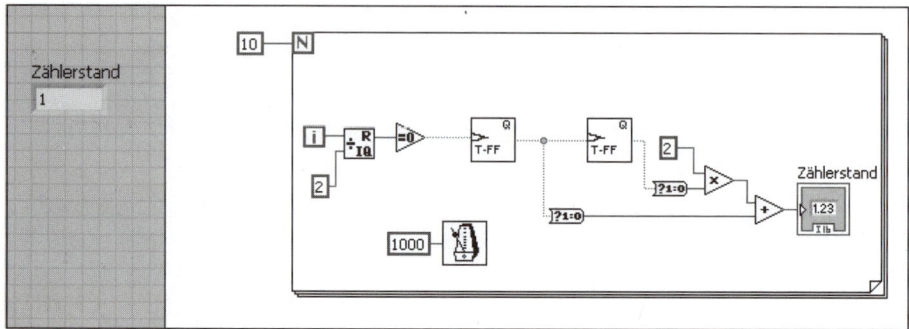

Abb. 11.13: Hauptprogramm eines Binärzählers

Beobachtet man im Hauptprogramm den Zählerstand, erkennt man, dass man einen Rückwärtszähler vor sich hat.

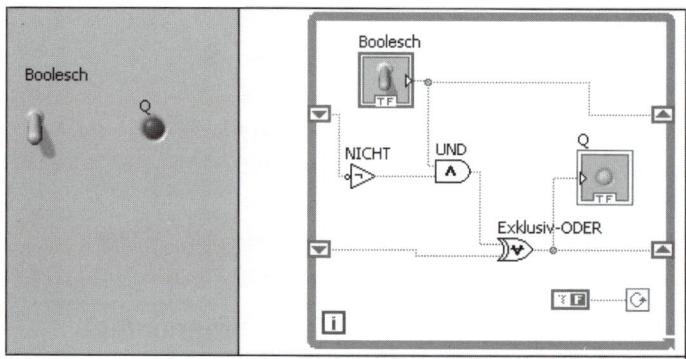

Abb. 11.14: T-Flipflop als Unterprogramm

Das Unterprogramm, das im Hauptprogramm zweimal eingesetzt ist, muss so konfiguriert werden, dass jedes Unterprogramm einen eigenen Datensatz erhält. Das ist bei der Konfiguration nach dem Mode *Ablaufinvariant* der Fall. Nur dadurch kann sich jedes Flipflop den Zustand auch wirklich merken und ein mehrstufiger Zähler ist realisierbar.

Konfigurieren des Unterprogramms:

Mit rechter Maustaste (Kontextmenü) am Symbol des Unterprogramms klicken.

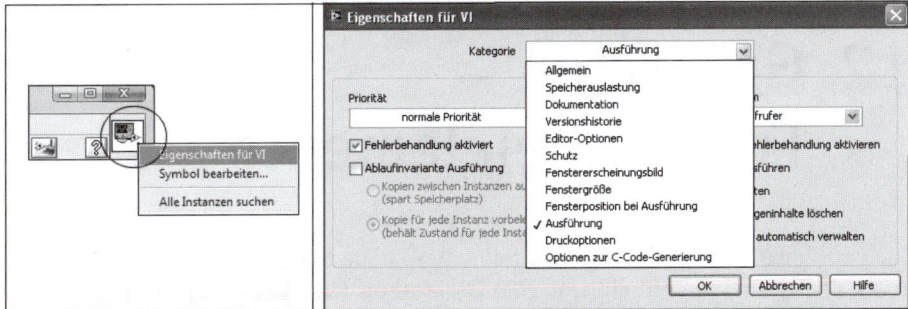

Abb. 11.15: Eigenschaften für VI und danach Ausführungsmode wählen

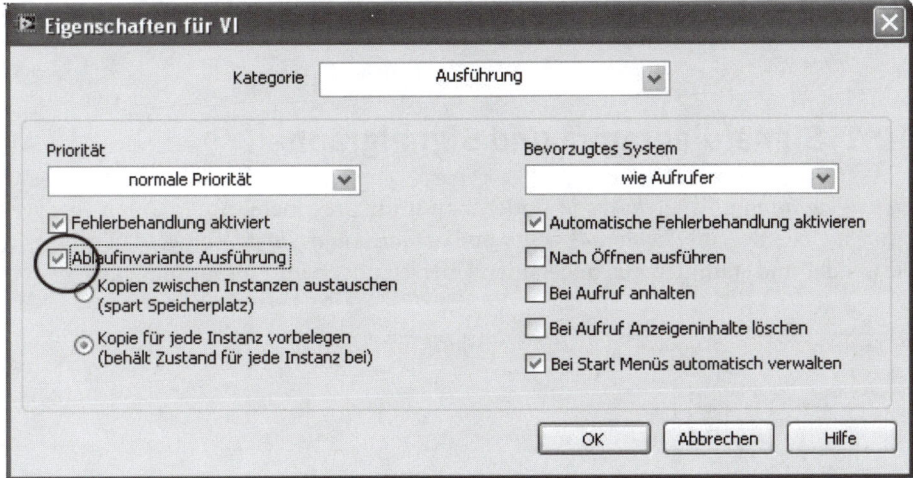

Abb. 11.16: Ablaufinvariante Ausführung wählen.

Ablaufinvariant (oder wiedereintrittsfähig) wird in der englischen Version als reentrant bezeichnet.

12 Grafische Frontpanelelemente

Die grafischen Anzeigeelemente sind eine besondere Stärke von LabVIEW. Auf den ersten Blick sieht man nur ein einfaches Oszilloskop. Dieses ist aber vielfältig konfigurierbar und kann auch in der Programmlaufzeit auf verschiedene Weise umprogrammiert werden. Die wichtigsten Eigenschaften werden vorgestellt, auf Funktionen wie Zoom, Cursor oder Konfiguration während der Laufzeit wird hier nicht eingegangen (siehe dazu LabVIEW-Hilfe).

12.1 Signaldiagramm und Signalgraph

Signaldiagramm und *Signalgraph* findet man im Expressmenü unter *Graph-Anzeigeelemente*. Die Begriffe *Signaldiagramm* und *Signalverlaufsdiagramm* werden synonym verwendet und stammen aus ungenauen Übersetzungen im Programm.

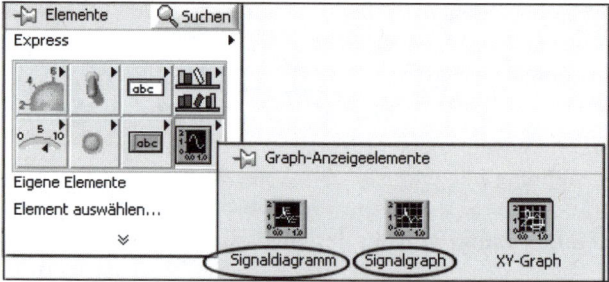

Abb. 12.1: Expressmenü für grafische Anzeigeelemente

Ein Signaldiagramm übernimmt einzelne Werte und gibt sie Punkt für Punkt der Reihe nach aus. Ein Signalgraph übernimmt ein Array und gibt den ganzen Kurvenzug auf einmal aus.

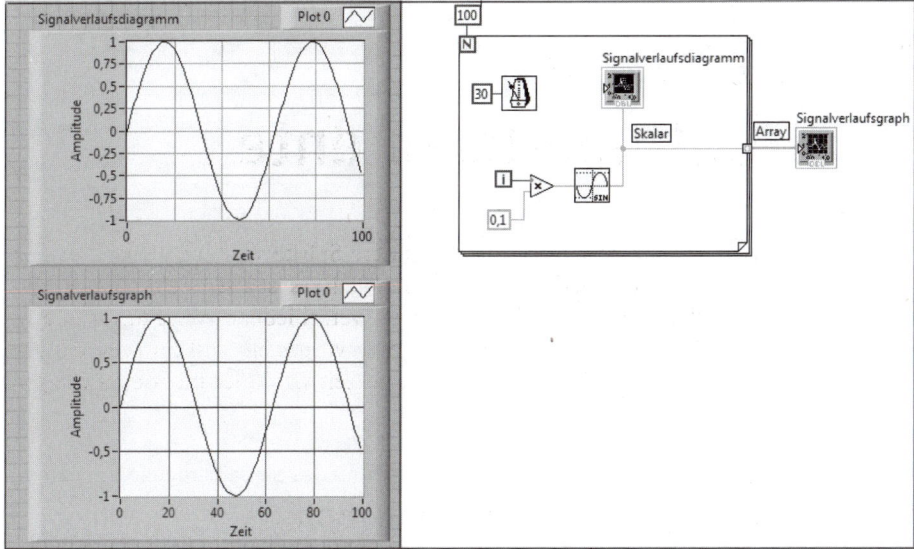

Abb. 12.2: Ausgabe mit Signaldiagramm und Signalgraph

Wenn man das Programm oben ein zweites Mal startet, bleibt der Signalverlaufsgraph gleich und das Signalverlaufsdiagramm hat folgendes Aussehen:

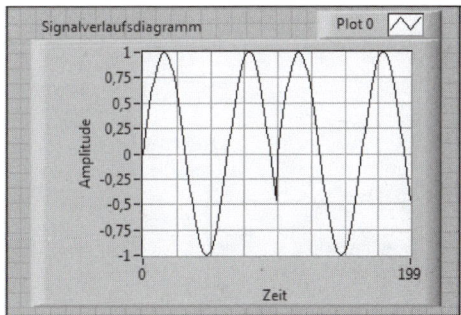

Abb. 12.3: Signalverlaufsdiagramm, nachdem das Programm zweimal ausgeführt wurde

Die übergebenen Zahlenwerte werden so lange in das Diagramm geschrieben, bis die *Historienlänge* erreicht wird. Die Historienlänge hat als Grundeinstellung den Wert 1024, man kann aber auch andere Werte einstellen.

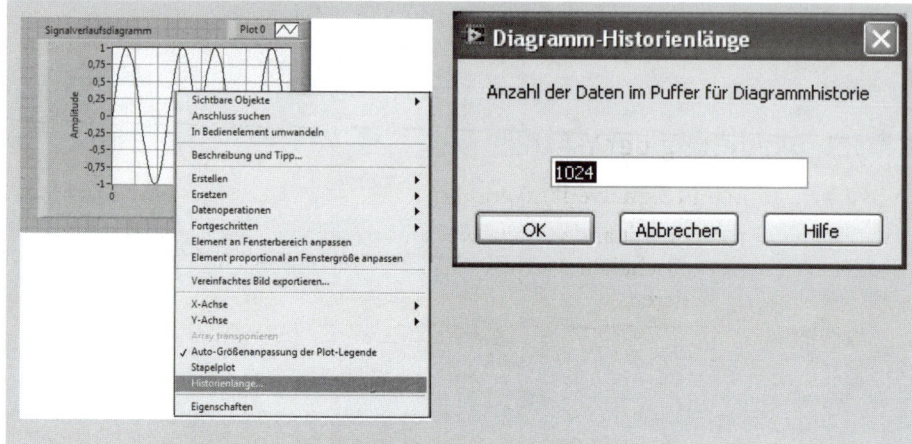

Abb 12.4: Einstellung der Historienlänge im Kontextmenü des Signalverlaufsdiagramms

Werden mehr Werte in das Diagramm geschrieben, als aufgrund der Historienlänge festgelegt wurde, wird der gewählte Aktualisierungsmodus angewendet. Sie können aus drei Aktualisierungsmodi wählen:

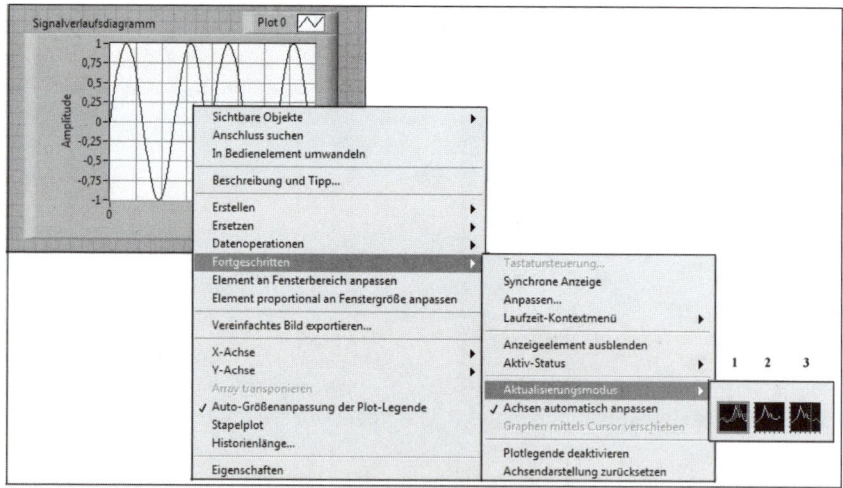

Abb. 12.5: Aktualisierungsmodus im Kontextmenü

1. Streifendiagramm: Es wird wie auf einen laufenden Papierstreifen geschrieben. Rechts ist der neue Wert, das Papier läuft nach links.
2. Oszilloskopdiagramm: Es wird wie mit einem Oszilloskop geschrieben. Wenn der Strahl rechts ansteht, beginnt er wieder links.

3. Laufdiagramm: Die senkrechte rote Linie läuft von links nach rechts. Links neben der roten Linie ist der neueste Wert, rechts der älteste.

12.1.1 Skalierung der Y-Achse

Signaldiagramm und Signalverlaufsgraph

Wenn man die Y-Achse mit anderen Endwerten versehen will, ist zuerst die automatische Skalierung Y abzuschalten (Rechtsklick, siehe Bild). Danach ist einfach der Endwert der Skala zu editieren.

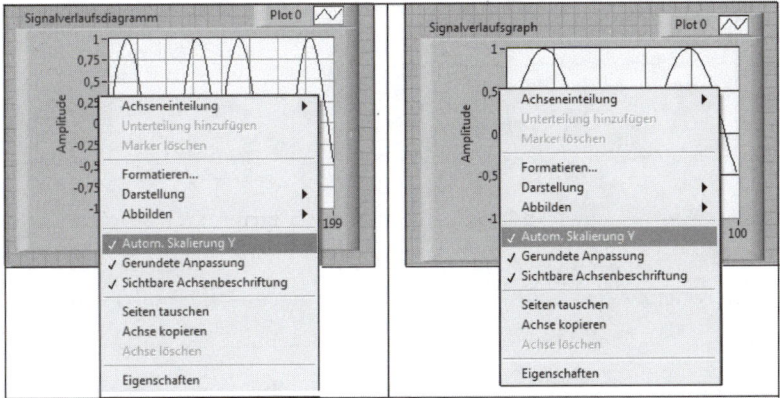

Abb. 12.6: Beide grafischen Ausgaben haben das gleiche Kontextmenü für die Y-Achse.

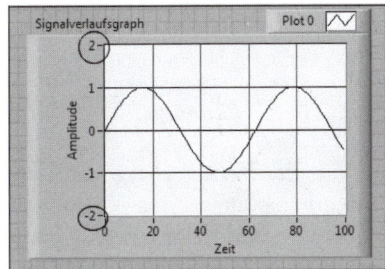

Abb. 12.7: Editierte Skalenendwerte und abgeschaltete automatische Skalierung

12.1.2 Skalierung der X-Achse

Will man die X-Achse bei einem Signalverlaufsgraphen mit den Daten skalieren, muss man zum Daten-Array noch den Startwert der X-Achse und den Inkrementalwert zu einem Cluster verbinden.

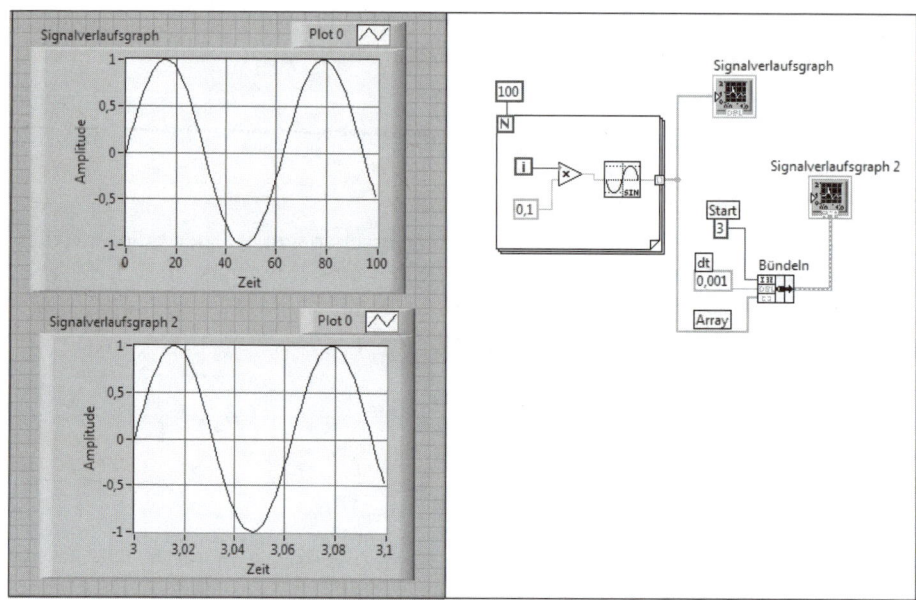

Abb. 12.8: Skalierung der X-Achse eines Signalverlaufsgraphen über die Funktion *Bündeln*

Der Signalverlaufsgraph benötigt folgende Bündelung:

Oben: Startwert

Mitte: dt (Inkrementalwert)

Unten: Array

12.1.3 Darstellung von zwei oder mehreren Kurvenzügen

Im Signalverlaufsdiagramm sind die beiden Punkte, die gleichzeitig übergeben werden, zu bündeln. Im Signalverlaufsgraphen ist ein zweidimensionales Array zu übergeben. Die Formatierung mehrerer Kurvenzüge wird an einem Beispiel mit dem Signalverlaufsgraphen gezeigt. Das Signalverlaufsdiagramm kann in analoger Weise auf die Darstellung um mehrere Kurven erweitert werden.

Hier wurde die Plot-Legende nach unten gezogen, sodass Plot 0, Plot 1 und Plot 2 sichtbar sind. Nach Öffnen des Kontextmenüs (Rechtsklick auf jeweiligen Plot) können die drei Graphen in verschiedener Art dargestellt werden.

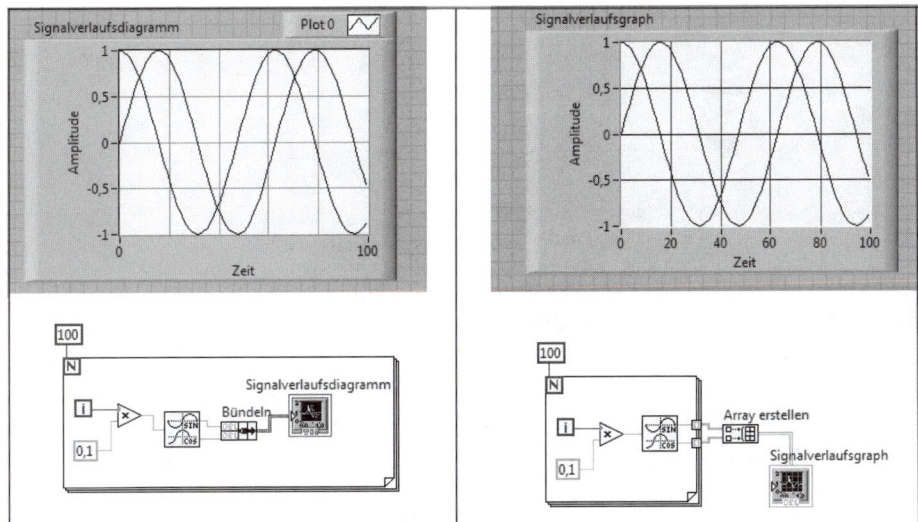

Abb. 12.9: Darstellung von zwei Kurven mit Signalverlaufsgraph und Signalverlaufsdiagramm

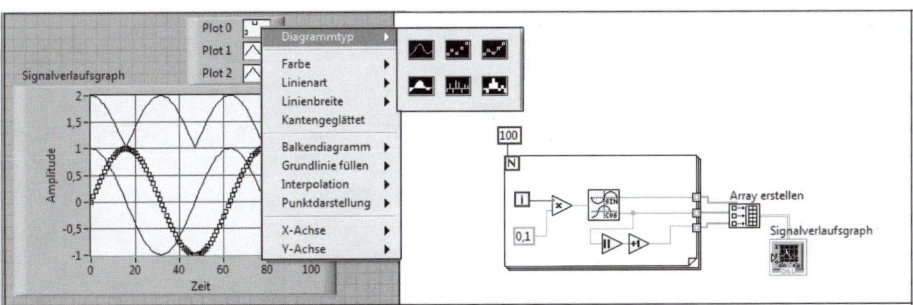

Abb. 12.10: Darstellung von drei Kurven in einem Signalverlaufsgraphen

12.2 XY-Graph

Mit dem XY-Graphen besteht die Möglichkeit, Kurven von rechts nach links zu zeichnen. Mathematiker würden das als *Parameterdarstellung eines Graphen* bezeichnen. Man findet dieses Anzeigeelement im Expressmenü neben Signaldiagramm und Signalgraph.

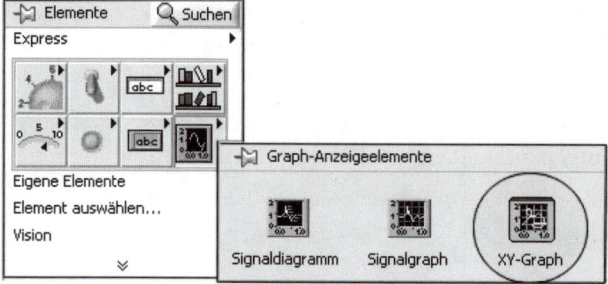

Abb. 12.11: XY-Graph im Menü für Frontpanelelemente

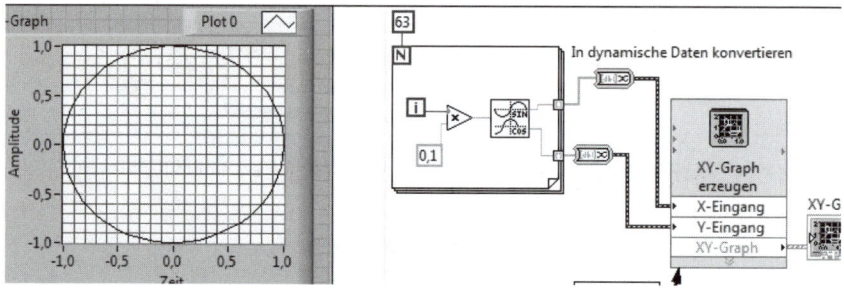

Abb. 12.12: XY-Graphen mit Expressfunktion

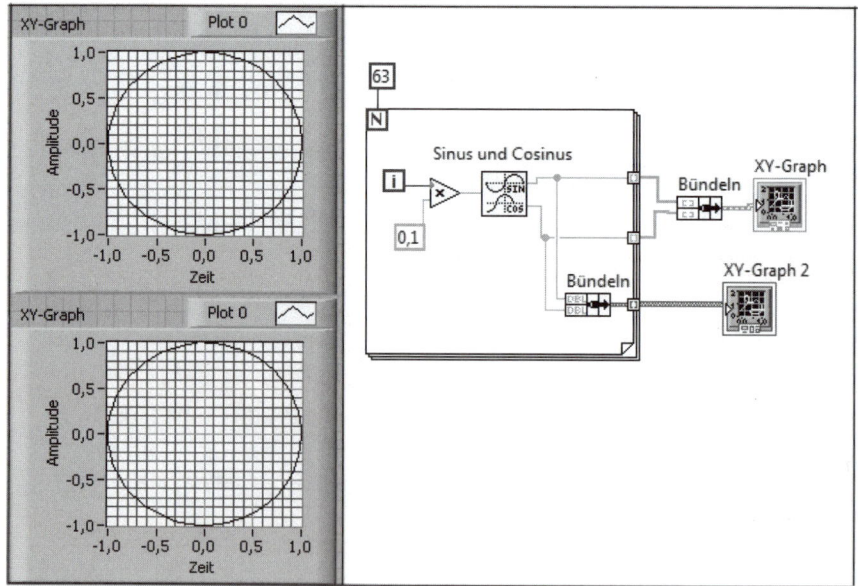

Abb. 12.13: Die zwei klassischen Methoden zur Ausgabe einer Kurve im XY-Graphen

Das *Express VI* und die Umwandlungsroutine *In dynamische Daten konvertieren* erscheinen beim Einsetzen des XY-Graphen. Diese Funktion wurde im nächsten Beispiel gelöscht und nur der XY-Graph verwendet.

Oben werden zwei Arrays (für X- und Y-Werte) gebündelt. Unten werden Punkte gebündelt und zu einem Array aufgebaut. In der Sprache der klassischen Programmierer ausgedrückt heißt das:

Oben: Eine Struktur mit zwei Arrays

Unten: Ein Array, dessen Elemente Strukturen sind.

Beide Kurven werden sofort gezeichnet. Es gibt auch noch die Möglichkeit, die Kurve Punkt für Punkt zu zeichnen.

Weitere Demonstrationsbeispiele finden Sie unter: *C:\Programme\National Instruments\LabVIEW XXX\examples\general\graphs* (oder im Installationsverzeichnis mit entsprechendem Pfad).

12.2.1 XY-Graphik für mehrere Graphen

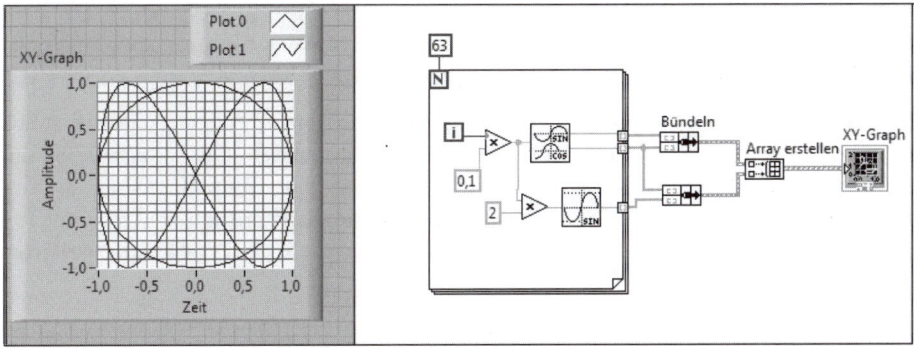

Abb. 12.14: Mehrere Graphen in einer XY-Darstellung

Wie oben müssen die Arrays der unterschiedlichen Plots einfach gebündelt und zu einem Array zusammengefasst werden.

12.3 Anwendung: Signaldarstellung mit Zeitstempel

Oft besteht der Wunsch, ein Signal darzustellen und die X-Achse mit Datum und Zeit zu beschriften. Das ist am einfachsten dadurch möglich, dass man die Daten in den Datentyp *Signalverlauf* umwandelt. Anzugeben sind dabei die Anfangszeit, die zeitliche Differenz zwischen den Messwerten und die Daten. Die Anfangszeit ist in Form eines Zeitstempels anzugeben. Sie finden den Zeitstempel unter *Programmierung >> Timing >> Datum >> Zeit in Sekunden ermitteln*. Zeit, Zeitdifferenz und Daten (Array) sind mit der Funktion *Signalverlauf erstellen* zu einem Signal zusammenzufassen.

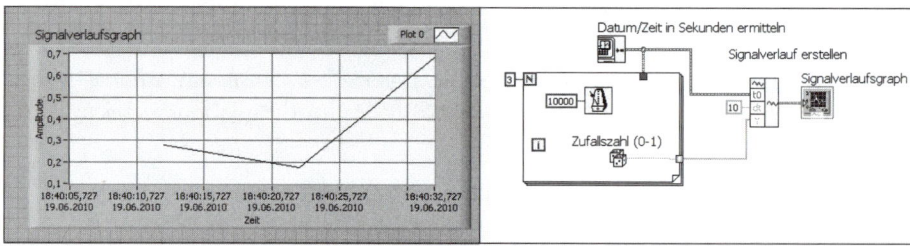

Abb. 12.15: Signaldarstellung mit Zeitstempel

Zusätzlich muss der Graph so konfiguriert werden, dass der Zeitstempel angezeigt wird. Das erfolgt mit dem Kontextmenü auf der X-Achse.

An der For-Schleife liegt das Signal des Zeitstempels an. Dieser Zeitstempel wird in der Schleife nicht verwendet und man könnte denken, dass dieser Anschluss nutzlos sei. Tatsächlich kann aber die For-Schleife erst gestartet werden, wenn alle Daten, die zur Schleife führen, gültig sind. So wird über die Datenflusssteuerung (siehe Kapitel 16) garantiert, dass zuerst die Zeit ermittelt und erst danach die For-Schleife gestartet wird.

Die Funktion *Signalverlauf erstellen* finden Sie unter *Programmierung >> Signalverlauf*.

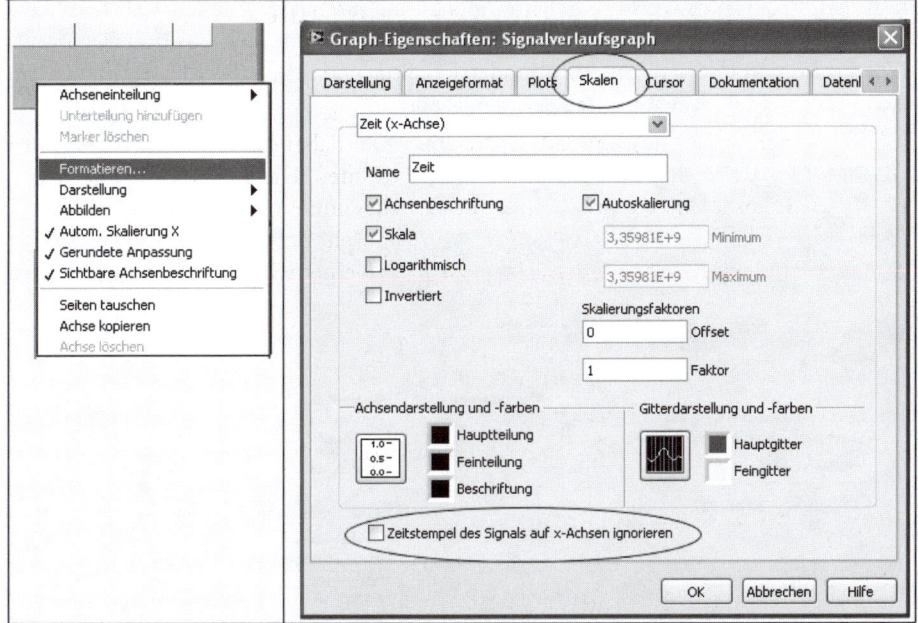

Abb. 12.16: Kontextmenü der X-Achse und Aktivierung des Zeitstempels im Graphen

12.4 Eigenschaftsknoten

Frontpanelelementen kann während der Programmausführung ein Wert zugewiesen werden, der ihre Eigenschaft bestimmt. Dadurch kann z. B. das Frontpanelelement blinkend erscheinen oder sichtbar und auch unsichtbar werden. Es ist sogar möglich, Frontpanelelemente an gewünschten Positionen im Frontpanel zu platzieren. Diese Eigenschaften können auch ausgelesen werden. Zugriff zu diesen Eigenschaften hat man über einen Eigenschaftsknoten.

Beispiel:
In einem Programm soll ein Schalter langsam von links nach rechts wandern.

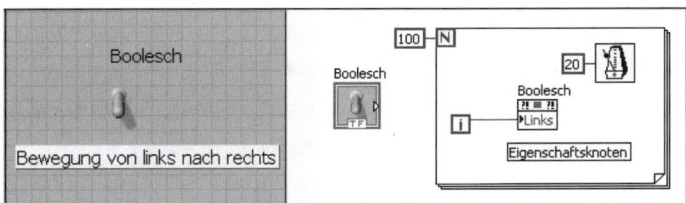

Abb. 12.17: Bewegung eines Schalters von links nach rechts mit einem Eigenschaftsknoten

In diesem Programm wird der Schalter alle 20 ms um ein Pixel nach rechts versetzt. Wie erhält man vom Schalter einen Eigenschaftsknoten, der die Position bestimmt? Zuerst geht man mit dem Cursor über den Schalter und öffnet das Kontextmenü. Danach wählt man die gewünschte Eigenschaft aus.

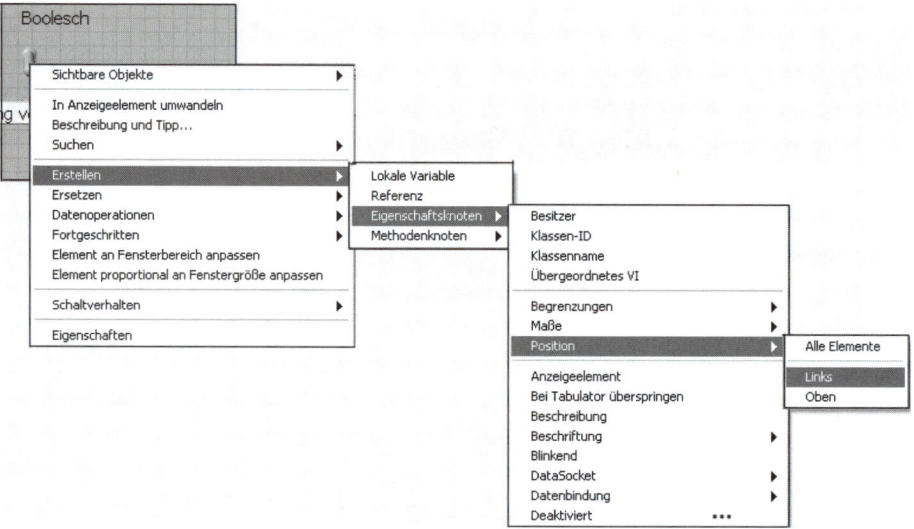

Abb. 12.18: Erstellen eines Eigenschaftsknotens von einem Frontpanelelement (Schalter)

Der erstellte Eigenschaftsknoten ist im Modus *lesen*. Das bedeutet, dass man die Entfernung, die der Schalter vom linken Rand hat, auslesen kann. Das ist aber jetzt nicht gefragt. Es soll vielmehr die Position bestimmt werden, an der der Schalter erscheint. Aus diesem Grund ist der Eigenschaftsknoten so zu konfigurieren, dass er beschreibbar ist. Das kann über das Kontextmenü des Eigenschaftsknotens erfolgen.

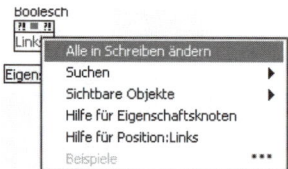

Abb. 12.19: Eigenschaftsknoten beschreibbar konfigurieren

Im Programm rückt der Schalter alle 20 ms ein Pixel nach rechts. Das erfolgt 100-mal, sodass sich der Schalter nach dem Programmstart 2 Sekunden lang bewegt.

12.5 3-D-Graphen

LabVIEW bietet verschiedene Arten von 3-D-Graphen.

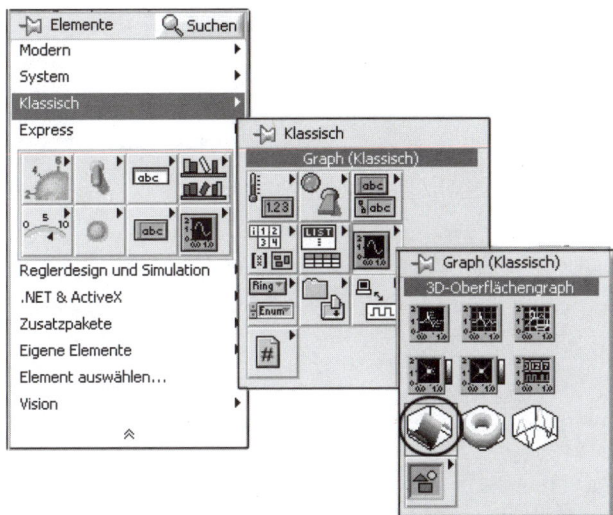

Abb. 12.20: Oberflächengraph in das Frontpanel einsetzen

In diesem Fall wird dem Graphen ein zweidimensionales Array übergeben. Die Indizes entsprechen den x-y-Koordinaten, der Wert dem z-Wert (Höhe).

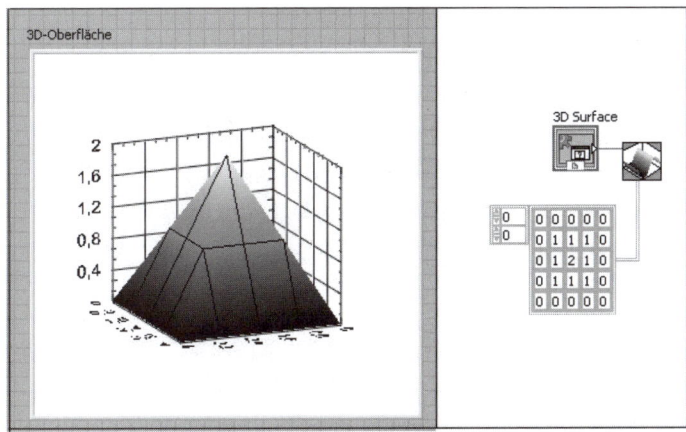

Abb. 12.21: 3D-Surface

Es ist aber auch möglich, Graphen zu erstellen, mit denen man Punktwolken darstellt. Deren Funktionen sind gut in den mitgelieferten Beispielen dargestellt. Der 3-D-Graph ist in den Frontpanelelementen unter *Klassisch >> Graph (Klassisch) >> 3-D-Oberflächengraph (ActiveX)* zu finden.

13 Grafik

Eine Ausgabe einfacher grafischer Elemente, wie Punkte, Linien oder Kreise, wird von LabVIEW gut unterstützt. Komplizierte grafische Funktionen wie Beleuchtung oder 3-D-Transformationen sind ab der Version 8.5 dazugekommen.

13.1 Elementare Funktionen

Um ein Bild darzustellen, benötigen Sie zunächst ein Frontpanelelement. Dieses erhalten Sie unter *Klassisch >> Graph Klassisch >> Elemente >> 2D-Bild*. Elementare Grafikfunktionen wie das Zeichnen von Linien (*Draw Line.vi*) sind unter *Programmierung >> Audio & Graphik >> Bildfunktionen* zu finden.

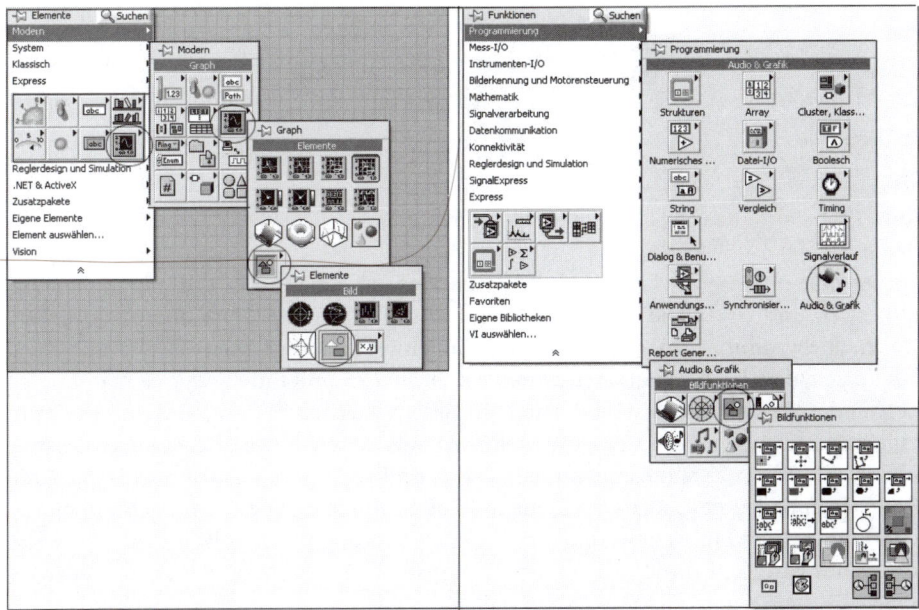

Abb. 13.1: Frontpanelelemente und Funktionen zur Erstellung von Grafikprogrammen

Die Verwendung von Funktionen, wie in *Abb. 13.1* zu sehen, ist sehr einfach. Bei einer Linie muss man etwa den Endpunkt (ohne Angabe eines Startpunkts, → vom Koordinatenursprung oben links) in Form eines Clusters angeben. Die Ausgabe könnte man auch bequemerweise mit der rechten Maustaste über *Anzeigeelement erstellen* einfügen. Bei der Verwendung solcher Funktionen gibt es aber eine wesentliche Eigenschaft, die das Aussehen der Grafik verändert: die Unterscheidung von *absoluten und relativen Koordinaten*.

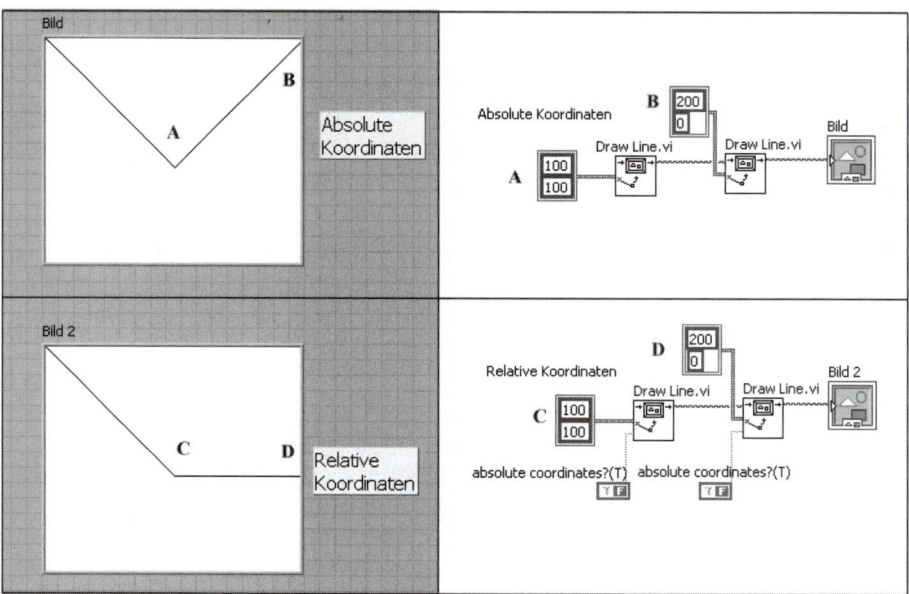

Abb. 13.2: Zeichnen von Linien im Grafik-Modus

In der linken oberen Ecke ist bei der grafischen Ausgabe der Koordinatenursprung, also x = 0 und y = 0. Die Maßeinheit für x und y ist ein Pixel. Das obere und untere Zeichenprogramm wird mit denselben Zahlenwerten aufgerufen. Der Unterschied liegt darin, dass im Beispiel oben *absolute Koordinaten* und unten *relative Koordinaten* verwendet werden. „Relativ" bedeutet in diesem Zusammenhang, dass immer vom zuletzt gezeichneten Punkt ausgegangen wird. Aus diesem Grund bedeutet im Beispiel oben: (200, 0) => Zeichne eine Linie mit dem Endwert von x = 200, y = 0. Im unteren Programm bedeutet (200, 0) => Gehe um 200 nach rechts und nicht nach unten, um den Endwert der Linie zu bestimmen. Die Umschaltung von relativen in absolute Koordinaten geschieht durch die boolesche Konstante am Eingang der Funktion *Draw Line*.

Soll in einer Schleife mehrfach gezeichnet werden, ist ein Schieberegister für den Datentyp *Grafik* erforderlich.

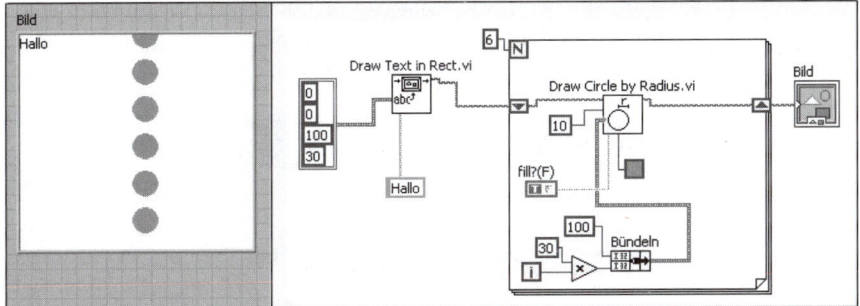

Abb. 13.3: Mehrfaches Aufrufen von Grafikfunktionen in einer Schleife

Die Position, an der die Grafik gezeichnet wird, wird durch den Cluster auf der linken Seite der Grafikfunktion *Draw Text in Rect.vi* festgelegt.

13.2 Auslesen eines JPEG-Bilds

Ein weiteres Beispiel zeigt, wie man ein JPEG-Bild ausliest und mit Grafikfunktionen in dieses Bild zeichnet. Im Beispiel wird an die Position x = 15 und y = 15 ein Rechteck mit 10 x 10 Pixeln gezeichnet. Das Auslesen eines JPEG-Bilds wird mit der Funktion *Read JPEG File.vi* durchgeführt, die unter *Programmierung >> Audio und Graphik >> Graphikformate* zu finden ist. Diese Funktion braucht einen absoluten Pfad im Eingang.

Wenn LabVIEW ein Bild einliest (oder auch speichert), verwendet es einen speziellen Cluster für die Daten. In ihm sind nicht nur die reinen Pixel gespeichert, sondern auch allgemeine Daten wie die Größe. Man könnte bereits aus der Lesefunktion mit Rechtsklick ein Anzeigeelement erstellen, würde dann aber auch eine Ausgabe für diese Daten erhalten. Da diese hier nicht interessant sind, werden sie mit der Funktion *Draw Flattened Pixmap.vi* umgewandelt. Man findet sie unter *Programmierung >> Audio und Graphik >> Bildfunktionen*.

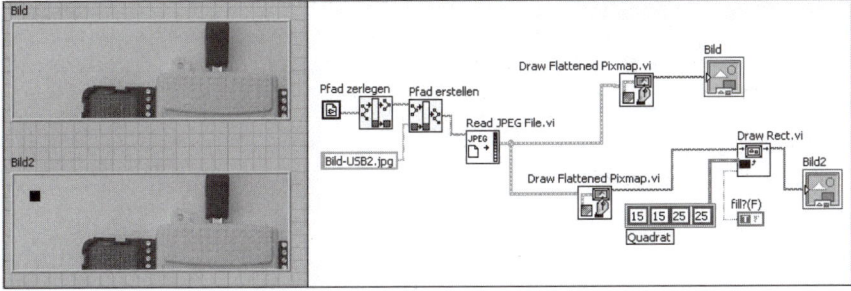

Abb. 13.4: Auslesen einer Bilddatei im JPG-Format und zusätzliches Zeichnen eines Quadrats

Die Funktion *Draw Rect* zeichnet das kleine schwarze Rechteck in das Bild. Das Quadrat wird durch die zwei Punkte (x = 15, y = 15) und (x = 25, y = 25) bestimmt.

13.3 Frontpanelelement in eine Grafik konvertieren und abspeichern

Mitunter möchte man, z. B. zum automatischen Erstellen eines Berichts, ein Frontpanelelement (oder dessen Inhalt) als Grafik abspeichern. Dies muss man mit einer fortgeschrittenen (objektorientierten) Art der Programmierung durchführen, die an dieser Stelle nicht in aller Deutlichkeit ausgeführt wird. Dennoch soll die Aufgabe gelöst werden, da das Ergebnis für den Praktiker sehr nützlich ist.

Zuerst wird von einem Frontpanelelement eine sogenannte *Referenz* gebildet. Eine Referenz erlaubt den Zugang auf Eigenschaften und Komponenten eines VI, die in der Regel nicht erreichbar sind. Die Referenz für den Signalverlaufsgraphen erhalten Sie mit Rechtsklick auf den Graphen im *Frontpanel >> Erstellen >> Referenz*.

An diese Referenz wird ein Methodenknoten angeschlossen, bei dem dann spezifiziert wird, welche Methode Sie ausführen wollen. Sie erhalten ihn im Blockdiagramm unter *Programmierung >> Applikationssteuerung >> Methodenknoten*. Nach dem Verdrahten können Sie im Kontextmenü >> *Methode auswählen >> Bild lesen* auf die Bilddaten zugreifen. Sie können entweder die Funktion *Write BMP File* verwenden, die sich unter *Programmierung >> Audio und Graphik >> Graphikformate* finden lässt, es aber auch als normales Bild (wie oben) ausgeben.

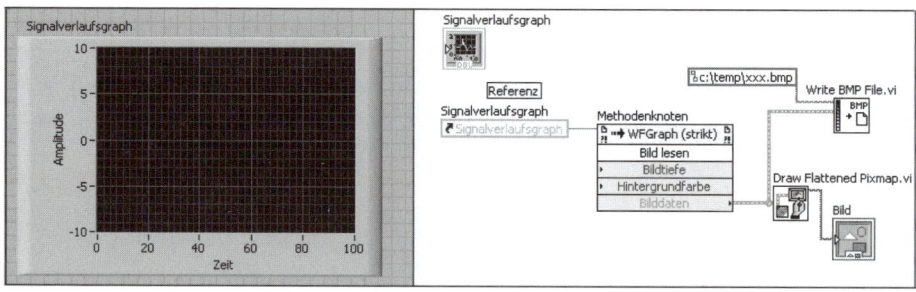

Abb. 13.5: Signalverlaufsgraph als Bild in eine BMP-Datei schreiben

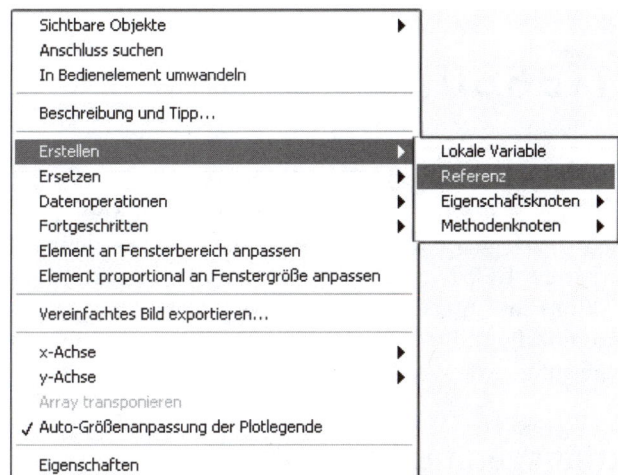

Abb. 13.6: Erstellen einer Referenz vom Signalverlaufsgraphen

Auf diese Weise kann von jedem Frontpanelelement eine Bilddatei (*.bmp, *.jpg oder *.png) erstellt werden.

14 Datenerfassung

Die Datenerfassung ist in LabVIEW, vor allem mit Ein-/Ausgabegeräten von National Instruments, besonders gut gelöst. Es sind mit DAQmx-Treibern nicht nur Konfigurationswerkzeuge (DAQ-Assistent) verfügbar. Es ist auch eine eigene Logik definiert worden, um die Geräte (Messkarten, USB-Messeinheiten …) zu programmieren. Es besteht bei der Programmstruktur kein Unterschied zwischen einfacheren und hochwertigen Geräten. Deshalb wird nur die USB-6008 vorgestellt, aber die Anwendungen funktionieren für andere Geräte auf gleiche Weise.

14.1 Das Multifunktionsgerät USB-6008

Das Gerät *USB-6008* ist ein sehr einfaches Gerät, das in der Ausbildung häufig eingesetzt wird. Im Bild unten ist eine USB-6008 zu sehen, links mit einem Stecker mit Lochrasterplatine und rechts mit einem Stecker mit Schraubanschluss.

- USB-6008 hat folgende Eigenschaften:

- 8 Analogeingänge (12 Bit)

- Signal gegen Masse (RSE) oder Differenzialverstärker (12 Bit), Eingangswiderstand 144 k Ω, triggerbar.

- Abtastfrequenz bis 10 kHz

- 2 Analogausgänge (12 Bit) direkt von der PC-Software gesteuert

- 12 Digital-I-/O-TTL-Pegel

- 1 Ereigniszähler

Abb. 14.1: USB-6008

Die Karte kann mit unterschiedlichster Software betrieben werden. Es besteht oft der Wunsch, dieses Gerät nach Anschluss an den PC zu testen. Dafür ist der Measurement & Automation Explorer (MAX) entwickelt worden.

14.1.1 Installation des Measurement & Automation Explorers und der Treiber

Wenn Sie LabVIEW mit der Standardeinstellung installiert haben, befinden sich MAX und die Gerätetreiber nicht auf Ihrem Rechner. Sie müssen dies von der Installations-CD/DVD nachholen.

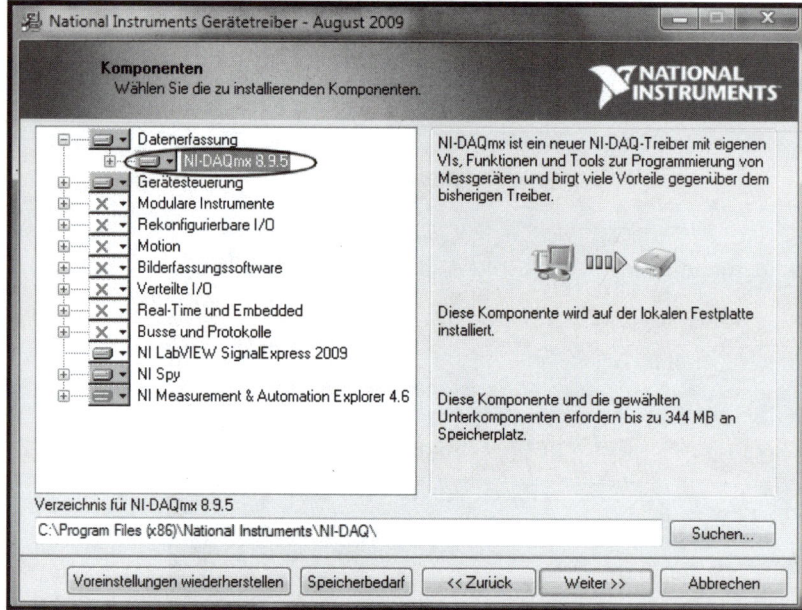

Abb. 14.2: Die gekennzeichnete Komponente ist zu aktivieren.

14.1.2 Measurement & Automation Explorer

Sie können den MAX vom Desktop oder über *Start => Programme => National Instruments => Measurement & Automation* starten.

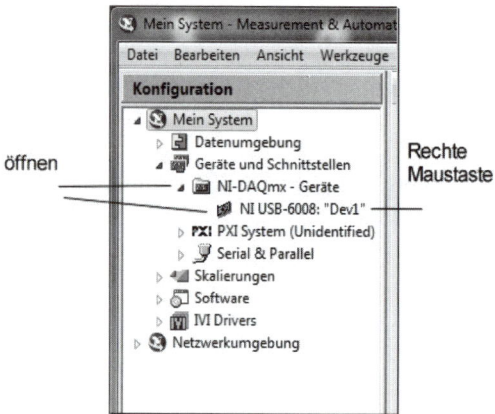

Abb. 14.3: Geräte im Measurement & Automation Explorer (MAX)

Wenn Sie den MAX starten, finden Sie unter *Konfiguration* die (angeschlossene!) USB-6008. Sie können mit Rechtsklick und Auswahl die Pin-Belegung anzeigen lassen.

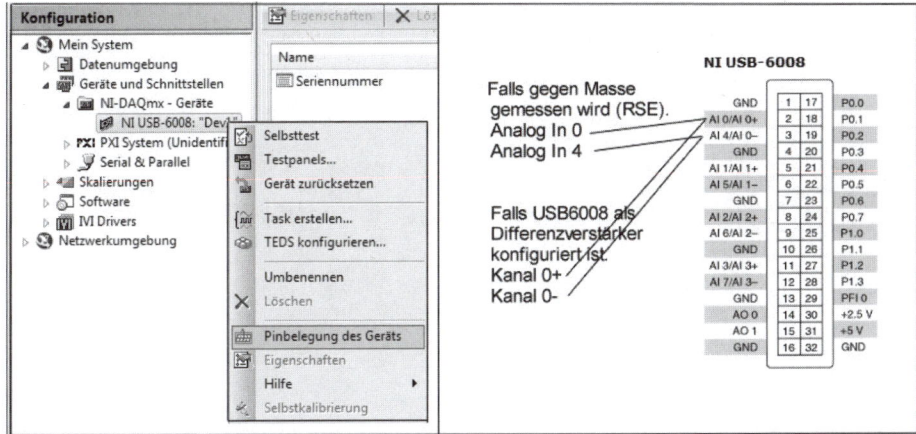

Abb. 14.4: Pin-Belegung anzeigen

Folgende Abkürzungen werden verwendet:

- AI – Analog Input

- AO – Analog Output

- P0, P1 – Digital Input/Output

- PFI0 – Zähler und Trigger Input

- GND – Masse

Diese Funktion erspart oft den Griff zum Handbuch. Ohne ein Programm zu schreiben, können Sie die Karte kurz testen. Dies geht über Rechtsklick >> *Testpanels*.

Abb. 14.5: Öffnen des Testpanels

Betrachten Sie zuerst die Registerkarte *Analoge Erfassung*.

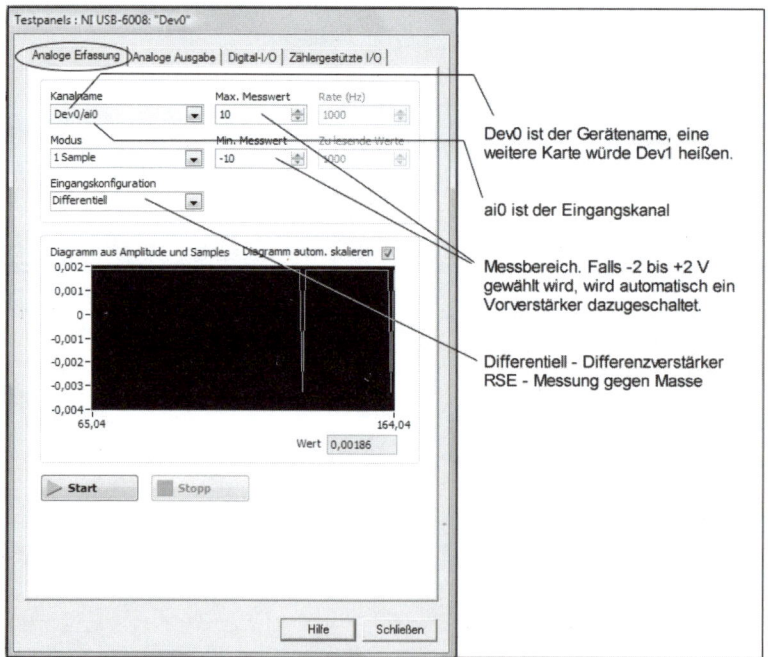

Abb. 14.6: Testpanel im Measurement & Automation Explorer

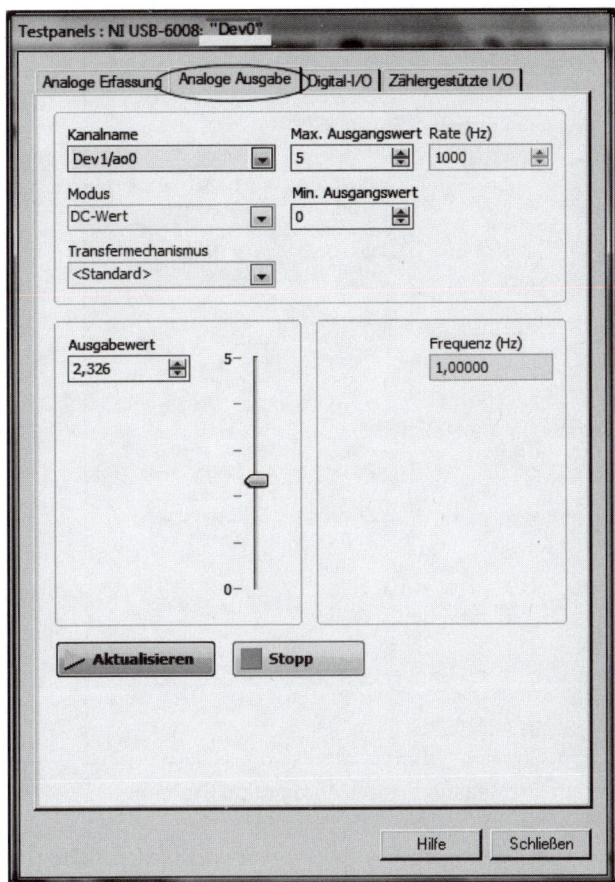

Abb. 14.7: Ausgabe einer Spannung im Measurement & Automation Explorer

Mit einem Voltmeter müsste man zwischen AO0 (Pin 14) und GND (Pin16) die Spannung von 2,326 V messen können. Wechseln Sie nun zu Digital-I/O.

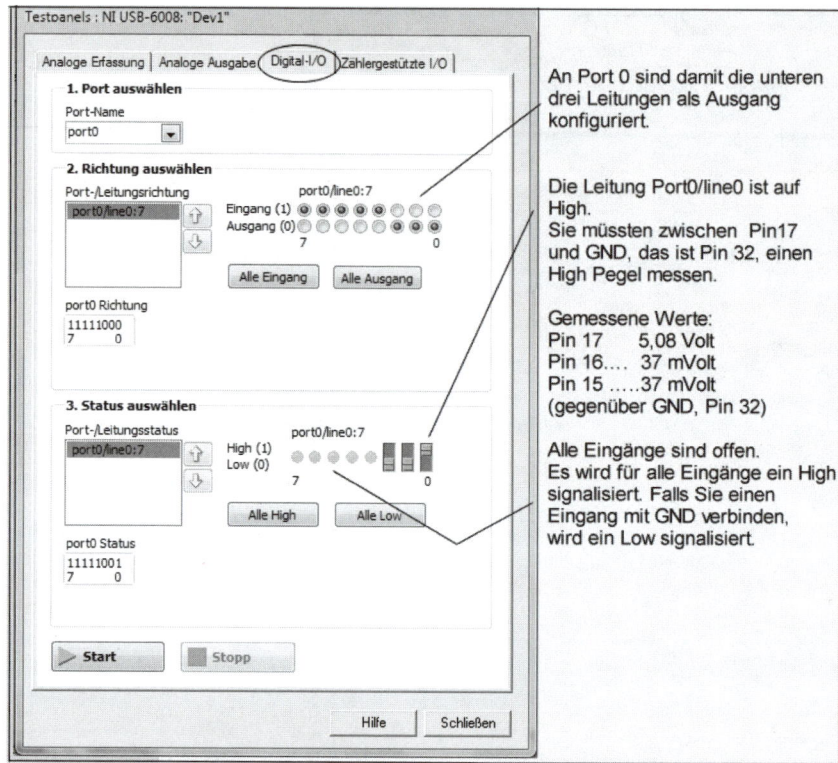

Abb. 14.8: Digitale Aus- und Eingabe im Measurement & Automation Explorer

Port1 hat bei diesem Gerät nur vier Leitungen. Die Registerkarte *Zählergestützte I/O* zeigt nach dem Start die Anzahl der Flanken am Eingang *PFI0*. Das Gerät hat nur einen sehr einfachen Zähler, der nicht konfigurierbar ist.

Abb. 14.9: Timer im Measurement & Automation Explorer

14.2 Ein- und Ausgabe mit USB-6008 und LabVIEW

Messkarten können in LabVIEW sehr einfach konfiguriert werden. Mit dem DAQ-Assistenten besteht die Möglichkeit, dies per Menü zu realisieren und sich nicht mit der komplizierten Konfiguration zu beschäftigen. Die meisten Probleme (geschätzte 90 %) können jetzt relativ leicht gelöst werden. Komplizierte Datenerfassungsaufgaben (z. B. Synchronisation von Ein-/Ausgabe, ...) erfordern die alte Form der Programmiertechnik und ein genaues Verständnis der Hardware.

DAQ-Assistent:

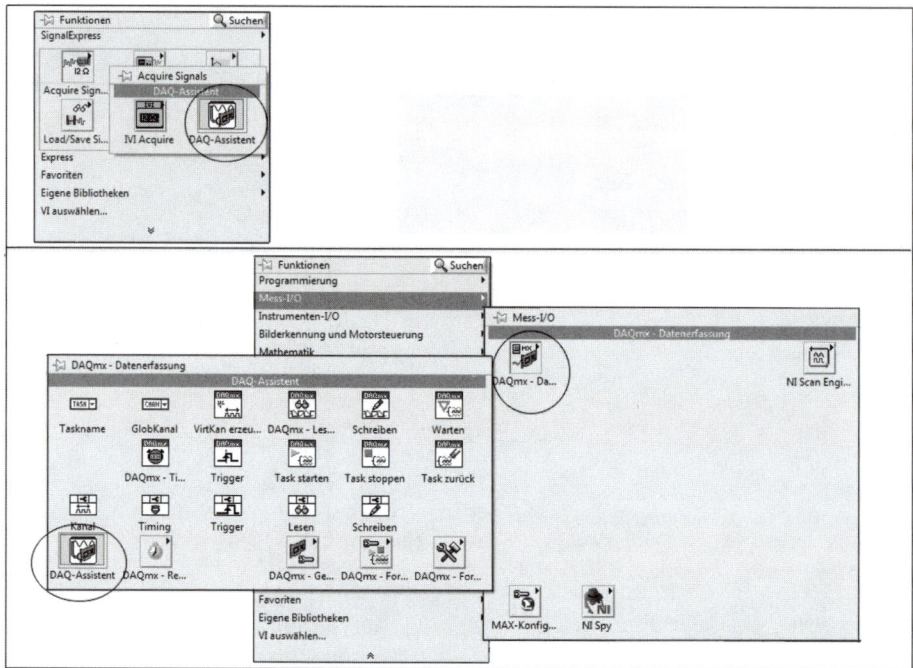

Abb. 14.10: Die Grundfunktionen der Datenerfassung und der DAQ-Assistent

Sie haben zwei Möglichkeiten, den DAQ-Assistenten auszuwählen: oben im Express-menü über *Express >> Eingabe >> DAQ-Assistant,* unten im klassischen Menü über *Mess I/O >> DAQmx – Datenerfassung >> DAQ-Assistant.*

Mit dem Einsetzen des DAQ-Assistenten in das Blockdiagramm öffnet sich ein Fens-ter, mit dem man die Art der Signalerfassung bestimmen kann. Im Regelfall wird die Spannung gemessen. Es besteht aber die Möglichkeit, die Messung (physikalisch im-mer noch eine Spannung) als etwas anderes (etwa eine Temperatur) interpretieren zu lassen. Würde man dies auswählen, könnte man in einem Fenster Skalenbereiche ein-stellen.

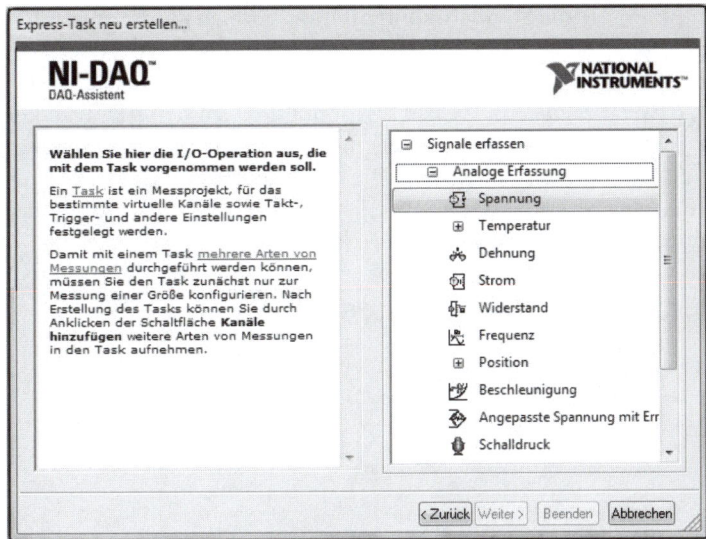

Abb. 14.11: Auswahl der Messgrößen

Wählen Sie den Kanal und gehen Sie weiter über die nicht ganz glücklich übersetzte Bezeichnung *Beenden*. Ein Kanal ist ein Ein- oder Ausgang auf der Messkarte. Die USB-6008 kann acht Signale messen, die Eingänge heißen *ai0* bis *ai7*.

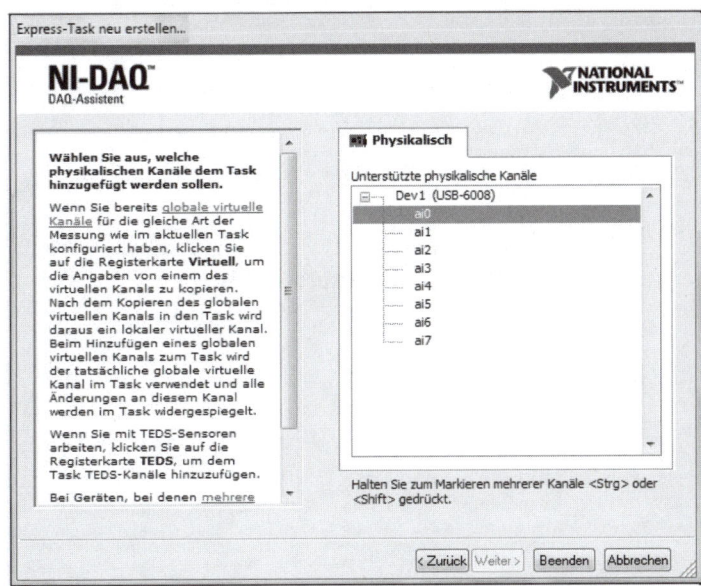

Abb. 14.12: Auswahl der Kanäle (Eingangsleitungen)

Im nächsten Fenster können Sie die Standardkonfiguration für Signale, die Werte von Min/Max sowie den Eingangsbereich des Vorverstärkers bestimmen. Wird beispielsweise für Max 2 V und für Min −2 V angegeben, wird der Vorverstärker auf der Messkarte so konfiguriert, dass die Signale in diesem Spannungsbereich den AD-Wandler voll aussteuern. Das ist aber nur bei Messkarten mit konfigurierbarem Verstärker möglich. Andernfalls erfolgt eine Fehlermeldung. Die Auswahl von N-Samples bedeutet, dass die Karte N-mal eine Messung durchführt. Die Geschwindigkeit wird mit der *Rate* gesetzt und kann bei der USB-6008 maximal 10 kHz betragen.

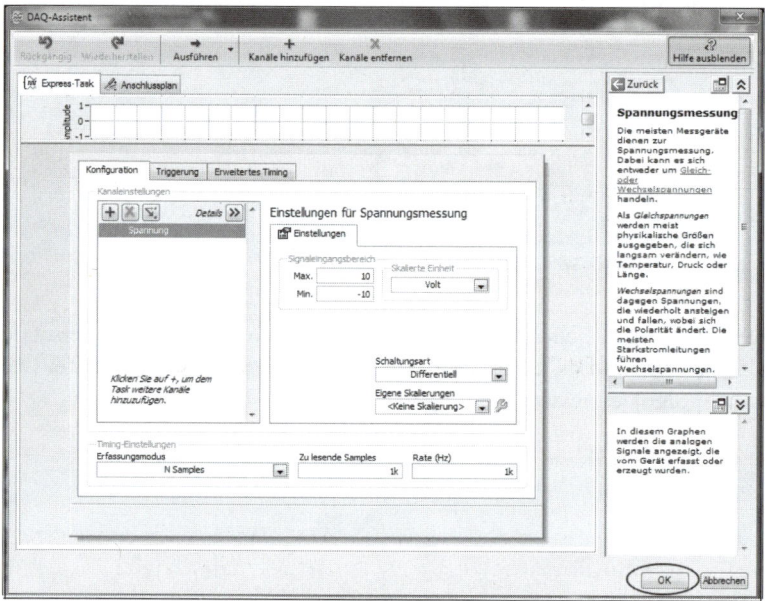

Abb. 14.13: Einstellung der Messbedingung

Sie können nach Bestätigen mit *OK* das Express-Vi verwenden und weiter programmieren. Es besteht aber auch die Möglichkeit, dieses Express-Vi in ein LabVIEW-Programm umzuwandeln.

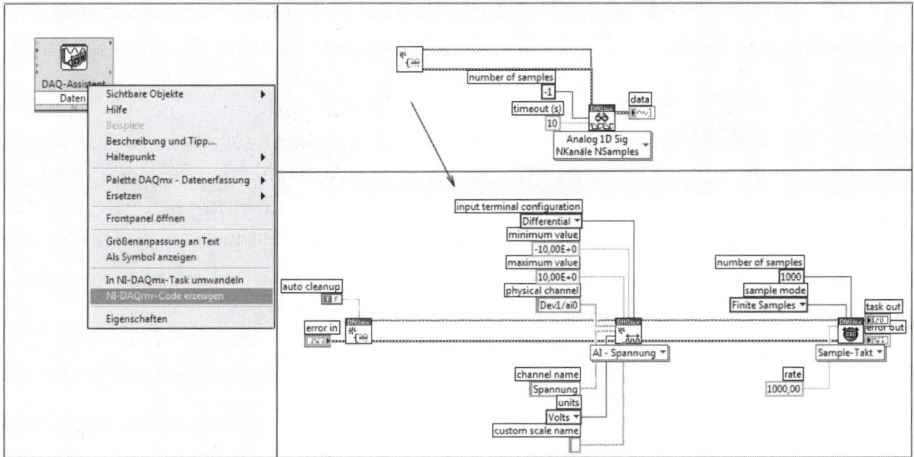

Abb. 14.14: Konventionelles LabVIEW-Programm aus Express-Vi

Eine Rückwandlung in ein Express-Vi ist nicht mehr möglich.

14.3 Der DAQ-Assistent in einfachen Anwendungen

14.3.1 Oszilloskop

Hier geht es einfach darum, gemessene Spannungswerte auf einer Zeitlinie darzustellen. Der Signalverlaufsgraph ist hierfür das richtige Anzeigeelement.

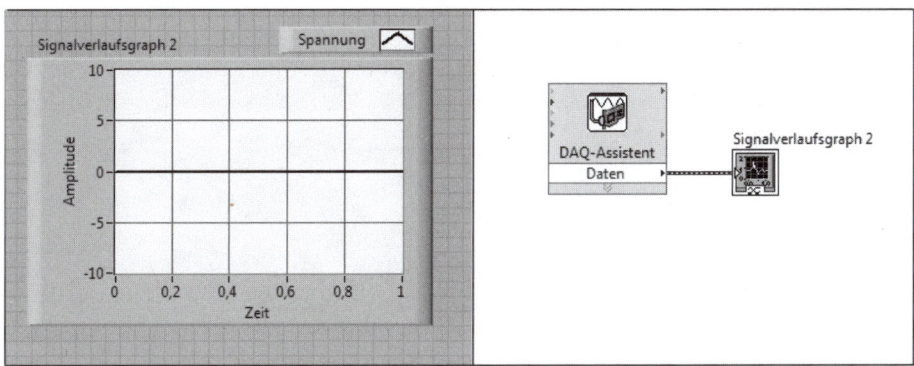

Abb. 14.15: Einfaches Oszilloskop ist mit einem Signalverlaufsgraphen realisiert.

Zu beachten ist, dass mit dem Signal auch die Zeitinformation übertragen wird (die X-Achse hat automatisch den richtigen Maßstab).

14.3.2 Spektralanalysator

Ein Spektralanalysator verarbeitet die gegebenen Messwerte mit der Funktion *Power Spektrum*. Sie ist in *Express >> Signalanalyse >> Spektrum* zu finden.

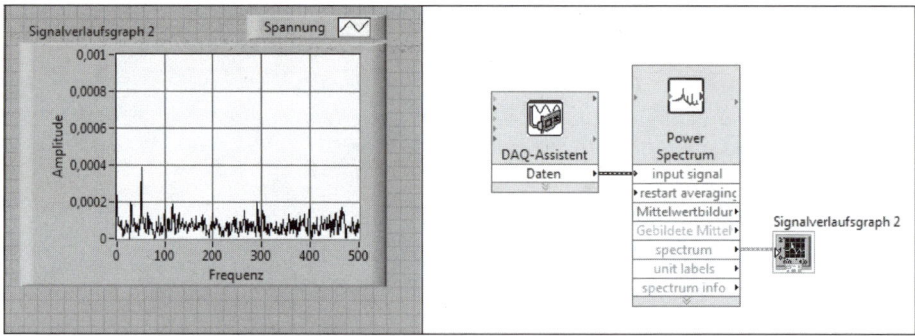

Abb. 14.16: Mit der Funktion *Spektrum ermitteln* realisierter Spektralanalysator

Erkennbar ist eine Spektrallinie bei 50 Hz, die in der Messtechnik häufig vorkommt und von der Netzspannung herrührt.

14.3.3 Digitalausgabe

Mit einem Schalter im LabVIEW-Programm soll eine LED ein- und ausgeschaltet werden. Beim Anschluss der LED ist ein Vorwiderstand vorzusehen.

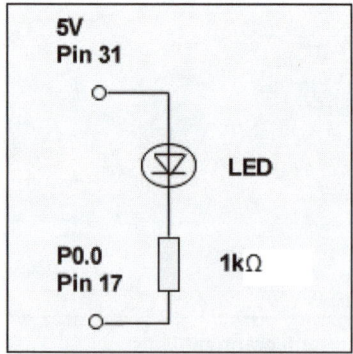

Abb. 14.17: LED an USB-6008

Im ersten Schritt ist der DAQ-Assistent in das Blockdiagramm einzusetzen und folgende Konfiguration vorzunehmen:

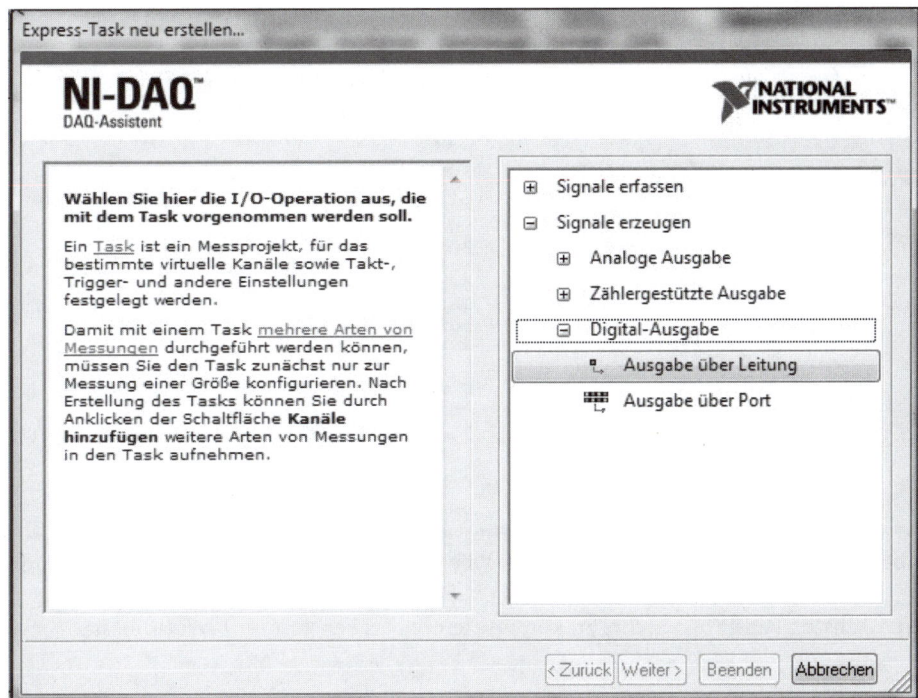

Abb. 14.18: Erstellung mit DAQ-Assistent

Eine Leitung bedeutet, dass nur ein Ausgang verändert wird. Ein Port würde bedeuten, dass mit einem Schlag vier oder acht Leitungen verändert werden.

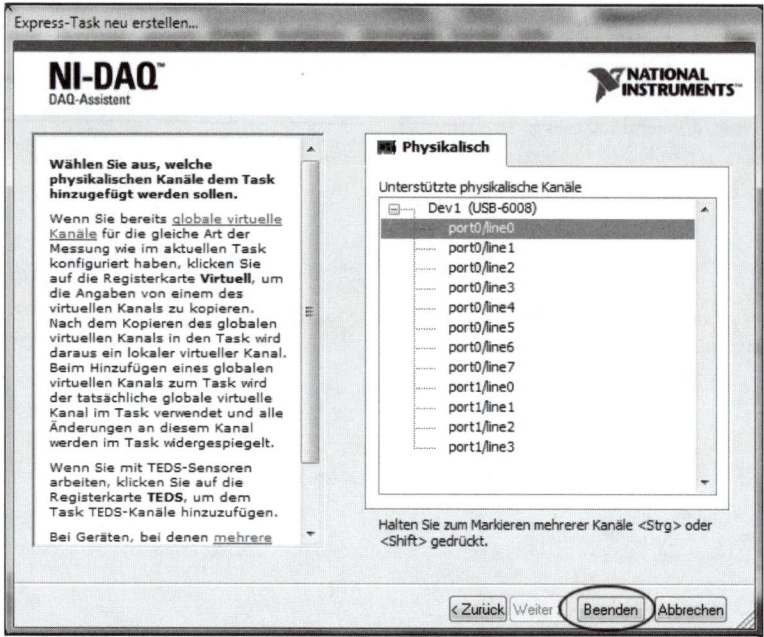

Abb. 14.19: Auswahl des Ausgangs, an dem die LED mit Vorwiderstand angeschlossen wird

Im nächsten Fenster ist nichts zu konfigurieren. Das Fenster mit *Beenden* bestätigen.

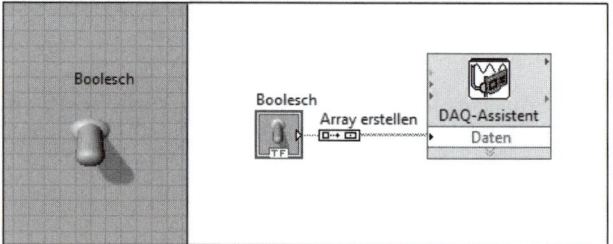

Abb. 14.20: LED mit LabVIEW ein- und ausschalten

Das Express-VI benötigt ein Array, auch bei Eingabe von nur einem Wert.

14.4 Weiterführende Messungen

Die folgenden Messprogramme benötigen Wissen aus späteren Kapiteln (Threads/Sequenzen). Inhaltlich gehören sie aber zur Datenerfassung. Beim Schritt-für-Schritt-Vorgehen durch diese Kapitel kann dieser Teil zunächst übersprungen werden.

14.4.1 Messung einer Transistorkennlinie

Mit folgender Messschaltung wird die Transistorkennlinie aufgenommen:

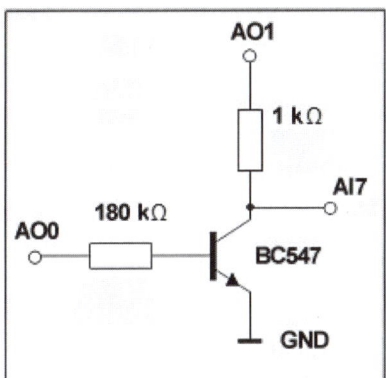

Abb. 14.21: Messschaltung, die direkt an die USB-6008 angeschlossen wird [2].

Im Programm werden die Basisstromparameter in der äußeren Schleife ausgegeben. Dabei wird zu den Werten eine Fixspannung von 0,5 V addiert, da die Basis erst ab dieser Spannung einen Strom führt. In der inneren Schleife wird die Kollektorspannung ausgegeben. Der Kollektorstrom wird durch die Differenz der Spannungen an AO1 und AI7 und den 1-kΩ-Widerstand berechnet.

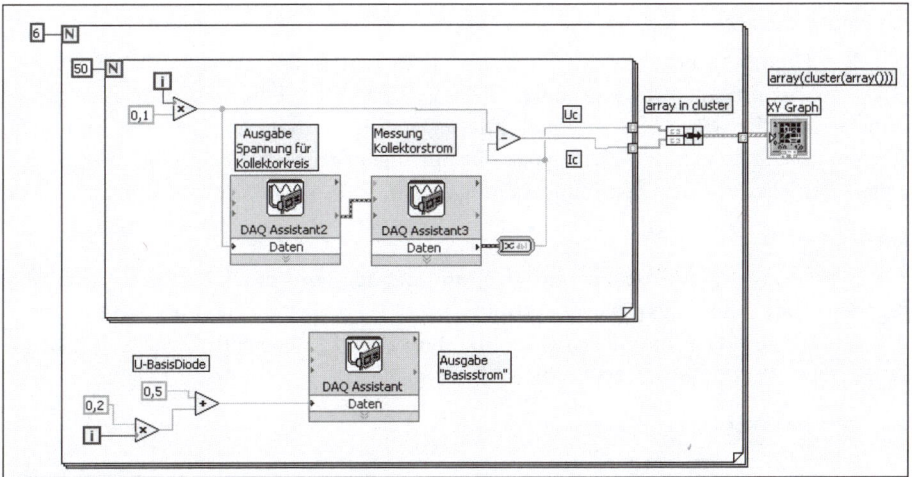

Abb. 14.22: Programm zur Aufnahme eines Transistorkennlinienfelds

Durch die Errorcluster (von *DAQ Assistant2* zu *DAQ Assistant3*) wird die Programm-abfolge Spannungsausgabe (DAQ Ass 2), danach Messung (DAQ Ass 3) erzwungen.

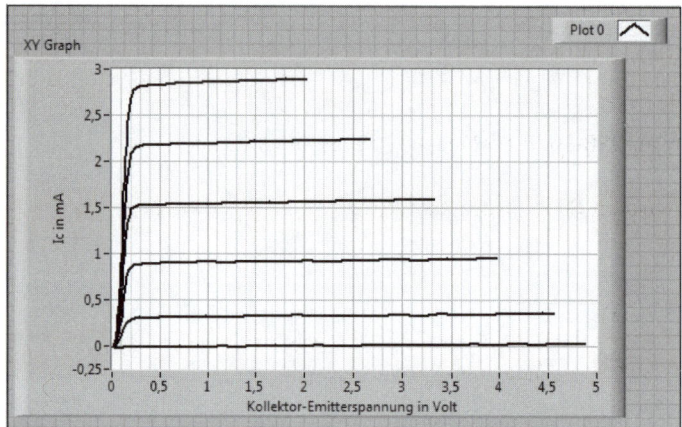

Abb. 14.23: Ausgangskennlinienfeld des Transistors [2]

14.4.2 Sprungantwort eines RC-Glieds

An ein RC-Glied soll am Eingang ein Spannungssprung angelegt werden und die Kondensatorspannung ist zu messen. Diese auf den ersten Blick einfache Aufgabe erweist sich aber als tückisch.

1. Lösungsansatz:

Mit dem Digital- oder Analogausgang werden zuerst 0 V und danach 5 V ausgegeben. Nach dem Spannungssprung am Eingang des RC-Glieds wird die Spannung am Ausgang gemessen. Leider wird dabei die Analogwerterfassung per Software gestartet und dieser Zeitpunkt ist nicht genau vorhersagbar. Die Sprungantwort wird bei jeder Messung eine andere Verzögerung zum Spannungssprung haben. So funktioniert es also nicht.

2. Lösungsansatz:

Die Datenerfassung wird zuerst gestartet und danach wird die Spannungsrampe ausgegeben. Dieser Lösungsansatz funktioniert nicht. Die Datenerfassung wird gestartet und es wird gewartet, bis sie fertig ist. Erst danach wird der Spannungssprung ausgegeben. Jetzt ist es dafür aber zu spät.

3. Lösungsansatz:

Es wird mit zwei Threads gearbeitet. Zuerst wird in einem Thread ein Impuls ausgegeben. Danach wird im zweiten Thread die Messung gestartet. Über den Triggereingang bei der Analogwerterfassung wird die Messung auf den Spannungssprung synchronisiert. Diese Methode ist geeignet und wird in der Folge besprochen.

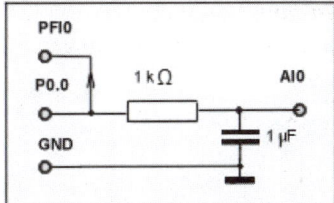

Abb. 14.24: RC-Schaltung an USB-6008 zur Messung der Sprungantwort

Der Spannungssprung wird an P0.0 ausgegeben. Am Eingang PFI0 wird die Messung getriggert.

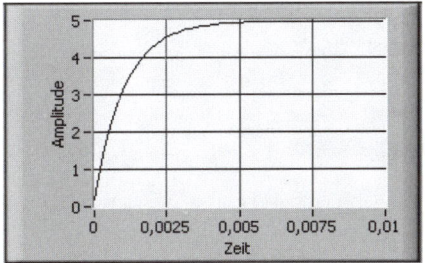

Abb. 14.25: Sprungantwort eines RC-Glieds

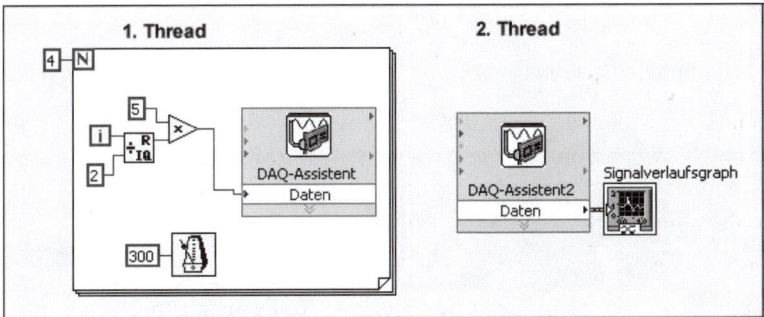

Abb. 14.26: Programm zur Messung der Sprungantwort

Die Ausgabe des Spannungssprungs und das Messen erfolgen in zwei Threads. Die USB-6008 ist in Zusammenhang mit den DAQmx-Treibern multithreadingfähig. Die Messung wird zum Spannungssprung über den Trigger synchronisiert.

Wird der erste Thread gestartet, könnte bei einem einfachen Sprung die Messung zu spät ausgelöst werden. Aus diesem Grund hat die For-Schleife vier Iterationen und gibt damit zwei positive Flanken aus. Die Erzeugung der Threads erfolgt mit:

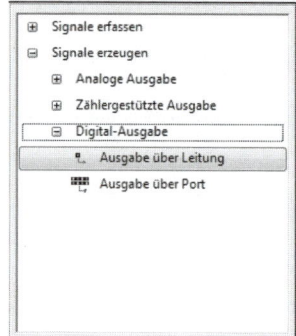
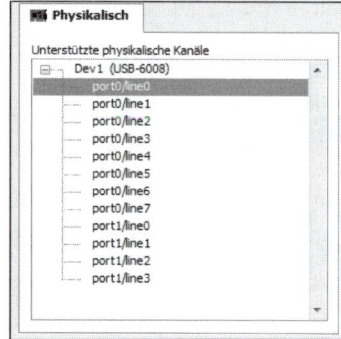

Abb. 14.27: Konfiguration der Spannungsausgabe am Digitalport P0.0

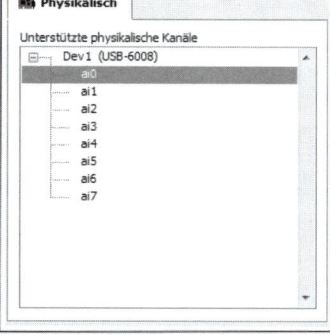

Abb. 14.28: Konfiguration der Spannungsmessung. Die zu messende Spannung ist an AI0.

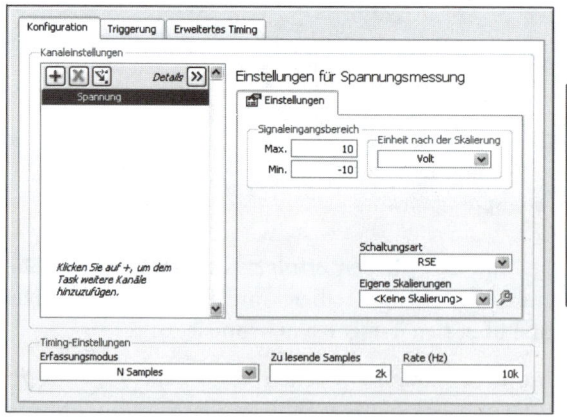
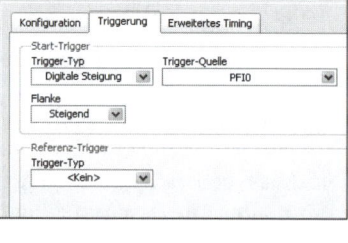

Abb. 14.29: Konfiguration der Analogerfassung mit Aktivierung des Triggers

Die Sprungantwort enthält versteckte Informationen, die man mit LabVIEW sichtbar machen kann. Ein Dirac-Impuls (Nadelimpuls) enthält alle Frequenzen mit gleicher Amplitude (Eins). Schickt man diesen Dirac-Impuls durch ein Netzwerk, kommt nur die Frequenz heraus, die von diesem Netzwerk durchgelassen wird. Daher kann man mit der Fourier-Transformation der Impulsantwort den Frequenzgang des Netzwerks ermitteln. Eine andere Möglichkeit ist, einen Spannungssprung zu erzeugen und diesen zu differenzieren. Dadurch erhält man den Dirac, den man durch das Netzwerk schicken kann.

Abfolge: *Spannungssprung >> Differenzieren >> Netzwerk >> Fourier-Transformation*. Dadurch erhält man den Frequenzgang des Netzwerks, der auch als *Übertragungsfunktion* bezeichnet wird. In einem linearen System kann man die Abfolge der einzelnen Übertragungsfunktionen vertauschen, sodass *Spannungssprung >> Netzwerk >> Differenzieren >> Fourier-Transformation* das Gleiche ergibt. Den Spannungssprung, der durch das Netzwerk geschickt wird, ist im Experiment oben bereits messtechnisch ermittelt worden. Es müssen also nur die Sprungantwort differenziert und das Signal anschließend einer Fourier-Transformation unterworfen werden. Der Frequenzgang wird demnach aus einer einzigen Messung ermittelt. Es muss nicht für jede Frequenz eine entsprechende Sinusschwingung angelegt werden.

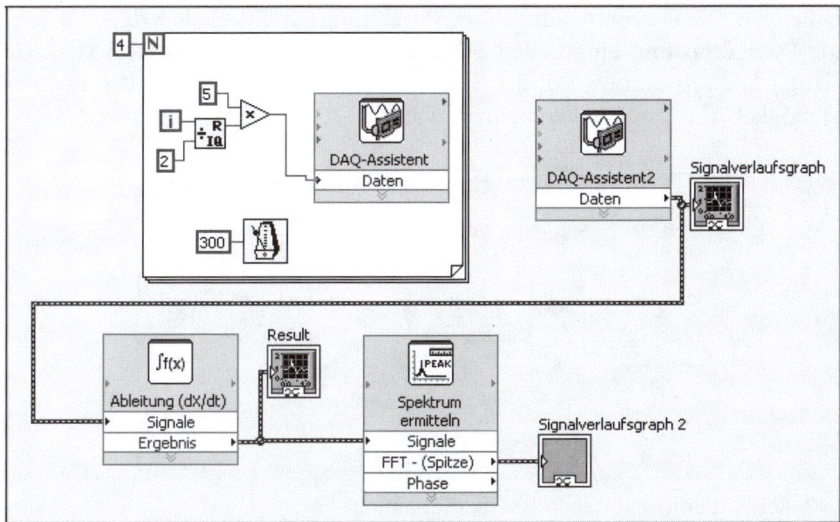

Abb. 14.30: Messung der Sprungantwort wie oben und Berechnung des Frequenzgangs

Einstellungen bei der Funktion *Spektrum ermitteln*:

- Ausgewählte Messung: Betrag (Spitze)

- Ergebnis: linear

- Fenster: keines

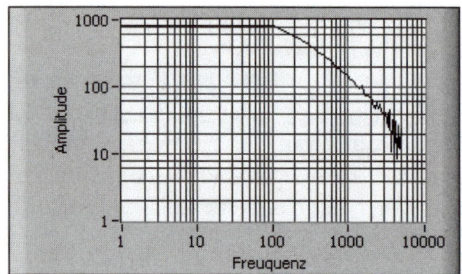

Abb. 14.31: Aus der Sprungantwort berechneter Frequenzgang

14.4.3 Datenerfassung mit Streaming

In diesem Beispiel soll eine kontinuierliche Datenerfassung realisiert werden. Dabei könnte man zuerst daran denken, in einer Schleife einzelne Werte zu erfassen und die Wiederholzeit mit einem Timer festzulegen. Leider ist das in Windows und auch in Linux nicht möglich, da diese Betriebssysteme nicht echtzeitfähig sind. Immer wieder benötigen diese Programme einige Millisekunden für Netzwerk, Grafikkarte oder Speicher-Refresh. Die Datenerfassung mittels Streaming garantiert aber, dass das Zeitraster zur Datenerfassung eingehalten wird. Es kann mit der Streaming-Methode stundenlang gemessen werden. Mit der Expressfunktion *Messwerte in Dateien schreiben* ist es möglich, die Daten laufend aufzuzeichnen.

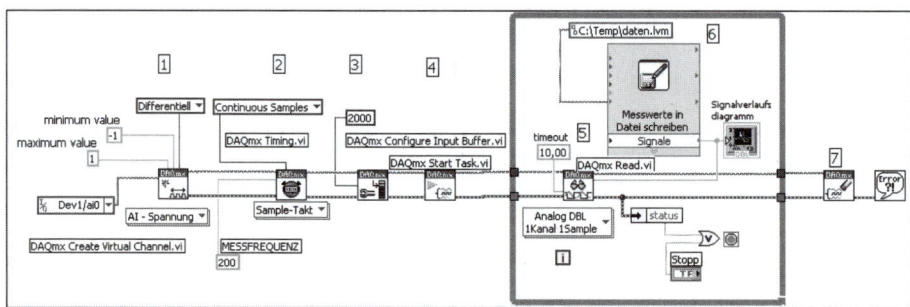

Abb. 14.32: Kontinuierliche Datenerfassung (Streaming)

1. Initialisierung und Festlegung der Messmethode und des Vorverstärkers
2. Festlegung der Clock-Frequenz und Quelle
3. Buffer-Größe
4. Start der Messungen
5. Einen Messwert vom Buffer auslesen; in dieser Schleife müssen die Daten ausreichend schnell aus dem Buffer ausgelesen werden. Aus diesem Grund kann mit einem schnellen Rechner die Messfrequenz (in Punkt 2) höher eingestellt werden.

Falls die Werte aus dem Buffer blockweise ausgelesen werden sollen, ist die Funktion *DAQmxRead* wie im Bild unten zu konfigurieren.

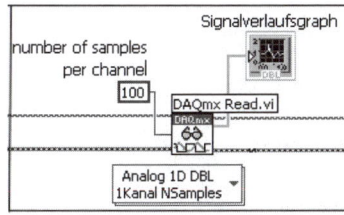

Abb. 14.33: Auslesen von Blöcken mit je 100 Messwerten aus dem Buffer

6. Schreiben der Daten in eine *.lvm-Datei.
7. Schließen Datenerfassung und Speicherfreigabe

Konfiguration der Funktion *Messwerte in Datei schreiben:* LVM-Datei ohne Header (siehe Kap. 15 „Dateien").

Mit dieser Konfiguration der Funktion können die gespeicherten Daten mit Excel geöffnet werden. In der ersten Spalte steht der Zeitpunkt der Messung in Sekunden. Die zweite Spalte enthält den Messwert.

14.5 Das wichtigste Problem beim Umgang mit Messkarten

Nahezu in jedem User Manual von NI für Messkarten findet man folgende Schaltung.

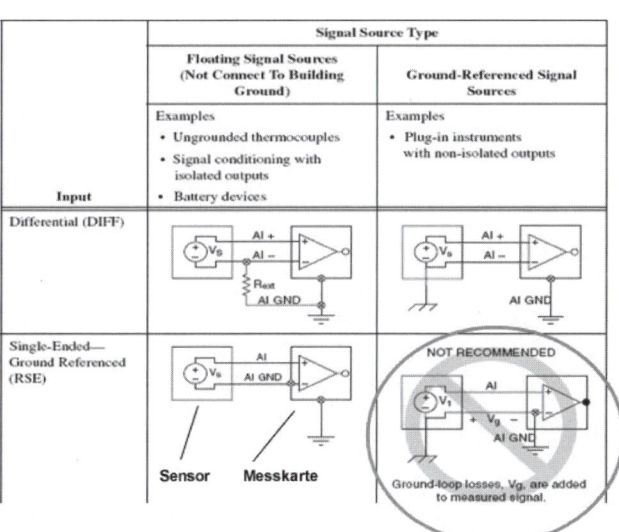

Abb. 14.34: Übersicht aus einem User Manual von National Instruments [3]

In der linken Spalte der obigen Tabelle liegt der Sensor nicht auf Masse. In der rechten Spalte ist der Sensor auf Masse. In der ersten Zeile ist die Messkarte als Differenzverstärker konfiguriert. In der zweiten Zeile ist die Messkarte auf RSE konfiguriert, d. h., es wird gegen Masse gemessen. Der Fall, der mit *NOT RECOMMENDED* (nicht empfohlen) bezeichnet ist, tritt häufig unabsichtlich auf. Das Problem wird in der nächsten Zeichnung erläutert.

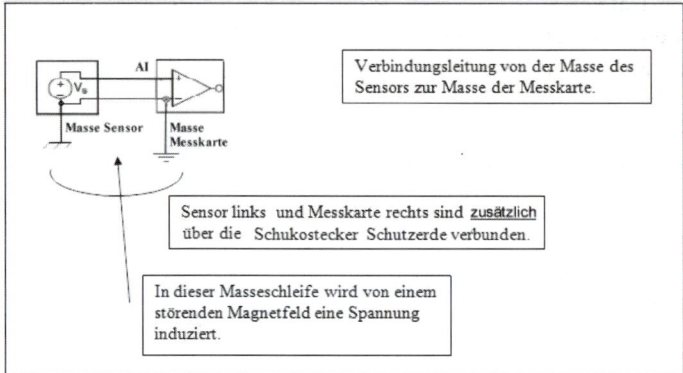

Abb. 14.35: Nicht leicht erkennbare Masseschleife; in der Praxis wird bei diesem Fehler zusätzlich zum Messsignal eine Störung mit 50Hz gemessen.

15 Dateien

LabVIEW bietet sehr viele Dateioperationen. In diesem Kapitel werden die wichtigsten Dateiformate, das sind ASCII- und Binärdateien, erläutert und als LabVIEW-Programm vorgestellt. LVM-Dateien (LabVIEW-Measurement-File), die speziell für LabVIEW entwickelt worden sind, haben einen Header und die Messdaten im ASCII-Format. TDMS-Dateien sind für Streaming optimiert.

15.1 Schreiben im Excel-Format

Schon im Kapitel über Strings wurde erklärt, wie man auf einfachste Weise Dateien erzeugen kann, die für Excel lesbar sind. Excel ist das wichtigste Programm zum Betrachten von Zahlenwerten. Es kann mehrere Formate lesen. Im einfachen Format sind die Spalten mit Tabulatoren und die Zeilen mit CR, LF oder CR+LF getrennt. Dieses Format wird auch als *CSV-Datei* bezeichnet. Dabei steht CSV für *Character Separated Value*.

Das Schreiben und Lesen im Excel-Format wird in LabVIEW gut unterstützt. Mit der Funktion *Write To Spreadsheet File* kann ein eindimensionales oder auch ein zweidimensionales Array im Excel-Format geschrieben oder gelesen (mit *Read from Spreadsheet*) werden. Am Eingang *Dateipfad* wird der Dateiname festgelegt. Erfolgt das nicht, wird beim Aufruf ein Dateidialog gestartet und der Benutzer kann den gewünschten Dateinamen eingeben. Die Funktion finden Sie unter *Programmierungen >> Datei-I/O*.

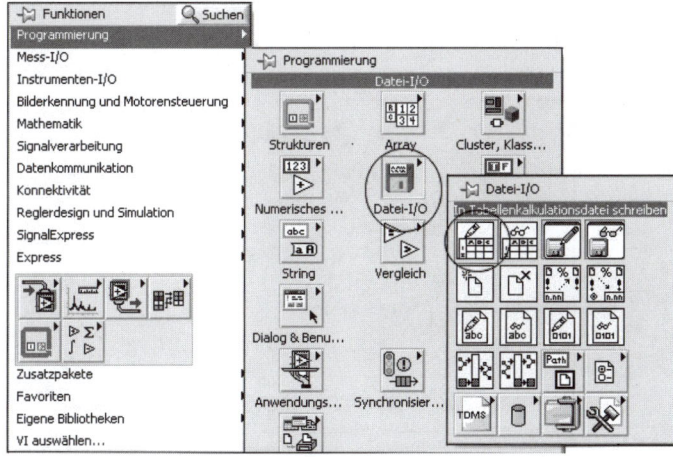

Abb. 15.1: Erstellen einer Excel-Datei im klassischen Menü

Im Beispiel wird eine Messreihe (Sinuskurve) im Excel-Format abgespeichert. Da beim Eingang kein Dateiname angegeben ist, wird der Dateidialog beim Starten geöffnet.

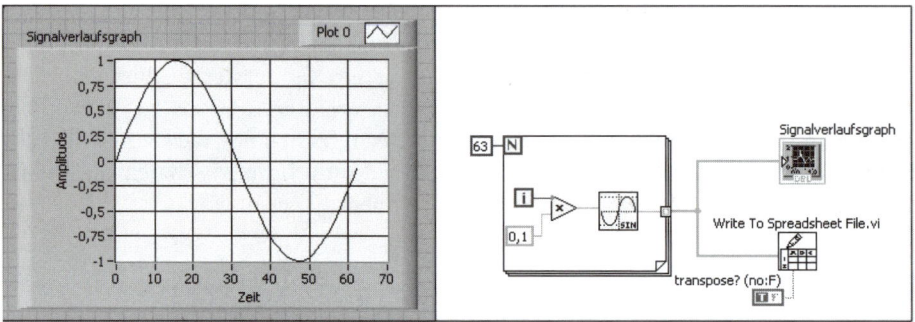

Abb. 15.2: Speichern einer Messreihe im Excel-Format

In diesem Programm ist die boolsche Konstante *transpose* auf *true* gesetzt. Dadurch ist sichergestellt, dass die Funktion *Write to Spreadsheed.vi* in die Spalte schreibt. (Die Voreinstellung *false* führt zum zeilenweisen Schreiben).

Starten Sie das Programm nur mit der einfachen Programmausführung, sonst werden Sie in einer Schleife ständig aufgefordert, einen Dateinamen einzugeben (Endlosschleife!).

15.1.1 Dateinamen

Ein absoluter Dateiname enthält das Laufwerk den Pfad und den Dateinamen (z. B. c:\ temp\xxx.txt). Die Dateifunktionen in LabVIEW benötigen immer den absoluten Dateinamen. Ein Dateiname kann der Funktion *Write to Spreadsheed* auf verschiedene Weise übergeben werden:

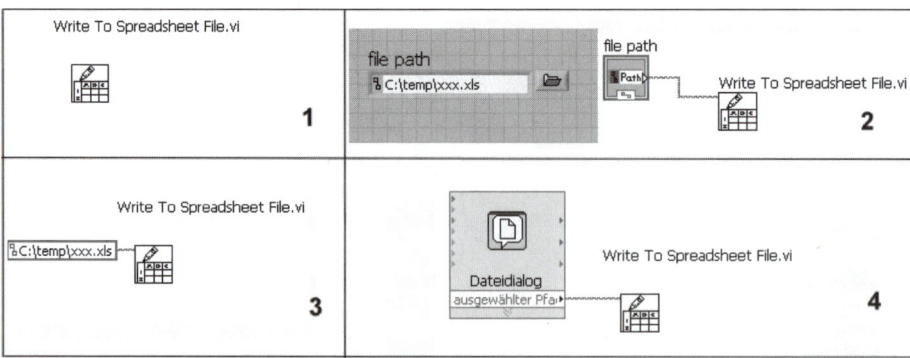

Abb. 15.3: Verschiedene Möglichkeiten, einen Dateinamen zu erstellen

1. Es wird kein Dateiname übergeben. Beim Aufruf der Funktion erscheint ein Dateidialog und der Dateiname kann eingegeben werden.
2. Der Dateiname wird im Frontpanel eingegeben. Sie erhalten dieses Bedienelement, indem Sie mit der Drahtspule auf den Eingang der Funktion *Write To Spreadsheet File* gehen >> Rechtsklick am Eingang *Dateipfad.* Im Kontextmenü *Erstellen* >> *Bedienelement*
3. Siehe Punkt 2, jedoch *Erstellen* >> *Konstante*
4. Dieser Express-Dateidialog ist unter *Programmierung* >> *Datei-IO* >> *Fortgeschritten* >> *Dateidialog* zu finden und liefert einen Dateinamen. Auf der linken Seite des Expressdialogs können Voreinstellungen gewählt werden, z. B. Standardpfad, Standardname, Muster (*.txt, *.xls …)

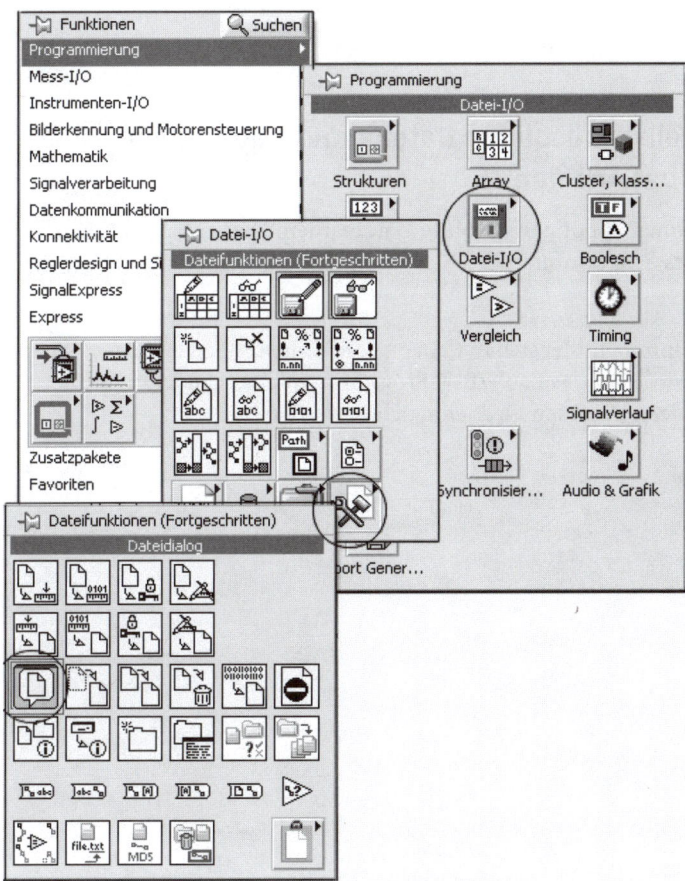

Abb. 15.4: Dateidialog in der Funktionspalette

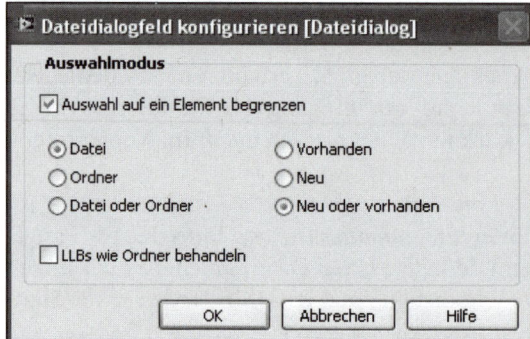

Abb. 15.5: Nach Einsetzen des Dateidialogs in das Blockdiagramm sichtbares Fenster

Diese voreingestellten Werte sind mit *OK* zu bestätigen.

15.1.2 Erstellen eines absoluten Dateinamens aus einem relativen Dateinamen

Die LabVIEW-Funktionen benötigen absolute Dateinamen. Dies entspricht nicht immer den Wünschen des Programmierers.

Beispiel:

Das LabVIEW-Programm befindet sich in *C:\temp*. Die Daten sollen in *C:\temp\xx.xls* gespeichert werden. Wird nun das LabVIEW-Programm in einen anderen Ordner gespeichert, sollen die Daten in diesen Ordner abgelegt werden.

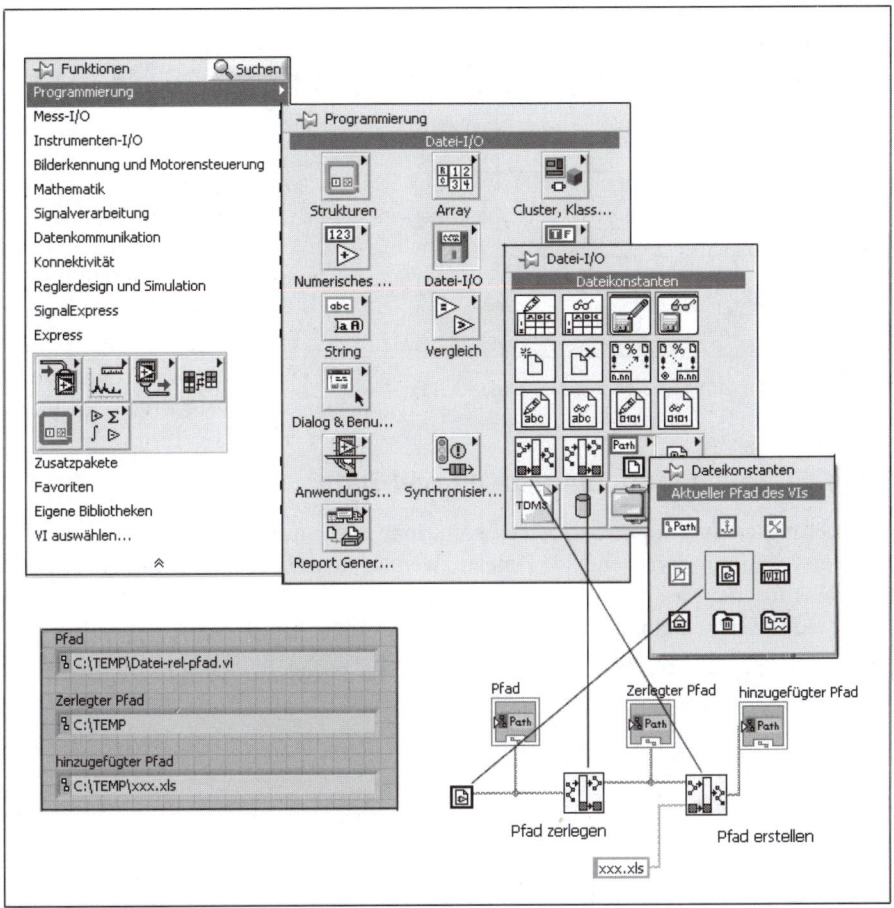

Abb. 15.6: Erstellen eines absoluten Dateinamens aus einem relativen Dateinamen von einem anderen Verzeichnis als oben.

Man kann diese Zerlegung durchaus durchführen. Der neue Dateiname wird aus dem absoluten Pfad für das VI mit den Funktionen *Pfad zerlegen* und *Pfad erstellen* gebildet. Im Beispiel oben ist das VI unter *C:\TEMP\Datei-rel-pfad.vi* gespeichert. Durch *Pfad zerlegen* wird der Dateiname *Datei-rel-pfad.vi* entfernt und es bleibt *C:\TEMP* übrig. Daran wird mit der Funktion *Pfad erstellen xxx.xls* hinzugefügt. Speichert man das VI in einen anderen Ordner, entsteht für die *xxx.xls*-Datei derselbe Pfad wie das VI.

15.1.3 Lesen einer einfachen Excel-Datei

Das Lesen einer Excel-Datei mit einer Spalte wird, so wie das Schreiben, sehr gut unterstützt und ist mit einer einzelnen Funktion möglich.

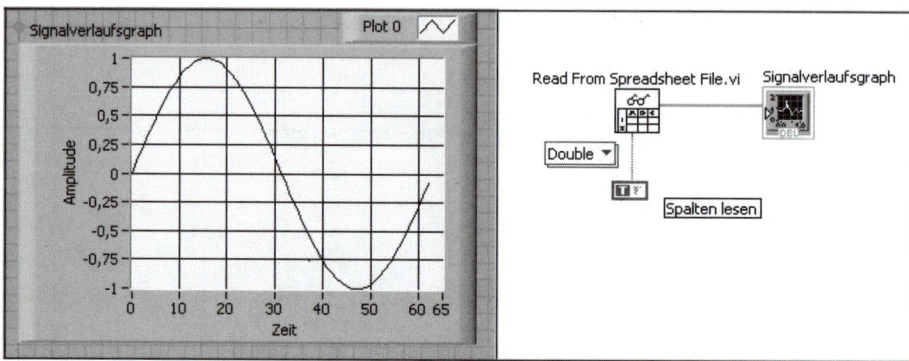

Abb. 15.7: Lesen einer Spalte in einer Excel-Datei

15.1.4 Erstellen einer einfachen Excel-Datei

Mit der Funktion *In Textdatei schreiben* kann man nicht nur auf einfache Weise Text-
dateien erstellen, sondern beliebige Dateien, wenn man die Formatvorschriften kennt.
Für Excel wurden diese etwas weiter oben genannt. Die Funktion *In Textdatei schreiben*
schreibt jedes Zeichen eines Strings in eine Datei.

Sie finden diese Funktion im selben Menü wie die Funktionen zum Bearbeiten ge-
wöhnlicher Excel-Dateien.

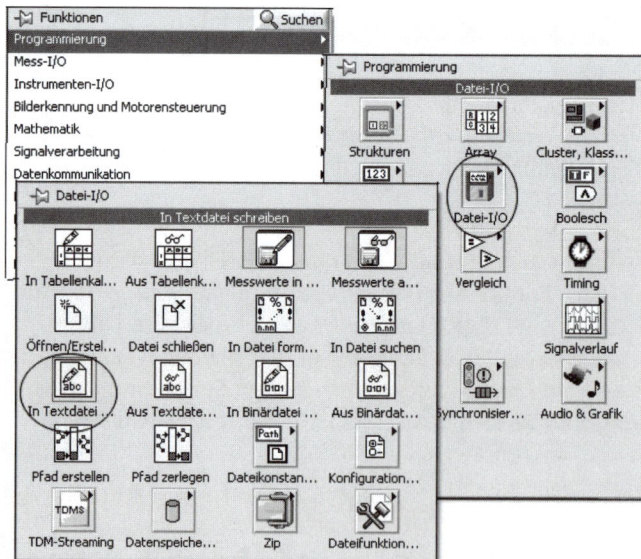

Abb. 15.8: In Textdatei schreiben

Bei Übergabe eines entsprechenden Strings im *CSV*-Format kann damit eine Excel-Datei erstellt werden.

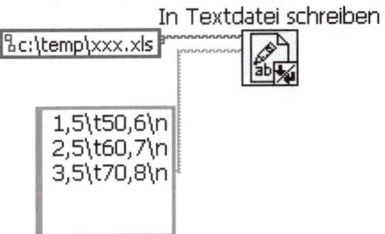

Abb. 15.9: Erstellen einer Excel-Datei mit zwei Spalten im CSV-Format.

Die Datei hat zwei Spalten, die mit Tabulatoren *(\t)* getrennt sind. Am Zeilenende ist das Zeichen \n, das auch unter *New Line* bekannt ist. Damit die Zeichen \t und \n sichtbar werden, ist die String-Konstante im Kontextmenü der String-Konstante auf '\'-Code Anzeigen konfiguriert. Im Kapitel über Strings finden Sie ein ähnliches Beispiel. Dort wird gezeigt, wie ein Array von Double in ein *CSV*-Format verwandelt wird. Diese Datei kann einfach mit Excel geöffnet werden. Es erscheint dann der Textkonvertierungsassistent.

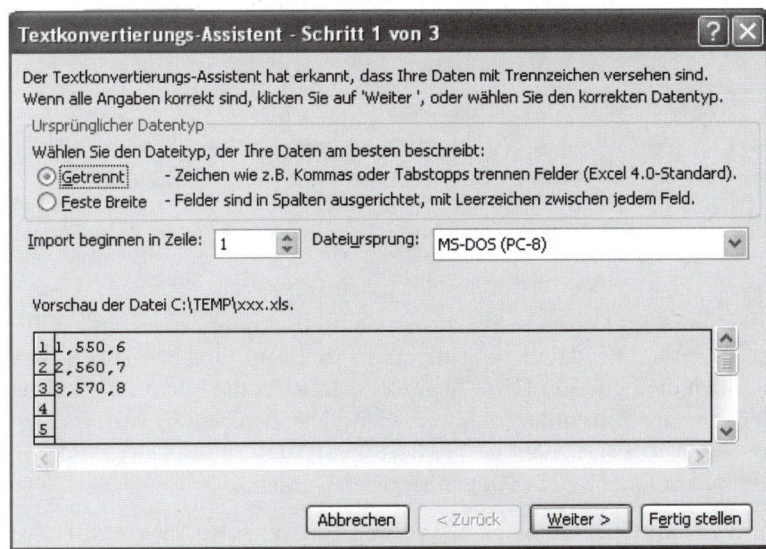

Abb. 15.10: Textkonversionsassistent in Excel

Wenn man *Fertigstellen* anklickt, wird die Datei in Excel geladen.

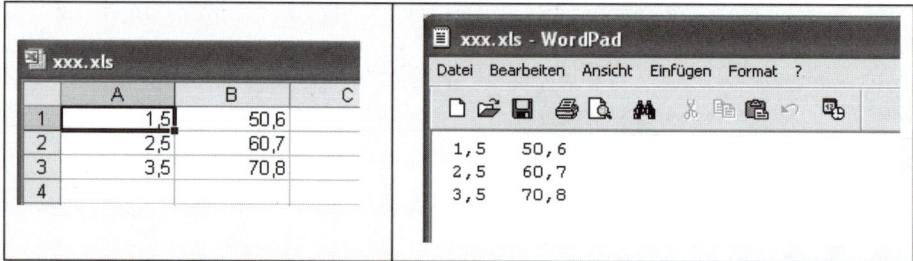

Abb. 15.11: Mit Excel und WordPad geöffnete Datei, die vom Programm oben erstellt wurde

15.2 Beispiel

Ein zweidimensionales Array soll in einem Diagramm dargestellt und im Excel-Format gespeichert werden.

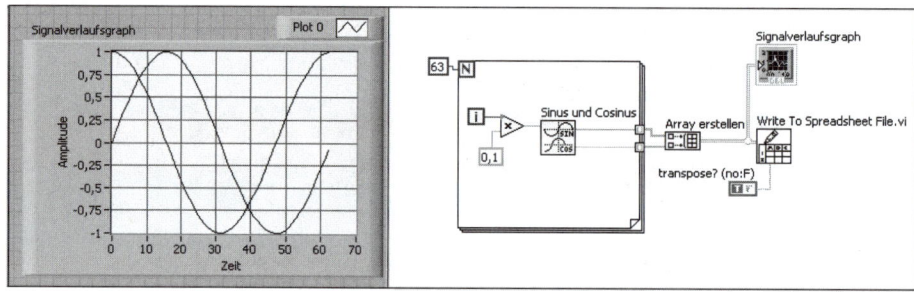

Abb. 15.12: Zweidimensionales Array in einem Diagramm dargestellt und im Excel-Format gespeichert

Die Arrays für das Sinus- und Kosinus-Signal werden im Programm zu einem zweidimensionalen Array verknüpft, damit sie gemeinsam in einem Graphen ausgegeben werden können. Auch die Funktion *Write To Spreadsheet* kann die Daten direkt übernehmen. Durch die binäre Konstante (*true*) werden zwei Spalten beschrieben, andernfalls werden die Daten in zwei Zeilen gespeichert. Die Daten müssen der Funktion *Write To Spreadsheet* am Eingang *2D-Daten* übergeben werden.

Dieses Programm ist mit einer kleinen Abwandlung eine typische Anwendung: Zur Überwachung von Langzeitexperimenten werden Messwerte in eine Excel-Datei geschrieben, wobei diese Messwerte mit einem Zeitstempel zu versehen sind.

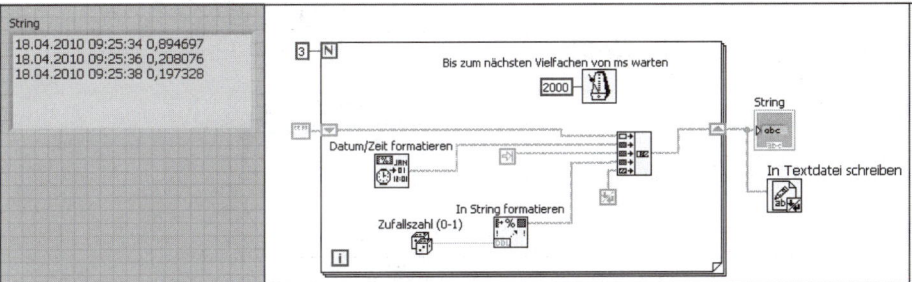

Abb. 15.13: Messwerte (simuliert durch den Zufallszahlengenerator) mit Zeitstempel im Excel-Format

Die Funktion *Datum/Zeit formatieren (Programmierung >> Timing >> Datum/Zeit formatieren)* liefert einen String. An diesen String wird ein Tabulator gehängt, um die Messwerte in derselben Zeile in die zweite Spalte zu schreiben. Die Messwerte (im Programm die Zufallszahlen) werden mit der Funktion *In String formatieren* in einen String verwandelt. Eine neue Zeile wird dadurch begonnen, dass an den String ein „CR/LF" angehängt wird.

Das Schieberegister stellt sicher, dass der aufgebaute String gespeichert bleibt und die zusätzlichen Messungen als neue Zeile angehängt werden. Nach Beenden des Programms (oben drei Schleifendurchläufe) wird der String in eine Datei geschrieben.

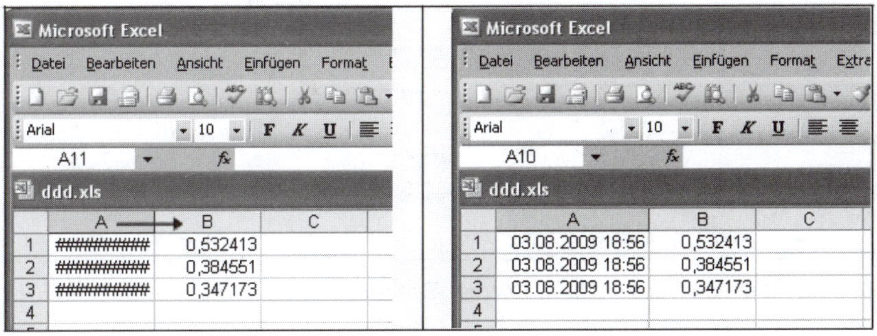

Abb. 15.14: Erstellte Datei mit Excel geöffnet

Das Datum ist nicht lesbar, da die Spalte zu schmal ist. Nach Verbreiterung durch Ziehen der Spalte nach rechts erkennt man das Datum/die Uhrzeit.

15.3 Speichern von Daten mit Express Vi.

Auch mit den Express-Funktionen gibt es einfache Wege, um Daten abzuspeichern. Man findet die Funktion in *Express >> Ausgabe >> Messwerte in Datei schreiben*.

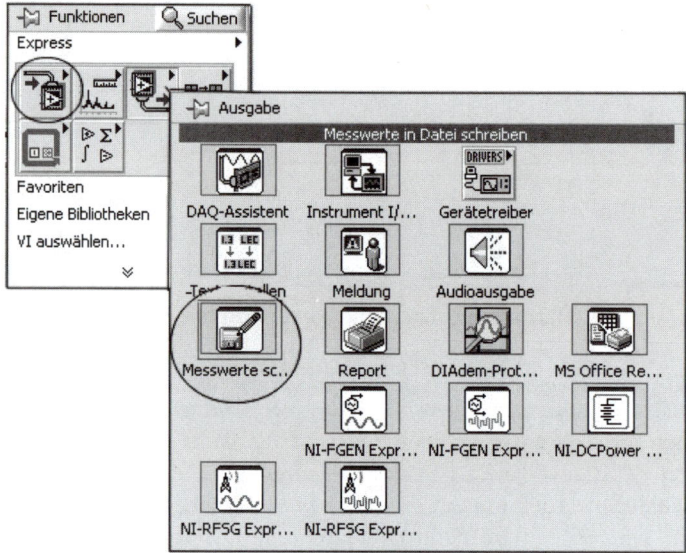

Abb. 15.15: Messwerte in Datei schreiben

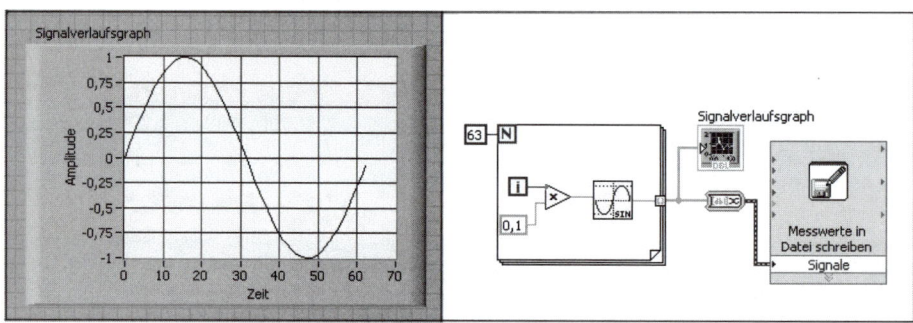

Abb. 15.16: Speichern von Daten mit der Express-Funktion

Die Express-Funktion kann vielfältig konfiguriert werden. Das Fenster zur Konfiguration öffnet sich sofort, nachdem die Funktion in das Blockdiagramm eingesetzt wird. Mit den im folgenden Bild unten angegebenen Einstellungen kann man eine Excel-Datei erstellen.

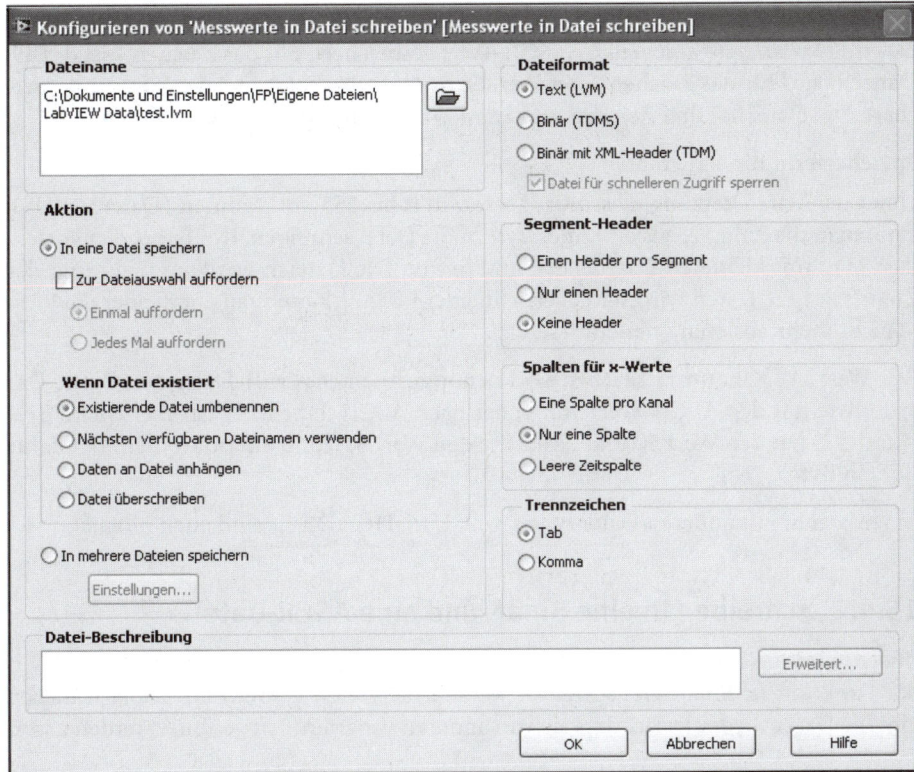

Abb. 15.17: Konfiguration der Express-Funktion zum Schreiben in eine Datei im Excel-Format

15.4 Binärdateien schreiben und lesen

15.4.1 Unterschied zwischen einer Binärdatei und einer ASCII-Datei

In einer ASCII-Datei werden nur druckbare Zeichen geschrieben. Jedes druckbare Zeichen hat, entsprechend der ASCII-Tabelle, einen Wert und dieser wird Byte für Byte in die Datei geschrieben. In anderen Worten ausgedrückt: Es wird ein String in die Datei geschrieben. Da man Strings mit einem Editor bearbeiten kann, können ASCII-Dateien mit einem Editor bearbeitet werden. Binärdateien speichern dagegen die Werte in nicht druckbarer Form, z. B. werden Zahlen (mit mehreren Ziffern) als Gesamtes in Bytes verwandelt.

Beispiel:

Die Zahl „123" soll in einer Binär- oder ASCII-Datei gespeichert werden.

Speichern im ASCII-Format:

Es wird für das erste Zeichen der ASCII-Wert gespeichert. Für das Zeichen 1 ist das 49. Danach wird für das Zeichen 2 der Wert 50 und für das Zeichen 3 der Wert 51 gespeichert. Die Datei hat drei Zeichen und kann mit einem Editor gelesen werden.

Speichern im Binärformat:

Unter der Voraussetzung, dass nur Werte von 0 bis 255 vorkommen (Datentyp U8), kann man die Zahl 123 als einzelnes Byte in die Datei schreiben. Das bietet den Vorteil, dass man mit kleineren Dateilängen auskommt. Die Dateien werden kürzer und der Zugriff auf die Daten wird schneller. Mit einem Editor kann man aber leider die Werte nicht mehr auslesen oder editieren.

Der Wert „123" hat drei Zeichen und benötigt in einer ASCII-Datei drei Bytes. Das erste Byte hat den ASCII-Wert von 1, der nach ASCII-Tabelle 49 ist. Das zweite Byte (für die 2) hat den Wert 50 und das dritte den Wert 51. Eine Binärdatei benötigt dafür nur ein Byte.

Binärdateien mit anderen Datentypen, z. B. U16, I16, U32 … sind auch möglich.

15.4.2 Schreiben in eine Binär- und eine ASCII-Datei

Zuerst wird die Datei geöffnet. Dadurch ist der Dateizugriff für andere gesperrt. Mit der Funktion *In Binärdatei schreiben* werden die Daten gespeichert. *Datei schließen* gibt die Datei wieder frei, sodass sie von anderen Programmen geöffnet werden kann.

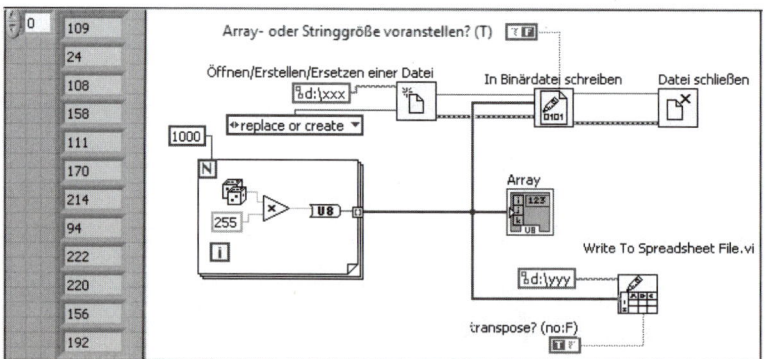

Abb. 15.18: Schreiben einer Binärdatei mit dem Dateinamen „xxx" und in einer ASCII-Datei mit dem Dateinamen „yyy"

Die Binärdatei im Programm hat eine Länge von exakt 1.000 Bytes, die ASCII-Datei von ca. 4.500 Bytes, kann aber mit Word, Wordpad oder Excel geöffnet werden.

15.4.3 Lesen einer Binärdatei und einer ASCII-Datei

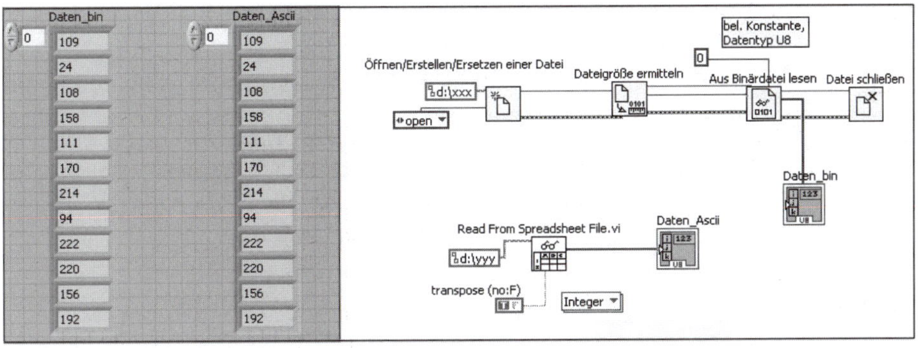

Abb. 15.19: Lesen einer Binärdatei namens „xxx" und einer ASCII-Datei namens „yyy"

Die Konstante (im Beispiel oben U8) kann einen beliebigen Wert haben. Es kommt nur darauf an, dass beim Lesen und Schreiben derselbe Datentyp verwendet wird.

15.4.4 Weitere Dateiformate

LabVIEW hat weitere, eigene Dateiformate:

a) das LVM(LabVIEW Measurement)-Format, das mit ASCII Zeichen aufgebaut ist. Dabei stehen am Anfang Werte über Abtastgeschwindigkeit und Aufnahmedatum. Der Header kann aber auch ausgeblendet werden und die Datei ist für Excel geeignet.

b) das TDM-Format, das XML verwendet und für die Kommunikation mit *Diadem* entwickelt worden ist. Dabei steht TDM für *Technical Data Management*.

c) TDMS ist für Streaming optimiert.

15.5 Ergänzungen und weitere Funktionen

In den Beispielen oben wurde nie ein Fehlercluster angezeigt. Das könnte aber hilfreich sein, wenn keine Schreibrechte, nicht genügend Speicherplatz oder fehlerhafte Dateien vorhanden sind. Für eine robuste und fehlertolerante Programmierung sind Errorcluster (siehe Kap. 7 „Cluster") empfehlenswert.

LabVIEW hat auch *Low-Level*-Funktionen für die Dateiverarbeitung. Es ist damit beispielsweise möglich, eine Datei zu öffnen und einzelne Bytes in einer Schleife zu lesen oder zu beschreiben. Mit diesen Routinen ist schnellerer und effizienterer Dateizugriff möglich.

Auf der anderen Seite gibt es eine Reihe spezialisierter Dateifunktionen. So kann man aus Arrays Wave-Dateien erstellen, Daten im Zip-Format ablegen oder Bilddateien verarbeiten. Einige Beispiele sind unter *C:\Programme\National Instruments\LabVIEW.xxx\examples\file* zu finden.

Weitere Informationen über das Zusammenspiel mit Excel, z. B. die Einbindung mit ActiveX, findet man in der Hilfe. Beispiele sind unter *C:\Programme\National Instruments\LabVIEW xxx\examples\comm\ExcelExamples.llb* zu finden.

16 Programmablauf

In LabVIEW wird der Programmablauf über den Datenfluss gesteuert. Das ist für den Compiler eine sehr einfache Strategie. Die Regel für die Programmausführung der einzelnen Funktionen ist, dass alle Funktionen, die gültige Daten am Eingang haben, in eine Liste geschrieben werden. Aus dieser Liste wird zufällig eine Funktion herausgegriffen und ausgeführt.

16.1 Normale Programmausführung

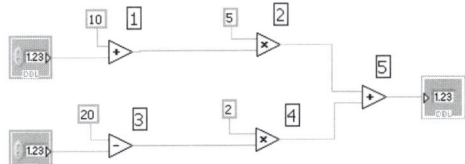

Abb. 16.1: Reihenfolge der Abarbeitung eines LabVIEW-Programms

Folgende Reihenfolgen sind beim Ablauf des im Bild zu sehenden Programms möglich:

a) 1, 2, 3, 4, 5
b) 3, 4, 1, 2, 5
c) 1, 3, 2, 4, 5
d) 3, 1, 4, 2, 5
e) 1, 3, 4, 2, 5
f) 3, 1, 2, 4, 5

Das Ergebnis ist aber in jedem Fall dasselbe.

Anmerkung zu Fall a:

- Zuerst haben nur 1 und 2 alle notwendigen, gültigen Werte. Es kann zuerst 1 oder 2 ausgeführt werden. Die Zufallsentscheidung ist auf 1 gefallen, also wird 1 ausgeführt.

- 2 und 3 haben gültige Daten und könnte ausgeführt werden. Die Zufallsentscheidung ist auf 2 gefallen, also wird 2 ausgeführt.

- 3 hat gültige Daten und wird ausgeführt.

- 4 hat gültige Daten und wird ausgeführt.

- 5 hat gültige Daten und wird ausgeführt.

16.1.1 Parallelabarbeitung von Schleifen

LabVIEW nutzt Multicores, es können sogar einzelne Schleifen bei erwarteter unterschiedlicher Rechenbelastung einzelnen Cores zugeordnet werden. Grundsätzlich laufen Schleifen oft auf unterschiedlichen Prozessorkernen gleichzeitig ab. Bei Rechnern mit Single-Core entsteht quasi eine Schein-Parallelverarbeitung durch zwei Threads.

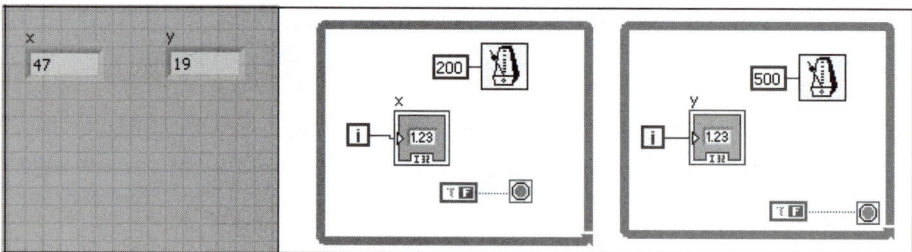

Abb. 16.2: Zwei voneinander unabhängige Schleifen laufen gleichzeitig.

Dessen sollte man sich bewusst sein, wenn man zwei Schleifen gleichzeitig verwenden will.

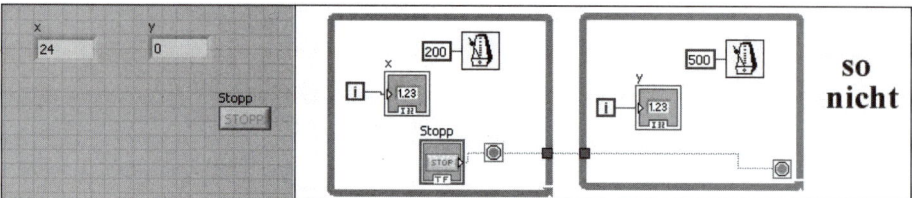

Abb. 16.3: Zwei Schleifen sollen von einem Taster gestoppt werden.

Das Programm oben funktioniert nicht. Die zweite Schleife kann anfangs nicht gestartet werden. Erst nachdem die linke Schleife beendet wurde, bekommt die rechte Schleife gültige Daten. Von der linken Schleife wird am Ende ein *high* ausgegeben, sodass die rechte Schleife nur einmal ausgeführt wird. Stattdessen kann man den Wert des Schalters über eine lokale Variable (siehe etwas weiter unten) der rechten Schleife zu Verfügung stellen. Beide Schleifen laufen parallel.

Die Steuerung der rechten Schleife erfolgt über eine *lokale Variable*, die zu keiner Datenabhängigkeit führt.

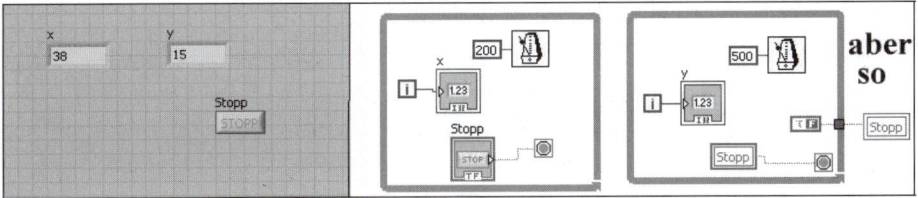

Abb. 16.4: Zwei unabhängig laufende Schleifen, die mit einem Taster beendet werden können

16.2 Ablaufsteuerung über gültige Daten – Datenflusssteuerung

Dass die Ablaufsteuerung auch in schleifenfreien Programmen nicht immer einwandfrei funktioniert, wird am Beispiel der seriellen Schnittstelle demonstriert. Auf sie wird an späterer Stelle noch einmal genau eingegangen. Was hier demonstriert werden soll, ist das Problem: Der richtige Ablauf ist nicht erzwungen.

Das Programm besteht aus drei Funktionen: *Schnittstelle öffnen, Schreiben* und *Schließen*. Dabei ist zu beobachten, dass manchmal das Programm einwandfrei funktioniert. Ein anderes Mal wird das Programm mit einer Fehlermeldung beendet. Das ist z. B. der Fall, wenn zuerst die Schnittstelle geöffnet und sofort danach geschlossen wird. Folgt danach die Schreibeoperation, ist die Schnittstelle geschlossen.

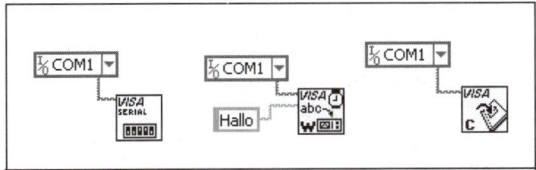

Abb. 16.5: Funktionen werden in unbekannter Reihenfolge abgearbeitet.

Es gibt grundsätzlich mehrere Möglichkeiten, dieses Problem in den Griff zu bekommen. Eine ist, Daten von einer Funktion zur nächsten weiterzugeben. Viele Funktionen liefern dafür Möglichkeiten (etwa die Ausgabe eines Werts). Die Funktionen in diesem Fall verwenden eine Variable namens *Visa-Ressourcen-Name*.

Diese könnte man an jede Funktion einzeln anschließen. Dadurch würden die Daten aber sofort beim Programmstart gültig und könnten nicht zur Programmablaufsteuerung verwendet werden.

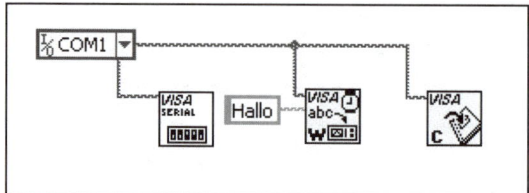

Abb. 16.6: Funktionen werden in unbekannter Reihenfolge abgearbeitet.

Deswegen gibt man den Ressourcennamen „serial" weiter, wie im Bild links zu sehen. Alternativ dazu kann man auch *Error-Cluster* weitergeben.

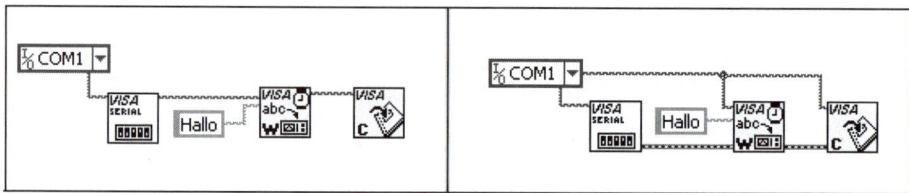

Abb. 16.7: Funktionsfähiges Programm mit erzwungener Ablauffolge

16.3 Ablaufsteuerung mit Sequenzstruktur

Um den Ablauf in einer bestimmten Reihenfolge zu erzwingen, gibt es außerdem sogenannte *Sequenzen*. Man findet sie in *Express >> Ausführungssteuerung >> Flache Sequenz oder in Programmierung >> Strukturen >> (Flache oder Gestapelte) Sequenz.*

Es gibt zwei Arten von Sequenzstrukturen: flache und gestapelte. In der Funktion sind sie gleich. Sie unterscheiden sich lediglich in der Anordnung. In der flachen Sequenzstruktur sind alle Teile nacheinander angeordnet zu sehen, in der gestapelten liegen sie (wie bei einem Case) übereinander.

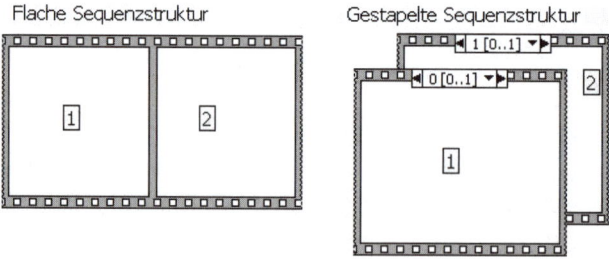

Abb. 16.8: Flache und gestapelte Sequenzstruktur zum Erzwingen einer bestimmten Ablauffolge im Programm

Man kann nun mit diesen Sequenzstrukturen einen Programmablauf 1-2-3-4-5 erzwingen:

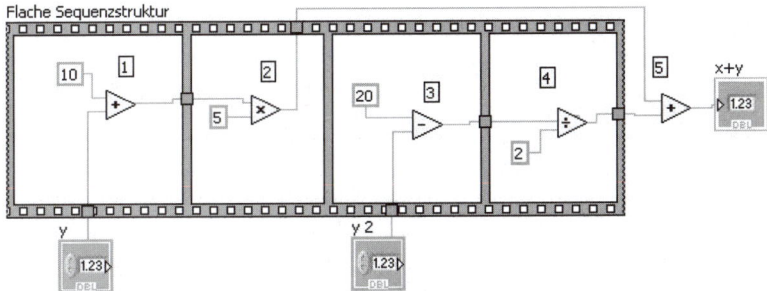

Abb. 16.9: In der angegebenen Reihenfolge erzwungener Programmablauf

16.3.1 Lokale Sequenz-Variablen

Bei der gestapelten Sequenz kann man mit *Lokale Sequenz-Variable* (Pfeil nach außen) einen Wert von einer Sequenz zur nächsten weiterreichen. Die *Lokale Sequenz-Variable* erhält man durch das Kontextmenü am Rand einer gestapelten Sequenz.

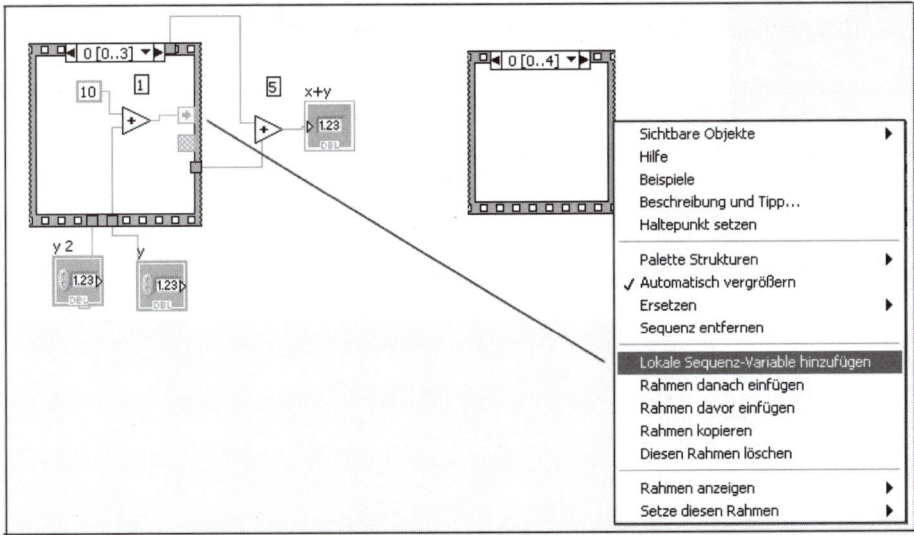

Abb. 16.10: Ablaufsteuerung mit gestapelter Sequenz. Die Datenübergabe erfolgt mit *Lokale Sequenz-Variable hinzufügen*

16.3.2 Lokale Variable

Eine *lokale Variable* und eine *lokale Sequenz-Variable* sind etwas völlig unterschiedliches. Mit einer lokalen Sequenz-Variablen schreibt man bei einer gestapelten Sequenz in die nächste Seite. Mit einer lokalen Variablen hat man zusätzlichen Zugriff auf ein Frontpanelelement. So kann auf ein Eingabeelement geschrieben werden. Eine Lokale Variable von einem Frontpanelelement erhält man durch sein Kontextmenü mit *Erstellen >> Lokale Variable*.

16.3.3 Beispiel: Die Eieruhr

Eine Eieruhr muss man vor dem Start aufziehen. Danach läuft sie zurück. In LabVIEW bedeutet das, dass auf ein Eingabeobjekt geschrieben werden muss. Das erfolgt über eine lokale Variable. Es gibt Probleme, die ohne lokale Variable unlösbar sind. Um übersichtliche Programme zu schreiben, sollten aber lokale Variablen sparsam eingesetzt werden.

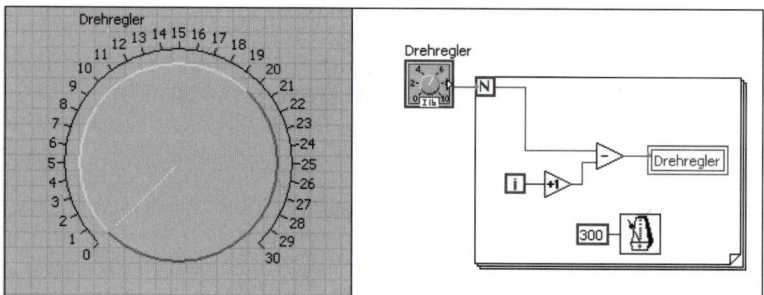

Abb. 16.11: Eieruhr – auf die Eingabe wird über die lokale Variable zurückgeschrieben vgl. [5].

17 Soundkarte

Jeder PC hat eine Soundkarte und damit ein Präzisionsmessgerät eingebaut. Mit 16 Bit Auflösung kann diese Karte mit vielen Messkarten mithalten. Exakt wird bei der Karte die Abtastfrequenz eingehalten. Dadurch können Frequenzen, z. B. bei einer Spektralanalyse, genau bestimmt werden. Die gleiche Frequenzgenauigkeit ist auch bei der Ausgabe von Signalen zu erwarten. Eine weitere vorteilhafte Eigenschaft der Karte ist, dass durch die Stereotechnik immer zwei Kanäle zur Verfügung stehen.

Die Nachteile der Soundkarte sind aber auch für viele technische Anwendungen zu beachten. So kann eine Soundkarte nicht getriggert werden. Ein exakter Start der Signalausgabe oder -aufnahme scheitert am Betriebssystem. Falls das Betriebssystem mit dem Netzwerk, der Bildschirmausgabe oder einem anderen wichtigen Task beschäftigt ist, kommt die Soundkarte um einige Millisekunden später dran. Ein weiterer Nachteil ist, dass sich am Eingang der Soundkarte ein Koppelkondensator befindet. Daher ist die Soundkarte für Frequenzen unter 10 Hz unbrauchbar. Eine weitere ungünstige Eigenschaft ist, dass die Amplitude nicht genau eingestellt werden kann. Man kann nur lauter oder leiser einstellen, kennt aber nicht den Pegel in Millivolt.

17.1 Test der Soundkarte

Da am PC die Lautsprecher nicht immer angeschlossen sind oder der Lautstärkeregler aufgedreht ist, sollte die Karte zunächst getestet werden. Das erfolgt über eine Audioausgabe, die im Expressmenü zu finden ist. Dort wird *Gerät testen* zur Verfügung gestellt.

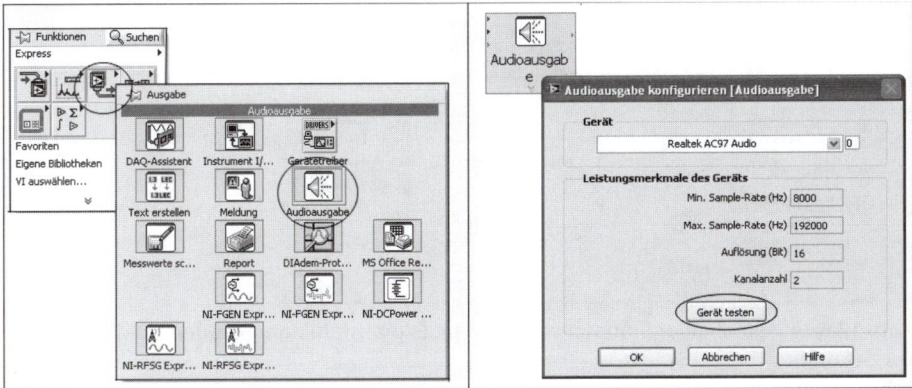

Abb. 17.1: Test der Sound-Ausgabe

17.2 Ausgabe einer Sinusschwingung

Mit der Funktion *Sound Output Configure.vi* wird die Soundkarte initialisiert. 22050 steht dabei für die Abtastfrequenz, 2 für zwei Kanäle und 16 für die Auflösung des AD-Wandlers. Nach der Konfiguration werden die Daten mit der Funktion *Sound Output Write.vi* in die Soundkarte geschrieben und mit der nächsten Funktion, *Sound Output Start.vi*, gestartet. All diese Funktionen sind im Menü *Programmierung >> Audio & Graphik >> Audio >> Ausgabe* zu finden.

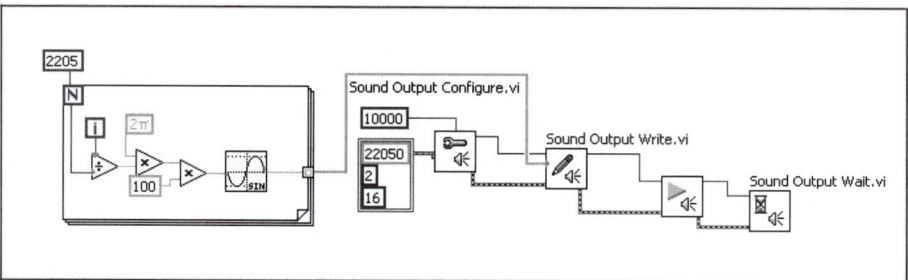

Abb. 17.2: Ausgabe einer Sinusschwingung. Frequenz 1 kHz, Dauer 0,1 Sekunden

Die Frequenz des ausgegebenen Tons lässt sich wie folgt bestimmen: Die Abtastung erfolgt 22.050 Mal in der Sekunde. Da das übergebene Array 2.205 Elemente hat, ist mit einer Dauer von 0,1 Sekunden zu rechnen. Im Array befinden sich 100 Sinusschwingungen. Diese werden in 0,1 Sekunden ausgegeben. 100 Schwingungen in 0,1 Sekunden ergeben 1.000 Hz (1kHz).

Die Funktionen für die Tonausgabe mit Expressfunktionen sind unter *Express >> Eingabe >> Signal Simulieren* und *Express >> Ausgabe >> Audioausgabe* zu finden. Die Ansteuerung ist einfacher, es sind aber weniger Eingriffe in den Programmablauf möglich.

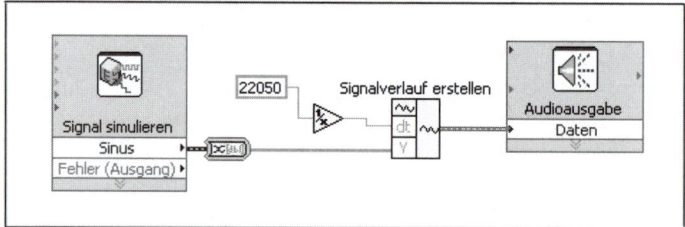

Abb. 17.3: Ausgabe einer Sinusschwingung mit Expressfunktion: Frequenz 1 kHz, Dauer 0,1 Sekunden

Bemerkenswert ist, dass die Daten für die Tonausgabe in unterschiedlichen Datenformaten übergeben werden können. So übernehmen die Funktionen für die Soundkarte Arrays, Signale und dynamische Daten. Da diese verschiedenen Datenformate häufig konvertiert werden müssen und das immer wieder Probleme verursacht, sei an dieser Stelle ein Exkurs gestattet.

17.2.1 Umwandlung von Datentypen, die für die Soundkarte geeignet sind

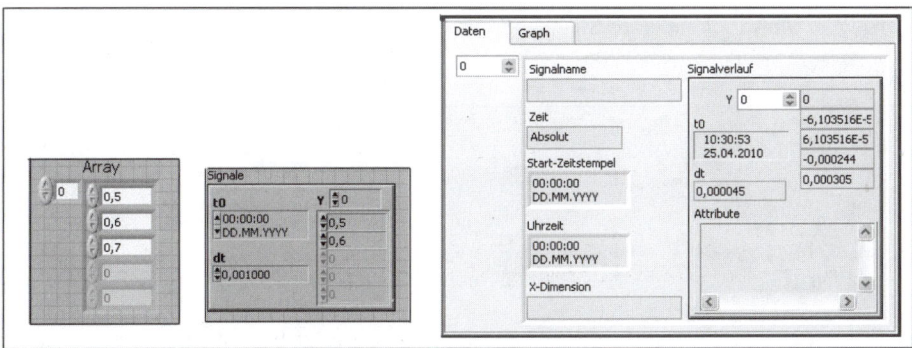

Abb. 17.4: Datentypen für die Soundkarte

Die drei in der Abbildung gezeigten Datentypen kann die Soundkarte verarbeiten. Dabei stellen die Werte im Array die Amplituden dar.

Links: Array
Mitte: Signal, das zusätzlich zum Array für die Daten eine Startzeit, ein Attribut und die Abtastzeit enthält.
Rechts: dynamische Daten, die noch mehrere Signalverläufe enthalten können.

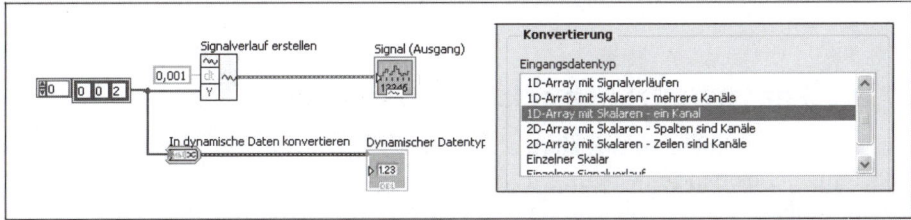

Abb. 17.5: Umwandlung eines Arrays in einen Signalverlauf und in dynamische Daten

Bei dieser Umwandlung muss die Abtastzeit zusätzlich angegeben werden: Die Funktion *Signalverlauf erstellen* findet man in der Funktionenpalette unter *Programmierung*

>> *Signalverlauf.* Die Funktion *In dynamische Daten konvertieren* ist im Expressmenü unter *Signalmanipulation* zu finden. Dabei ist im Menü, das sich beim Einsetzen der Funktion sofort öffnet, der richtige Eingabetyp auszuwählen.

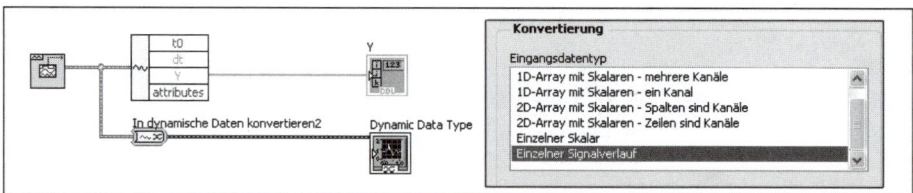

Abb. 17.6: Umwandlung eines Signalverlaufs in ein Array und in dynamische Daten

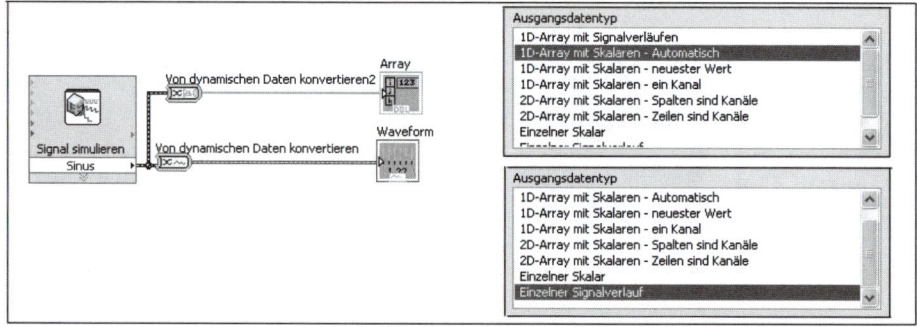

Abb. 17.7: Umwandlung dynamischer Daten in ein Array und einen Signalverlauf

17.3 Beispiele

Im Folgenden werden zwei Beispiele gezeigt, mit denen man die Soundkarte testen kann. Weitere Anwendungen finden Sie in späteren Kapiteln.

17.3.1 Phasenbeziehung zwischen zwei Tönen

Bei diesem Experiment wird geklärt, ob wir beim Hören von zwei Tönen die Phasenbeziehung der beiden Schwingungen zueinander erkennen können. Nah verwandt mit diesem Problem ist auch die Frage, ob wir Nichtlinearitäten beim Hören haben. Falls wir zwei Schwingungen mit unterschiedlicher Frequenz zueinander verschieben, verändern sich die Kurvenformen des Summensignals. Wird dann dieses Signal mit der Soundkarte ausgegeben, ist es akustisch nicht vom ersten zu entscheiden. Unser Ohr ist zumindest in diesem Amplitudenbereich als linearer Sensor zu betrachten.

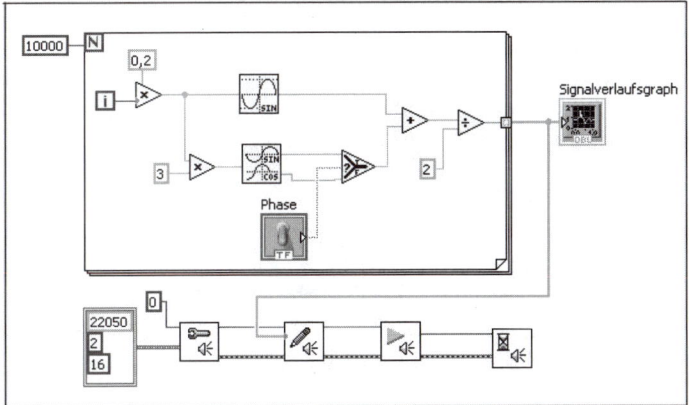

Abb. 17.8: Gleichzeitige Ausgabe von zwei Tönen mit zueinander umschaltbarer Phase

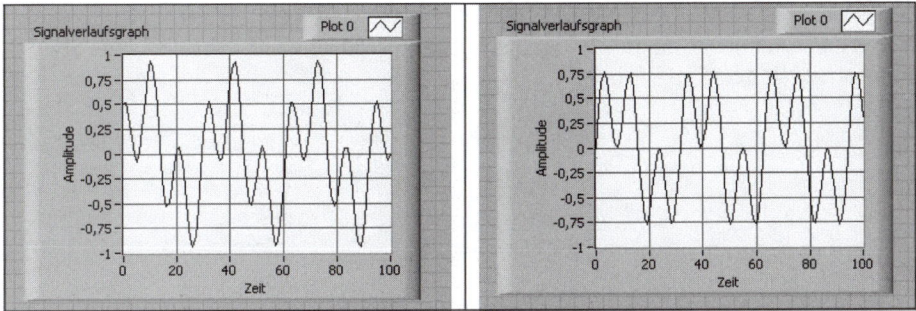

Abb. 17.9: Grundschwingung und dritte Harmonische mit unterschiedlicher Phase zueinander [1], [2], für das Ohr nicht unterscheidbar

17.3.2 Spektralanalysator für Töne

Mit der Soundkarte wird ein Glockenton aufgenommen. Im Diagramm oben erkennt man im Zeitbereich das Abklingen des Glockentons. Unten ist das mit der FFT (Fast Fourier Transformation, die bereits im Kapitel über Datenerfassung verwendet wurde) berechnete Spektrum ersichtlich. Hier ist auch die für einen Glockenton charakteristische dritte Harmonische gut erkennbar.

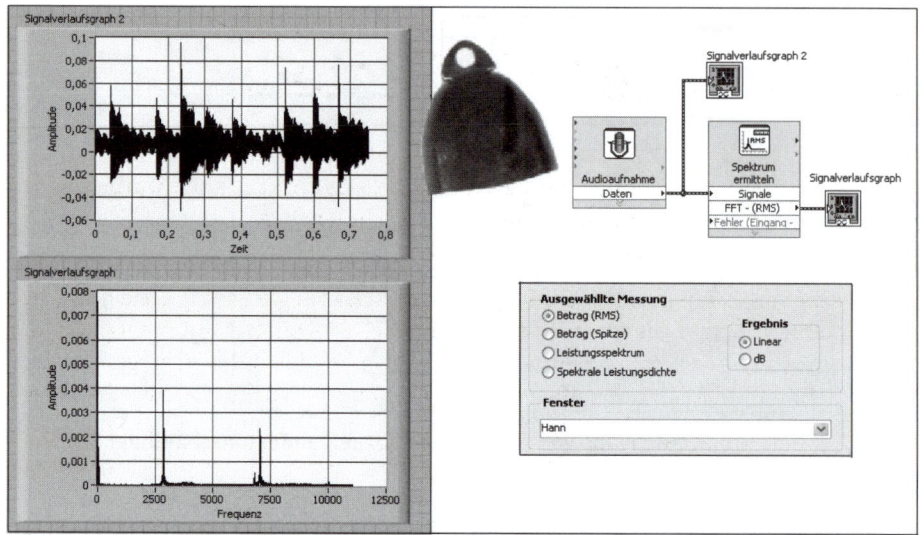

Abb. 17.10: Aufnahme eines Glockentons mit der Soundkarte und anschließende Spektralanalyse mit der FFT [1], [2]

18 Serielle Schnittstelle

Die serielle Schnittstelle ist unter der Bezeichnung *RS-232* bekannt und wurde von der Electronics Industries Alliance genormt. Das deutsche Analogon, die V24-Schnittstelle, entspricht im Wesentlichen der RS-232C-Norm.

Serielle Schnittstellen müssen einem Programm exklusiv zur Verfügung gestellt werden. Nur so kann sichergestellt werden, dass nicht zwei Programme gleichzeitig auf die Schnittstelle schreiben. Dieses exklusive Nutzungsrecht wird dadurch sichergestellt, dass ein Programm die Schnittstelle öffnet und so lange Zugriff hat, bis diese wieder freigegeben wird. Daher ist das Öffnen der Schnittstelle der erste Schritt bei einer Kommunikation. Mit dieser Reservierung kann auch gleichzeitig die Schnittstelle konfiguriert werden. Darunter versteht man z. B. die Festlegung der Übertragungsgeschwindigkeit.

Es ist einerseits festzulegen, wie ein einzelnes Zeichen übertragen wird, aber auch, was einzelne Zeichen bewirken. Die elektrischen Signale, die beim Absenden eines Zeichens abgegeben werden, werden beim Öffnen oder Initialisieren der Schnittstelle bestimmt. Die Vereinbarung über die Bedeutung der Zeichen nennt man *Protokoll*. So löst das Universalvoltmeter PeakTech 4360 nach der Übertragung des Zeichens „D" vom Computer zum Messgerät einen Messvorgang aus. In weiterer Folge sendet das Messgerät die Messwerte als String über die serielle Schnittstelle zum Computer.

18.1 Format der seriellen Schnittstelle

Das Format der seriellen Schnittstelle ist sehr einfach. Bei jedem Byte, das übertragen wird, werden die einzelnen Bits nacheinander gesendet. Zur Synchronisation wird zuerst ein Startbit übertragen, danach folgen die Datenbits. Am Ende der Übertragung eines Bytes ist eine Pause vorgesehen. Diese Pause dient dazu, dass beim nächsten Byte, das übertragen werden soll, wieder auf das Startbit synchronisiert werden kann. Diese Pause bezeichnet man als das *Stoppbit*. Startbit, Datenbits und Stoppbit werden zusammen als *Frame* bezeichnet.

Um die Übertragung gegen Störungen unempfindlich zu machen, arbeitet man mit einem Pegel von −12 V/+12 V. Die Logikpegel sind:

−12 V für 1

+12 V für 0

In der Digitaltechnik ist meist mit einer hohen positiven Spannung der Wert *1* oder *true* ausgedrückt. Bei der seriellen Schnittstelle ist das nicht der Fall und man bezeichnet diese Zuordnung auch als *negative Logik*.

Der Sender gibt ein Byte in serieller Weise Bit für Bit aus. Der Empfänger erkennt das Startbit und tastet dann nacheinander die einzelnen Bits ab. Dabei ist es zwingend erforderlich, dass zuvor die Ausgabe- und Empfangsgeschwindigkeit vereinbart wird, da sonst die Nachricht nicht richtig erkannt werden kann. Sender und Empfänger müssen die gleiche Sprachgeschwindigkeit haben. Als Geschwindigkeitsmaß wird die Maßeinheit *Bit pro Sekunde* verwendet. Für Bit pro Sekunde wird auch der Begriff *Baud* verwendet.

Eine häufig verwendete Übertragungsgeschwindigkeit ist 9.600 Baud. Bei dieser Übertragungsgeschwindigkeit beträgt die Zeit für ein Bit 1/9.600 s oder 0,104 ms.

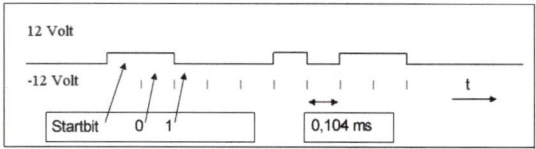

Abb. 18.1: Spannungsverlauf auf der seriellen Schnittstelle bei Ausgabe von 00101110b (es wird zuerst das niederwertigste Bit ausgegeben, wobei logisch 0 elektrisch +12 V ist).

18.2 Programmierung der Schnittstelle

Sie finden die Umsetzung dieses Protokolls in LabVIEW unter *Datenkommunikation >> Protokolle >> Seriell*.

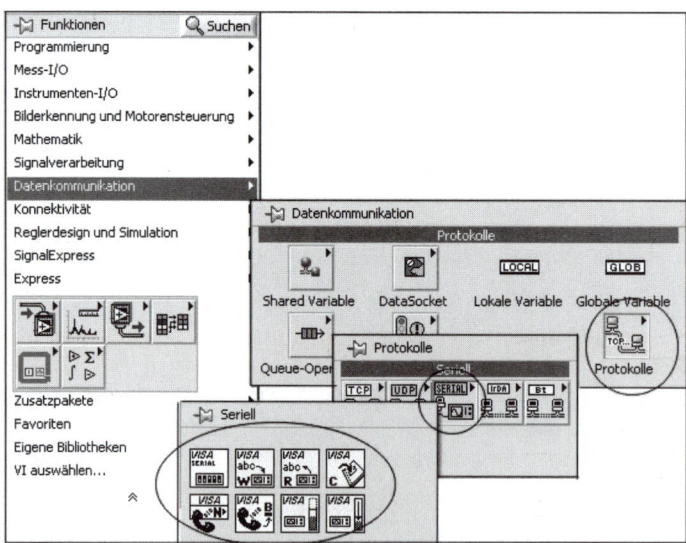

Abb. 18.2: Funktionen für die RS-232-Schnittstelle

18.3 Minimalverdrahtung von zwei Rechnern zur Datenübertragung

Mit nur zwei Leitungen kann die Information schon übertragen werden. Im Bild unten ist der Stecker für die serielle Schnittstelle von zwei Rechnern ersichtlich. Die Datenübertragung erfolgt vom linken zum rechten Rechner. Links ist TxD ein Ausgang, der mit RxD am rechten Computer verbunden ist. Damit beide Computer das gleiche Bezugspotenzial haben, werden die Massen verbunden (Pin5 auf Pin5).

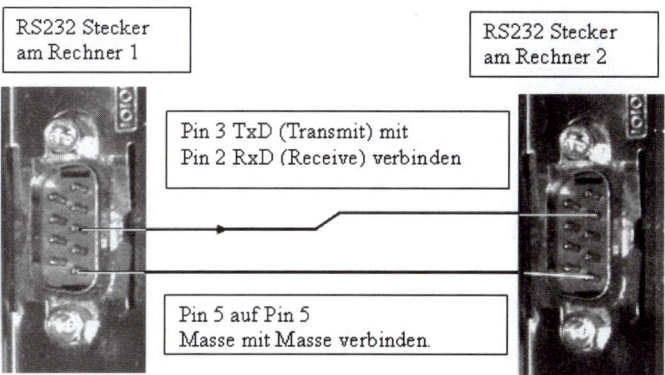

Abb. 18.3: Minimalverdrahtung zur Datenübertragung in einer Richtung mit der seriellen Schnittstelle

Für die beidseitige Übertragung müssen *Receive* und *Transceive* (RxD, TxD) auch in die andere Richtung verbunden werden.

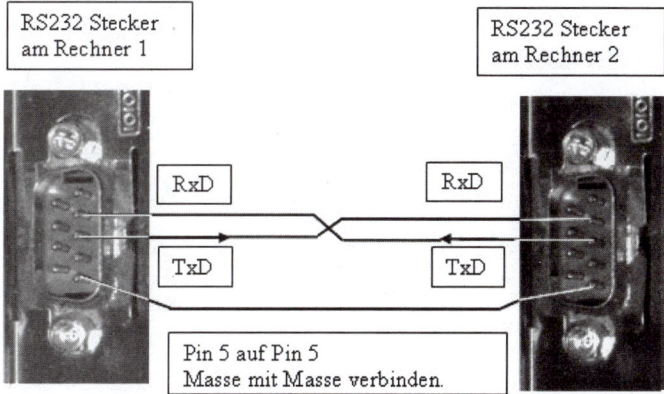

Abb. 18.4: Minimalverdrahtung zur Datenübertragung in beiden Richtungen mit der seriellen Schnittstelle

Bei Kabeln für die serielle Schnittstelle, die zwei Buchsen haben, sind die Leitungen für die Masse durchverbunden und TxD und RxD sind gekreuzt. Derartige Kabel werden als *Null-Modemkabel* bezeichnet (Kabel mit Stecker und Buchse sind „Verlängerungskabel" und haben keine Überkreuzung).

Abb. 18.5: Null-Modemkabel für die serielle Schnittstelle

18.4 Flusssteuerung mit Handshake

Wenn ein Sender Daten zu einem Empfänger sendet, kann der Fall auftreten, dass der Empfänger diese Daten nicht mehr verarbeiten kann. Es könnte z. B. ein Drucker mit dem Ausdrucken nicht nachkommen oder kein Papier mehr haben. Dann besteht der Wunsch, dass der Empfänger den Datenfluss vorübergehend anhält. Das vorübergehende Anhalten der Übertragung der Daten kann über eine Leitung vom Empfänger zum Sender erfolgen. In diesem Fall sprechen wir von einem *Hardware-Handshake*. Die zweite Möglichkeit, den Sender zu einer Pause zu bewegen, ist, ein spezielles Zeichen vom Empfänger zum Sender zu schicken. In diesem Fall sprechen wir von einem *Software-Handshake* oder dem *XON-XOFF*-Protokoll. Die Flusssteuerung wird bei der Initialisierung der Schnittstelle festgelegt.

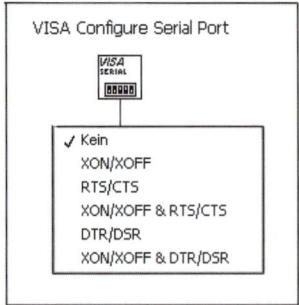

Abb. 18.6: Mögliche Flusssteuerungen der seriellen Schnittstelle

18.5 Ausgabe eines Strings an die RS-232-Schnittstelle

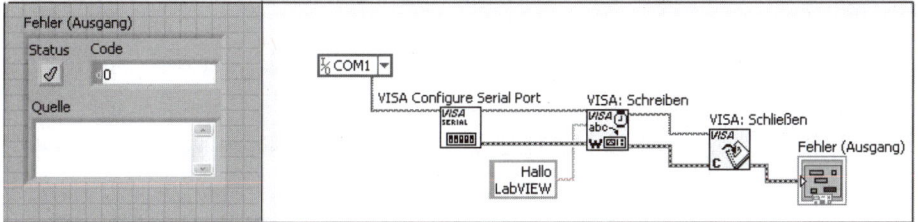

Abb. 18.7: String-Ausgabe mit der RS-232Schnittstelle

Zuerst wird die Schnittstelle initialisiert. Danach erfolgt das Senden und in der Folge wird die Schnittstelle geschlossen, sodass andere Anwendungen sie wieder benutzen können. Im Frontpanel wird der Fehlercode ausgegeben. Der Code 0 bedeutet, dass bei der Programmausführung kein Fehler aufgetreten ist.

18.6 Einlesen eines Strings von der RS-232-Schnittstelle

Das Einlesen eines Strings ist etwas komplizierter als das Senden. Das Betriebssystem steht den laufenden Programmen nicht immer zur Verfügung. Es gibt Zeiten, in denen Windows (oder auch Linux) die Grafikkarte oder das Netzwerk bedient und für Anwendungen nicht zur Verfügung steht. Die Unterbrechung kann durchaus einige Zehntel Sekunden dauern. Die auf der Schnittstelle ankommenden Zeichen sollen trotzdem empfangen werden. Aus diesem Grund sind Buffer vorgesehen, die die ankommenden Zeichen jederzeit speichern. Das Einlesen der Zeichen von der RS-232-Schnittstelle beginnt mit einer Abfrage, wie viel Zeichen im Buffer sind. Das erfolgt mit der Funktion *Bytes an Port*. Danach werden diese Zeichen vom Buffer in das Lab-VIEW-Programm übertragen.

Ein weiteres Problem ist beim Empfang von Zeichen zu lösen: Wenn Zeichen im Lab-VIEW-Programm ankommen und in ein Anzeigeelement geschrieben werden, muss sichergestellt sein, dass bereits vorhandene Texte nicht überschrieben werden. Eingehende Informationen müssen in einem Anzeigeelement immer dazugeschrieben werden. Es ist also der neu angekommene String an den bereits vorhandenen String zu hängen.

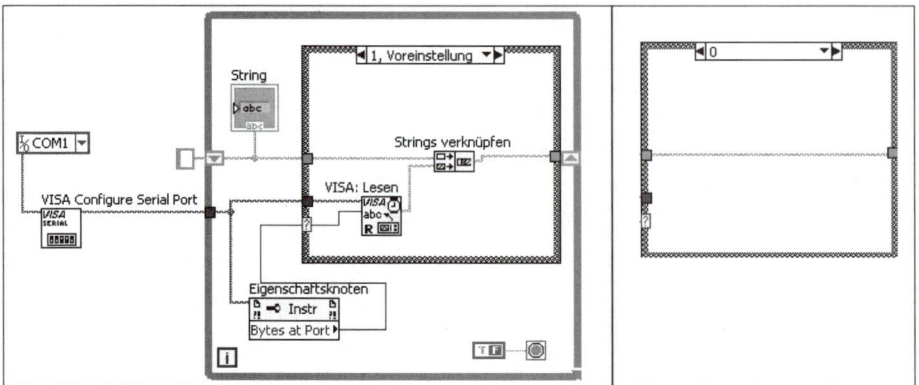

Abb. 18.8: Kontinuierliches Einlesen von der RS-232-Schnittstelle

In der Endlosschleife wird ständig der Buffer überwacht (ständiges Abfragen wird auch als *Polling* bezeichnet). Falls Zeichen im Buffer sind, werden sie einem String hinzugefügt und alles Angekommende wird angezeigt.

18.7 Setzen der Handshake-Leitungen der seriellen Schnittstelle

Falls man bei der Initialisierung der seriellen Schnittstelle keine Flusssteuerung wählt, sind die Ausgangsleitungen RTS und DTR bedeutungslos. Dessen ungeachtet kann man diese Ausgänge setzen und +12 V/−12 V ausgeben und als Spannungsquelle für beliebige Zwecke verwenden. Wird vom Ausgang RTS eine LED mit Vorwiderstand auf Masse geschaltet, kann sie von LabVIEW ein- oder ausgeschaltet werden.

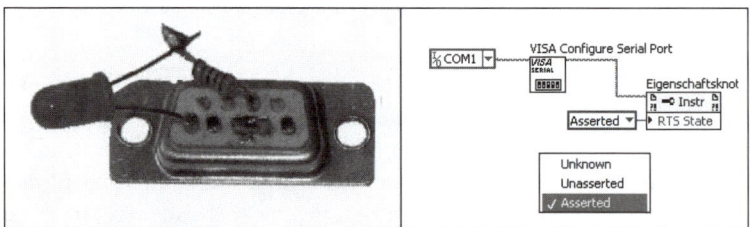

Abb. 18.9: Einschalten einer LED mit an der RS-232-Schnittstelle [1], [2]

Links ein 9-poliger Stecker, der direkt an der RS-232-Schnittstelle am Rechner ange-steckt geerdet werden kann. Durch Auswahl von *Asserted* und *Unasserted* wird +12 V/−12 V ausgegeben. Nach Anschluss des Methodenknotens (siehe Kap. 13, „Grafik") kann man im Kontextmenü folgende Auswahl treffen:

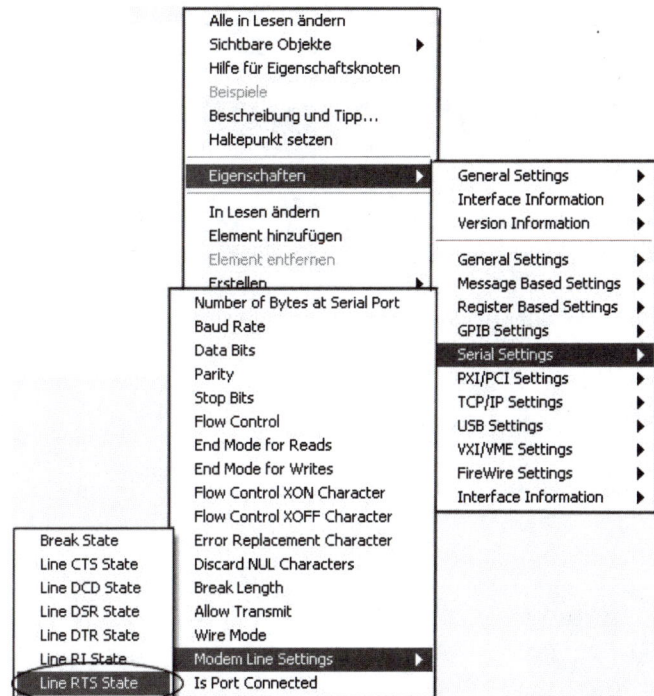

Abb. 18.10: Auswahl der Methode zum Setzen der Leitung RTS

In Kap. 22 wird ein Terminalprogramm vorgestellt, mit dem man über die Schnittstelle zwischen zwei Rechnern kommunizieren kann.

19 Erstellung einer EXE-Datei und eines Installationsprogramms

Soll ein VI auf einem Rechner ausgeführt werden, auf dem noch kein LabVIEW installiert ist, muss man eine EXE-Datei und eventuell ein Installationsprogramm erstellen. Mit der Studentenversion von LabVIEW ist das nicht möglich. Sie benötigen dafür den *Application Builder* von LabVIEW oder die *Professional Development System Version*.

19.1 Erstellung einer EXE-Datei

Gehen wir davon aus, dass Sie ein einfaches Haupt- und Unterprogramm in eine EXE verwandeln wollen.

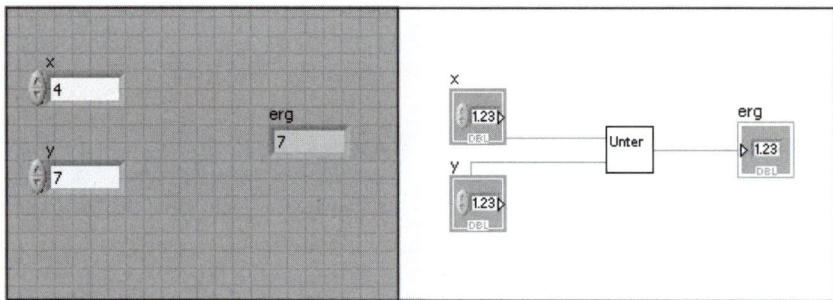

Abb. 19.1: Hauptprogramm *haupt.vi*

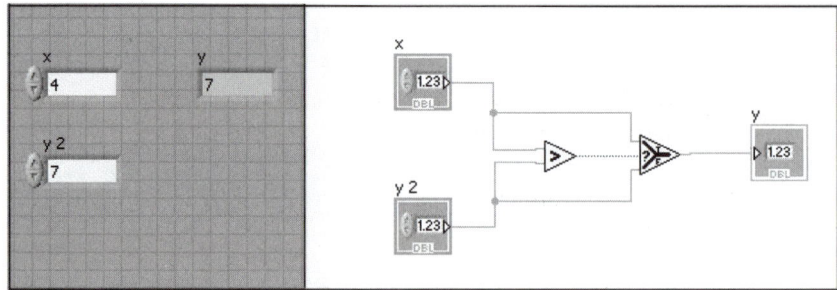

Abb. 19.2: Unterprogramm *unter.vi*

Mit diesen Programmen wird aus den zwei eingegebenen Werten das Maximum bestimmt und ausgegeben. Aus diesen Programmen (*haupt.vi* und *unter.vi*) soll zuerst eine EXE erzeugt und in der Folge in ein Installationsprogramm verwandelt werden. Der Unterschied zwischen EXE und Installationsprogramm besteht darin, dass nur Letzteres auf einem Rechner ohne LabVIEW läuft. Sie können natürlich auch ein einfaches LabVIEW-Programm, das ohne Unterprogramm programmiert wurde, verwenden.

Beginnen Sie damit, Ihre benötigten VIs zu öffnen. Damit ist ein Projekt zu erstellen, das den Sourcecode enthält. Am einfachsten geht das im Menüpunkt *Projekt >> Neues Projekt*. Durch das erscheinende Auswahlfenster können Sie alle geöffneten VIs hinzufügen. Alternativ können Sie auch die Dateien später hinzufügen, wie es im Abschnitt über das Installationsprogramm geschieht.

Abb. 19.3: Neues Projekt erstellen

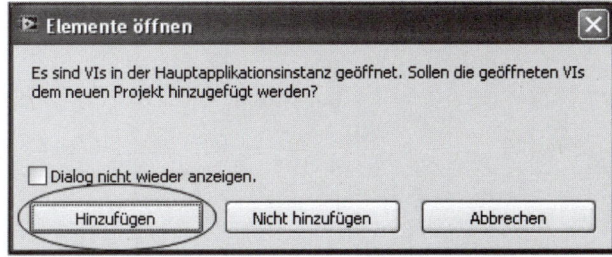

Abb. 19.4: Hinzufügen aller offenen VIs (*haupt.vi* und *unter.vi*) zum Projekt

Durch das Erstellen des Projekts öffnet sich das Projektfenster und die im Projekt angefügten Programme werden angezeigt.

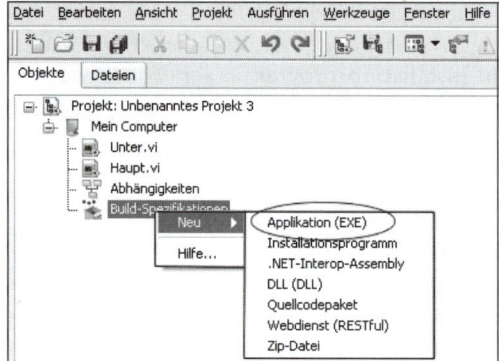

Abb. 19.5: Projektfenster

Im obigen Projektfenster ist nach Rechtsklick auf *Build-Spezifikationen* über das Kontextmenü *Applikation (EXE)* auszuwählen. Dadurch wird der *Application Builder* geöffnet; in dessen Fenster *Informationen und Quellendatei* sind Änderungen vorzunehmen. In diesem Fenster sind der Name der Build-Spezifikation, der Zielname und das Zielverzeichnis einzugeben. Der Schalter *Erstellen* bewirkt, dass jetzt versucht wird, eine EXE zu erzeugen. Das ist aber noch nicht möglich, da noch nicht festgelegt ist, welche Sourcedatei (vi) umgewandelt werden soll. Der Schalter *OK* würde bewirken, dass die Einstellungen gespeichert und das Fenster geschlossen werden würden. Ein Übersetzungsvorgang würde nicht erfolgen.

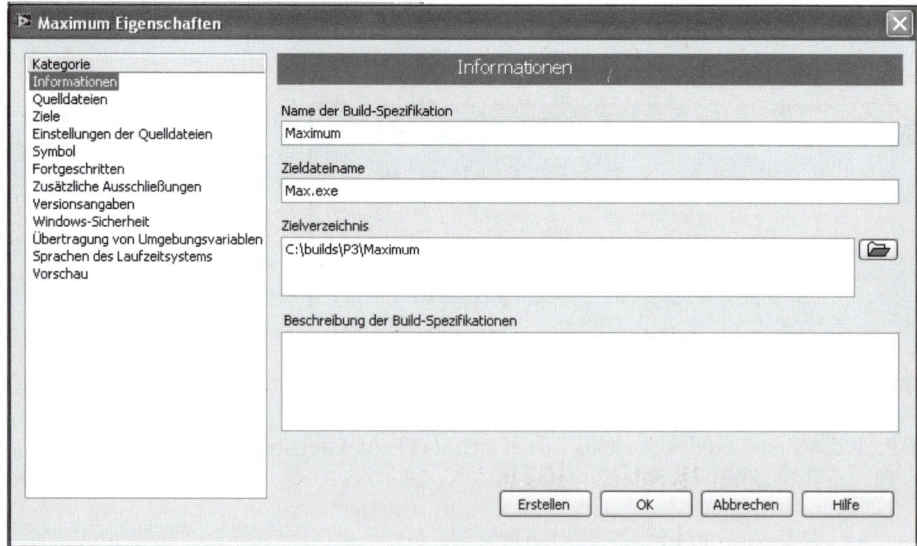

Abb. 19.6: Fenster Informationen im Application Builder

Klicken Sie, ohne einen Schalter zu betätigen, in der linken Spalte auf *Quelldateien*.

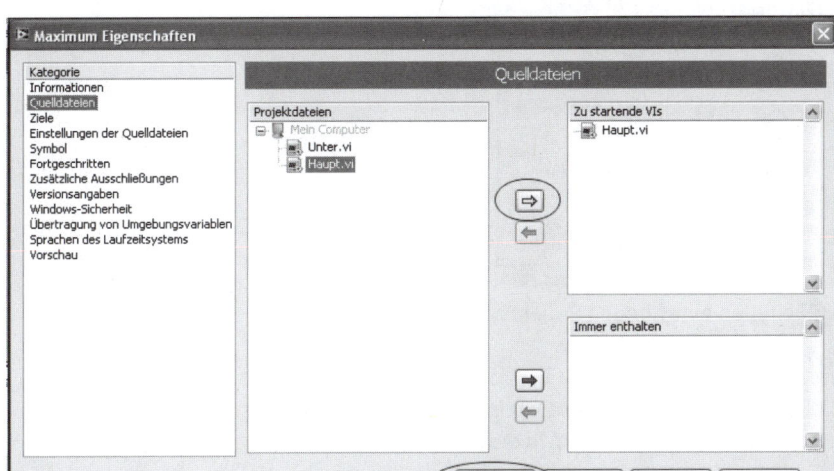

Abb. 19.7: Angabe der umzuwandelnden Programme.

In der mittleren Spalte (*Projektdateien*) ist das Hauptprogramm zu markieren und mit dem Pfeil ins rechte Fenster zu übertragen. Ein einfaches Unterprogramm, wie in unserem Beispiel, wird beim Übersetzen automatisch hinzugefügt. Jetzt kann man mit dem Schalter *Erstellen* eine EXE-Datei erzeugen. Wenn Sie eine ältere Version von Lab-VIEW haben, werden Sie den Schalter *Erstellen* vermissen. Sie müssen dann das Projekt speichern. Unter *Build*-Specification im Projektfenster haben Sie nach einem Rechtsklick die Option *EXE erzeugen*.

Die erzeugte EXE-Datei finden Sie im angegebenen Zielverzeichnis. Diese EXE-Datei kann nicht auf jedem Rechner gestartet werden, da sie noch die Runtime von Lab-VIEW benötigt. Auf einem Rechner, auf dem LabVIEW bereits installiert ist, ist allerdings die Runtime schon vorhanden und die EXE ist ausführbar. Soll das Programm auf einem beliebigen Rechner ausgeführt werden, gibt es zwei Möglichkeiten:

1. Von der NI-Hompage die Runtime herunterladen und installieren (*http://joule.ni.com/nidu/cds/view/p/id/1603/lang/de*)
2. Erstellen eine Installationsdatei, bei der Sie die Runtime mitliefern. Das wird im folgenden Beispiel gezeigt.

19.2 Erstellung eines Installationsprogramms

Ein Installationsprogramm, das man mit klassischem *Setup* am Rechner installieren und aus der Systemsteuerung entfernen kann, benötigt ein zweites Projekt.

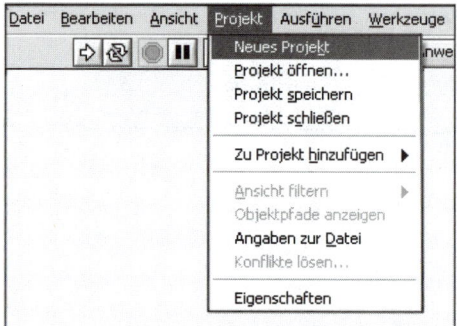

Abb. 19.8: Erstellen eines neuen Projekts

In diesem Projekt werden wir die VIs nicht mehr hinzufügen, sondern die bereits erzeugte EXE oder die zusätzlichen Dateien. Daher wird zunächst ein leeres Projekt erstellt und über das Kontextmenü *Max.exe* hinzugefügt.

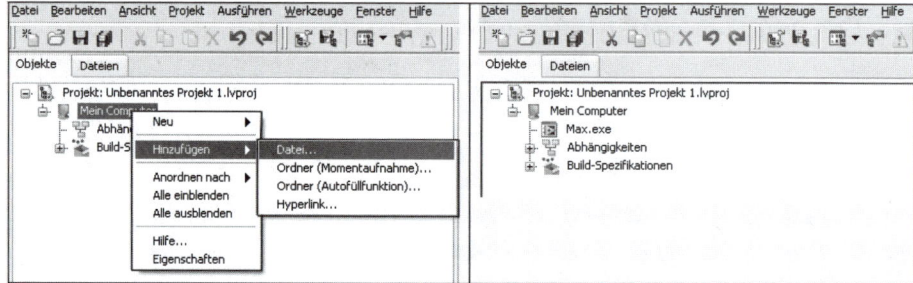

Abb. 19.9: Projektmenü, in dem die Datei *Max.exe* hinzugefügt wird

Vom Ordner *Build-Specification* ist über das Kontextmenü der Punkt *Installationsprogramm* zu wählen. In dieser Registerkarte sind an den markieren Stellen Namen und Pfade einzugeben. Wieder würde ein *OK* nicht das Gewünschte liefern. Es ist auf der linken Seite *Quelldateien* auszuwählen.

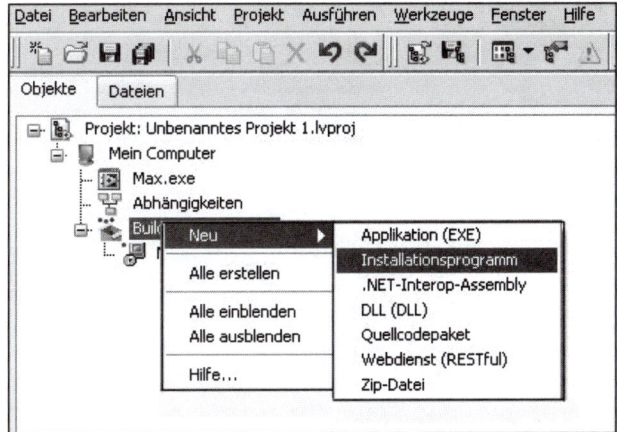

Abb. 19.10: Erstellen eines Installationsprogramms

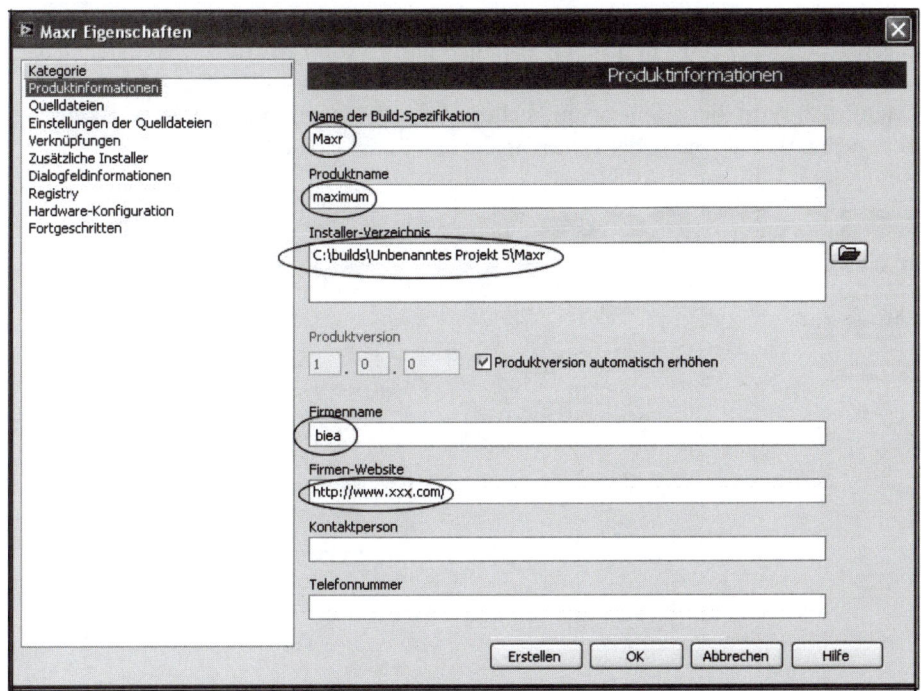

Abb. 19.11: Eingabe der Produktinformationen

Unter *Quelldateien* kann man nun die EXE-Datei (*Max.exe*) markieren und mit dem Pfeil in die Installationshierarchie übertragen.

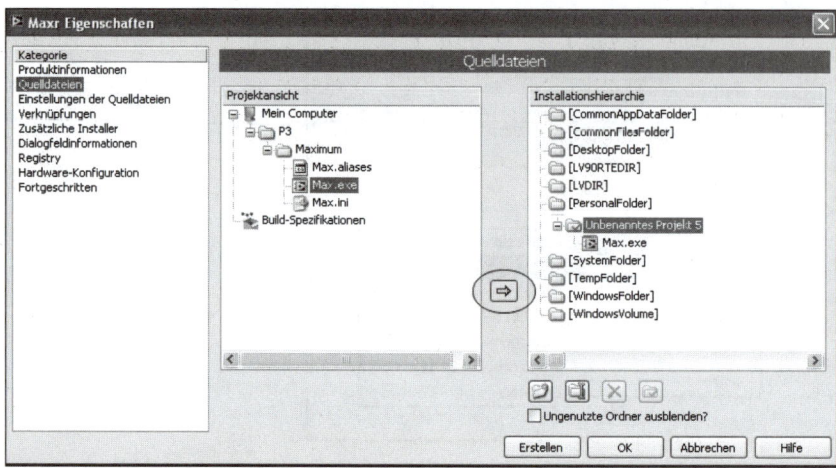

Abb. 19.12: „Registerkarte" *Quelldateien*

Vor dem Übersetzen können dem Installationsprogramm jetzt zusätzliche Dateien hinzugefügt werden. Das ist in unserem Fall die *Runtime* von LabVIEW. In anderen Fällen, wenn z. B. ein Datenerfassungsgerät wie der USB-6008 verwendet wird, der Treiber *NI-DAQmx8.7*. Wird die serielle Schnittstelle in LabVIEW verwendet, ist der *VISA-Treiber* notwendig. Wählen Sie in der linken Spalte den Punkt *Zusätzliche Installer*.

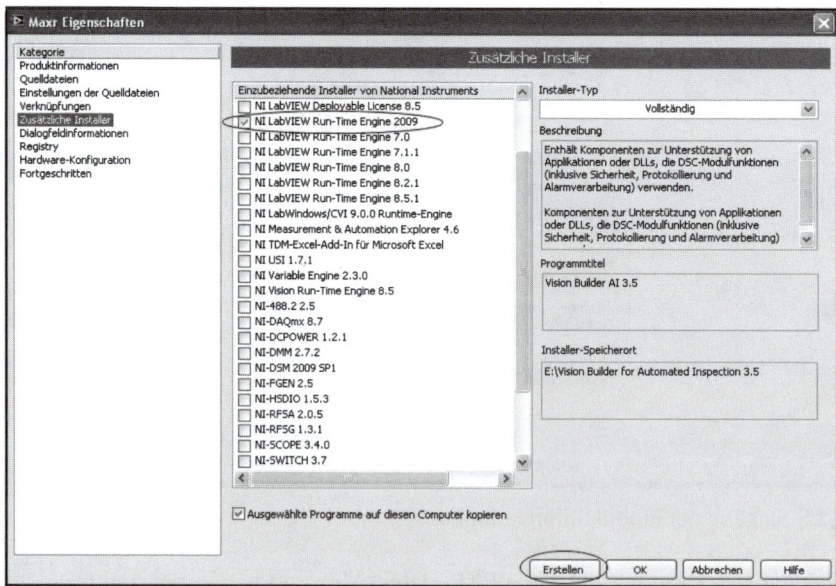

Abb. 19.13: Dateien, die zusätzlich installiert werden sollen

Jetzt können Sie das Programm erstellen. Sie finden das Resultat im Ordner, der in der ersten Registerkarte (*Produktinformationen*) im Punkt *Installer-Verzeichnis* angegeben ist. Damit können Sie jetzt zu einem beliebigen Rechner gehen, das Programm installieren und in der Systemsteuerung auch wieder entfernen.

20 EKG

Als erste Anwendung wird ein Elektrokardiogramm (EKG) vorgestellt.

20.1 Hintergrund

Im Herz erzeugt ein sogenannter Sinusknoten eine Erregerspannung, die durch die P-Welle („Startimpuls") zur Kontraktion des rechten Vorhofs („Einspritzpumpe") führt. Danach leitet ein Ionenleiter das Signal zum AV-Knoten und triggert diesen, sodass das Herz das Blut mit ganzer Kraft durch den Körper pumpt. Aufgrund der Spannung, die vom Herz erzeugt wird und mit der Schaltung in *Abb. 20.1* gemessen werden kann, lassen sich vielfältige Rückschlüsse auf diverse Krankheiten ziehen. Im Jahr 1903 gelang dem niederländischen Arzt Willem Einthoven zusammen mit einem großen Stab an Technikern eine erste elektrografische Aufzeichnung – ohne jegliche Röhren oder Transistoren! Dafür wurde ihm 1924 der Nobelpreis verliehen.

20.2 Schaltung

Heute können wir diese Messungen mit einem USB-6008-Messgerät und LabVIEW auf einfache Weise durchführen. Der Spannungswert, der z. B. an den Händen gemessen werden kann, liegt in der Größenordnung von etwa 1mV. Er ist für eine direkte Messung mit dem USB-6008-Gerät zu klein. Die Spannung muss also zuerst verstärkt werden. Der Körper wirkt aber als Antenne für die Netzspannung (50Hz) und die daraus resultierende Störspannung ist größer als die zu messende. Hier wird eine einfache Vorverstärkerschaltung vorgestellt. Wir verwenden einen Differenzverstärker mit einem Tiefpassfilter. Der Tiefpass kann auch mit LabVIEW (also softwarebasiert) realisiert werden. Zur Spannungsversorgung der Schaltung werden die Analogausgänge der USB-6008 (AO0, AO1) verwendet. Der Kondensator in der Schaltung sorgt dafür, dass eine Gleichspannung an der Elektrode, die durch das galvanische Prinzip entsteht, nicht den Verstärker beeinflusst. Der Differenzverstärker arbeitet dadurch immer im Aussteuerbereich.

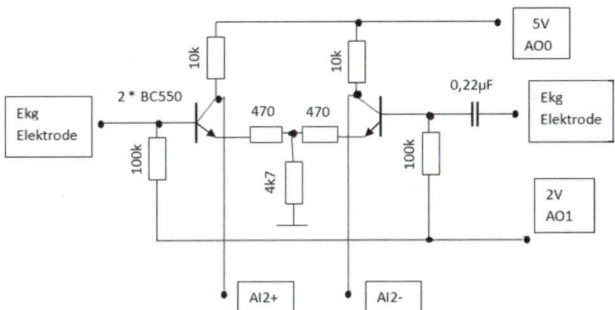

Abb. 20.1: Einfache Vorverstärkerschaltung

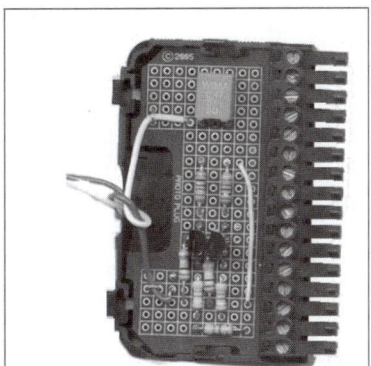

Abb. 20.2: Aufbau mit einem Stecker

Der Stecker ist direkt an die USB-6008 angesteckt (bei NI als *USB-6000 Series Prototyping Accessory* erhältlich. Bestellnummer 779511-01). Als Elektroden kann man Klebeelektroden (aus gut sortieren Apotheken) oder einfach feuchte Papiertaschentücher (wie im Foto) verwenden. Auch ein feuchter Küchenschwamm gibt für ein EKG einen guten Kontakt.

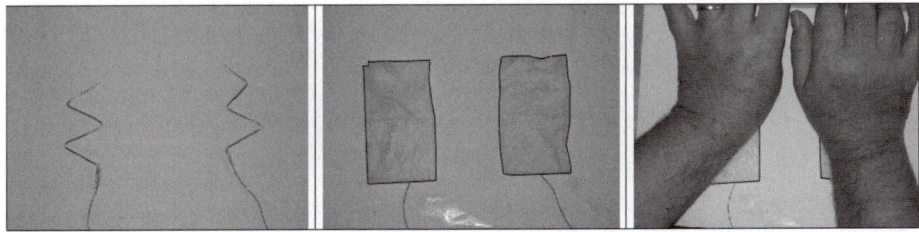

Abb. 20.3: Elektroden; links: Kupferdrähte; Mitte: Stark befeuchtete Papiertaschentücher; rechts: Elektrode im Einsatz

20.3 Programm

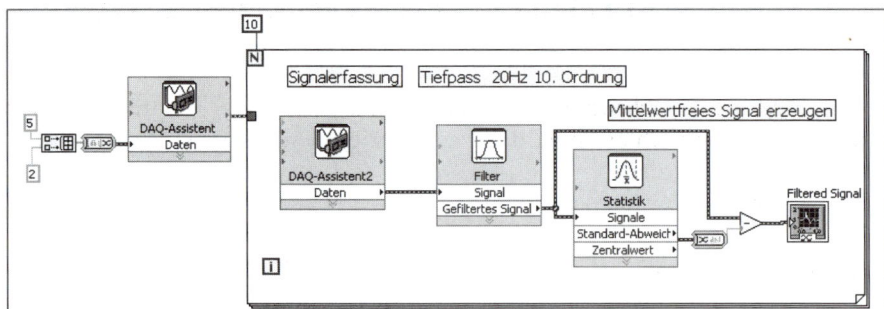

Abb. 20.4: EKG-Programm

DAQ-Assistent 1: Spannungsausgabe für den Verstärker, 5 V für Kollektorspannung, 2 V für Basisspannung.

DAQ-Asisstent 2: Datenerfassung, ist auf Differenzialmodus, 1 ms, 4.000 Werte eingestellt.

Die störende 50-Hz-Spannung wird mit einem Tiefpass gefiltert. Da das Signal im Durchlassbereich in seiner Form nicht verändert werden soll, ist ein Bessel-Filter auszuwählen. Dieser Filtertyp verzögert alle Frequenzanteile im Durchlassbereich um den gleichen zeitlichen Wert. Ein Filter mit dieser Eigenschaft wird als *linearphasig* bezeichnet.

20.4 Gemessenes EKG

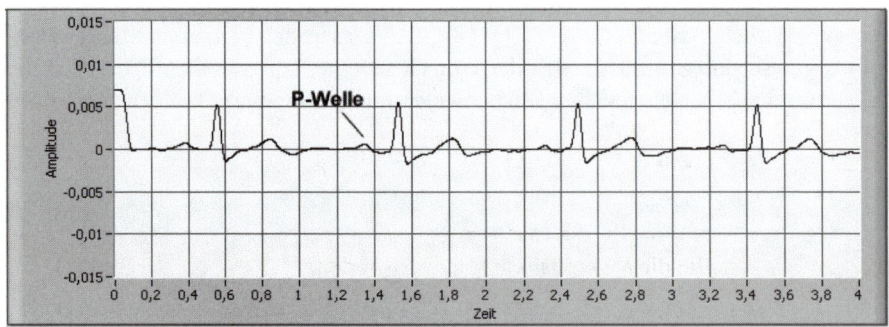

Abb. 20.5: Messergebnis

Diese Schaltung entspricht aufgrund der fehlenden Potenzialtrennung nicht den Normen für medizinische Geräte. Es wird empfohlen, sie an einem Laptop zu betreiben, an dem keine weiteren Geräte angeschlossen sind.

21 Schrittmotoransteuerung

Zur Ansteuerung eines Schrittmotors ist nur ein einziger Treiber-IC nötig, der direkt an die USB-6008 angeschlossen wird. Damit können seine Eigenschaften im Labor sehr gut untersucht werden.

21.1 Hintergrund

Der Vorteil eines Schrittmotors ist, dass er ohne Sensor eine genaue Position anfahren kann. Daher wird er vor allem für Präzisionsgeräte häufig eingesetzt. Im Gegensatz zum Gleichstrommotor hat er ein Haltemoment (wirkt also im Stillstand Bewegung von außen entgegen). Von der Wirkungsweise ist der Schrittmotor (englisch: *Stepper*) ein Synchronmotor, d. h., seine Bewegung ist zur Wechselspannung synchron. Meistens ist der Rotor (der sich bewegende Läufer) ein Permanentmagnet, aber es sind auch weichmagnetische Ausführungen möglich. Der Stator (umgebender, nicht drehbarer Teil) besteht im Wesentlichen aus zwei Spulen, die als Elektromagnete wirken. Diese Spulen werden in Schritten angesteuert und ziehen den Rotor im Drehsinn um einen Schritt weiter. Es gibt mehrere Arten, den Motor zu betreiben. Die wichtigsten sind der Wave-Mode, der Two-Phase-on-Mode und der Half-Step.

21.1.1 Wave-Mode

Bei dieser Ansteuerungsart ist immer eine Spule stromlos.

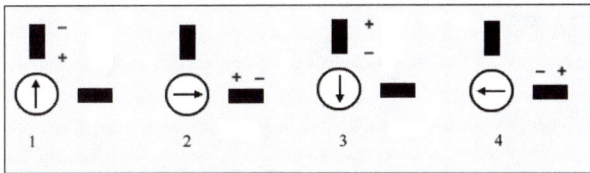

Abb. 21.1: Wave-Mode; die Magnetisierung wird durch den Pfeil im Rotor dargestellt.

1. An der senkrechten Spule wird eine Spannung mit der eingezeichneten Polarität angelegt und der Pfeil nach oben gezogen.
2. Die horizontale Spule zieht die Magnetisierung, die durch den Pfeil dargestellt wird, nach rechts. Der Motor hat sich um 90° im Uhrzeigersinn gedreht.
3. Die senkrechte Spule wird mit umgepolter Spannung betrieben und der Pfeil nach unten gezogen. Eine weitere Drehung im Uhrzeigersinn entsteht.

4. Durch Umpolen der Spannung in horizontaler Wicklung wird die nächste viertel Umdrehung bewirkt.

21.1.2 Two-Phase-on-Mode

Hier fließt immer durch zwei Wicklungen gleichzeitig Strom. Das bewirkt, dass der Rotor im Fall A nach rechts oben zeigt. Der Motor hat bei dieser Ansteuerung ein größeres Drehmoment, aber auch einen größeren Stromverbrauch, da immer zwei Wicklungen angeschaltet sind.

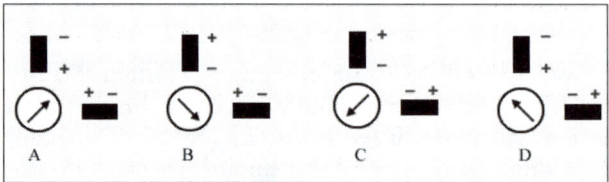

Abb. 21.2: Two-Phase-on Mode

21.1.3 Half-Step-Mode

Dieser Modus ist eine Kombination von Wave- und Two-Phase-on-Mode. Die Drehung des Rotors ist bei einem Schritt ist nur halb so groß wie bei den anderen Ansteuermethoden.

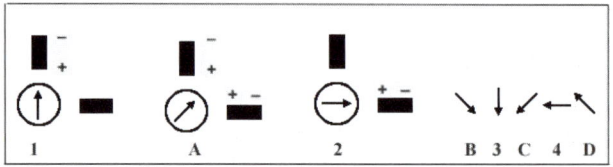

Abb. 21.3: Half-Step-Mode

21.2 Versuchsaufbau

Bei einem realen Schrittmotor ist die erläuterte Drehung von 90° oder 45° pro Schritt schon zu groß. Kleinere Schritte erhält man, wenn man mit den Spulen jeweils mehrere Nord-Süd-Pol-Paare erzeugt. Der im Versuch verwendete Schrittmotor hat eine Auflösung der Schritte von 7,5°. Dies kann man schon durch Drehen mit der Hand nachprüfen (drehen: man spürt ein Ruckeln).

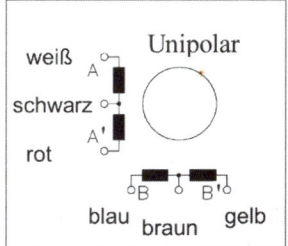

Abb. 21.4: Anschlussbild des verwendeten Schrittmotors nach Datenblatt von Nanotec

Bei diesem Schrittmotor hat jede Wicklung eine Mittelanzapfung (schwarz und braun). Legt man an diese +12 V an, kann man mit einem einfachen Transistor den weißen oder roten Abschluss auf Masse ziehen und damit das Magnetfeld umpolen. Mit der zweiten Spule ist die gleiche Methode an den Anschlüssen braun und blau/gelb möglich. Diese Typen von Schrittmotoren werden als *Unipolar* bezeichnet, da keine Umpolung der Spannung notwendig ist. Im angegebenen Versuch werden nur die Wicklungen schwarz/rot und braun/gelb verwendet, dafür wird aber mit einer Spannung verschiedener Polarität gearbeitet. Der Unipolarmotor wird also im Bipolarbetrieb eingesetzt. Der Strom, den die USB-6008 direkt am Port (Digitalausgang) ausgibt, ist allerdings viel zu klein, um den Schrittmotor anzutreiben. Deswegen ist ein Treiber-IC notwendig, um den nötigen Strom durch den Motor zu schicken. Man verwendet den Baustein L293D, der vom 5-V-Spannungsausgang der Messkarte versorgt wird.

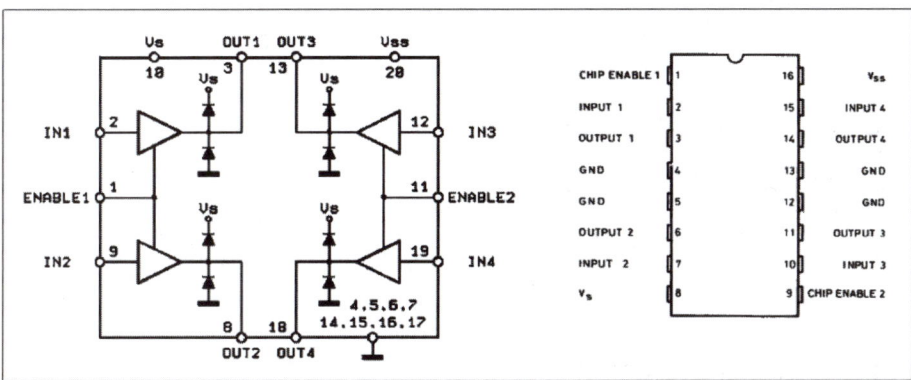

Abb. 21.5: L293-IC zur Ansteuerung des Schrittmotors [6]

Obwohl der Motor für 12 V pro Wicklung ausgelegt ist, funktioniert er auch noch mit 5 V. Wie auch aus dem Bild ersichtlich ist, ist kein zusätzliches Netzgerät erforderlich. Der Wicklungswiderstand des Schrittmotors von 50 Ω garantiert, dass die Strombelastung für die USB-6008 nicht zu groß wird.

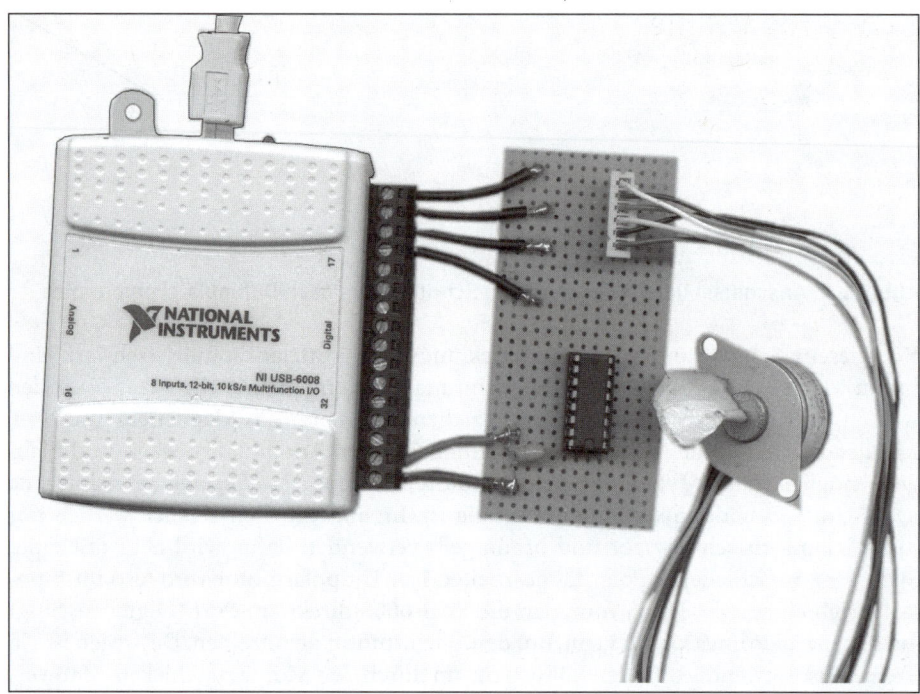

Abb. 21.6: Aufbau der Schaltung

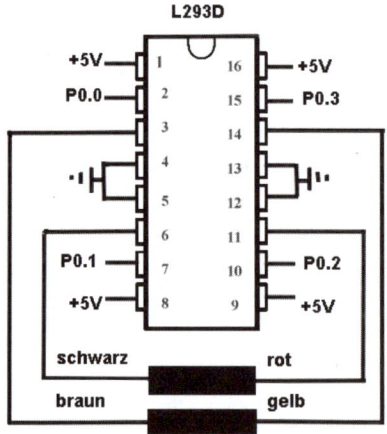

Abb. 21.7: Anschluss des Schrittmotors am Treiber-IC

21.3 Programme

21.3.1 Wave-Mode

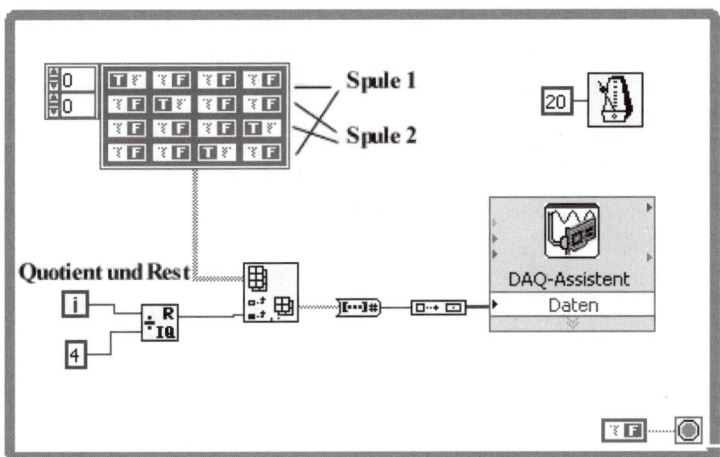

Abb. 21.8: Programm zum Ansteuern des Schrittmotors im Wave-Mode

Aus dem zweidimensionalen Array wird mit *Array indizieren* eine Spalte herausge-schnitten. Mit den Werten aus dieser Spalte werden die Spulen des Schrittmotors an-gesteuert. Zuerst erfolgt dazu mit *Boolesches Array nach Zahl* die Umwandlung in ei-nen Integer. Danach wird mit *Array erstellen* ein Array gebildet, das die Integerwerte enthält (also Einsen und Nullen, statt T und F). Diese spezielle Art der Formatierung ist für die Digitalausgabe an einen Port notwendig, wenn man mit dem DAQ-Assisten-ten arbeiten möchte.

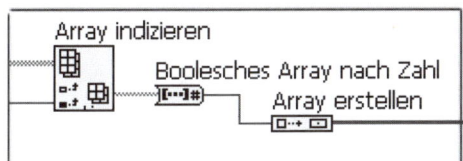

Abb. 21.9: Spaltenweise Ausgabe des 2-D-Arrays in den DAQ-Assistenten

Welche Spalte genau zur Steuerung verwendet wird, soll sich zyklisch ändern (0, 1, 2, 3, 0, 1, 2, 3, 0 usw.). Das erreicht man mit der *Modulo*-Funktion (Bildung des Rests bei Division). Bei der verwendeten Funktion mit Modulo 4 wird aus der Folge i = 0, 1, 2, 3, 4, 5, (von der Schleife stammend) am Iterationsterminal die Folge 0, 1, 2, 3, 0, 1, ...

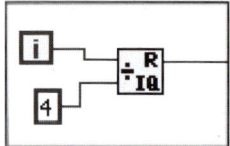

Abb. 21.10: Funktion Quotient und Rest; aus 0, 1, 2, 3, 4, 5, ... wird 0, 1, 2, 3, 0, 1, ...

Man betrachtet nun eine einzelne Spalte, also eine Steuerungsanweisung. Das oberste und das unterste Element (Zeilen 0 und 3 im zweidimensionalen Array) sind für die senkrechte Spule verantwortlich. Die mittleren Elemente (Zeilen 1 und 2) beeinflussen die horizontale Spule. Die Spalte 0 mit den Werten *T, F, F, F* bewirkt, dass der magnetisierte Rotor nach oben gezogen wird. Die horizontale Spule ist auf *F, F* gesetzt und somit stromlos. Das gleiche Ergebnis erhält man mit *T, T, T, F*, da auch hier die horizontale Spule keinen Spannungsunterschied hat und somit stromlos wird. Damit ist das erste Bild im Diagramm für den Wave-Mode realisiert. Spalte 1 hat die Werte *F, T, F, F*. Damit wird die senkrechte Spule stromlos und die horizontale Spule zieht den Rotor nach rechts. Dies entspricht dem zweiten Bild im Diagramm des Wave-Mode. Die beiden weiteren Fälle werden durch Umkehr der Stromrichtung aus den Fällen 1 und 2 gebildet.

Rücklauf

Eine Umkehr der Drehrichtung des Motors kann durch eine veränderte Tabelle oder durch einen Tabellenzugriff in umgekehrter Reihenfolge erreicht werden. Es werden dabei die Spalten 3, 2, 1, 0, 3, 2, 1, 0 ... aus dem zweidimensionalen Array herausgeschnitten.

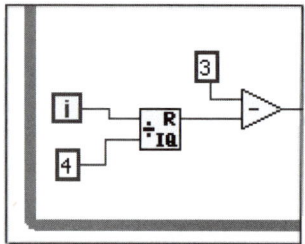

Abb. 21.11: Rücklauf des Motors durch veränderten Array-Zugriff

21.3.2 Two-Phase-on- und Half-Step-Mode

Der Two-Phase-on- und der Half-Step-Mode können einfach durch Austausch der Tabellen im Programm realisiert werden.

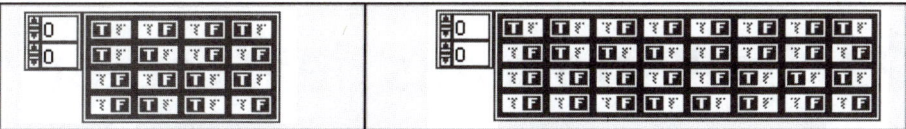

Abb. 21.12: Tabelle für den Two-Phase-on- und den Half-Step

Dabei ist im Half-Step-Mode bei der Auswahl der Spalten durch die Funktion *Array indizieren* statt Modulo 4 noch Modulo 8 zu wählen.

Praxistipp

Der verwendete Motor hat nicht wie in der schematischen Darstellung zwei Polpaare, sondern für jede Wicklung sechs Polpaare. Aus diesem Grund ist ein Schritt nicht eine Drehung um 90°, sondern um 90/6, also um 15°. Beim Half-Step-Mode ist der kleinste Drehwinkel dadurch 7,5°.

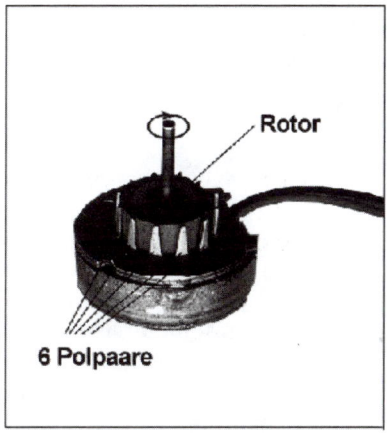

Abb. 21.13: Innenansicht des verwendeten Schrittmotors

Bezugsquelle des verwendeten Motors:

www.farnell.de

Hersteller: NANOTEC

Farnell Bestellnummer: 4743209

Herstellerbezeichnung: SP2575M0206-A

22 Drehstrom aus dem Laptop

Es soll nun ein Laborversuch aufgebaut werden, bei dem mit LabVIEW und einer Multifunktionskarte Drehstrom erzeugt wird, dessen Frequenz und Amplitude einstellbar sind. Bei dieser Anwendung kommt die einfache USB-6008 leider nicht mehr infrage, da bei diesem Gerät die Ausgabe der Spannung über die Software veranlasst wird. Falls der PC stark beschäftigt ist (z. B. auf die Netzwerk- oder Grafikkarte zugreift), wird der Analogwert verzögert ausgegeben. Ein solches Signal wäre für die Ansteuerung eines Motors unbrauchbar. Aus diesem Grund wird für den Versuch eine Messkarte mit Speicher eingesetzt. Hier wird das Ausgangssignal zuerst in einen Speicher geschrieben und dann über einen Zähler ausgelesen. Im Idealfall würde man eine Karte mit drei Analogausgängen für die drei Phasen des Drehstroms verwenden. Ist aber nur ein Gerät mit zwei Ausgängen verfügbar, kann man die dritte Phase aus den beiden gegebenen Phasen bilden. Die meisten Messkarten oder USB-Geräte wie auch die hier verwendete PCMCIA-Karte DAQCard-6062E haben zwei Analogausgänge.

22.1 Hintergrund

Mit einem Wechselrichter kann man Gleichspannung (z. B. von einer Solaranlage) in Wechselspannung verwandeln. Damit lassen sich Haushaltsgeräte betreiben oder die Energie ins Wechsel- oder Drehstromnetz einspeisen. In der Antriebstechnik wird ein Wechselrichter häufig zur Regelung von Synchron- oder Asynchronmotoren verwendet. In diesem Fall steuert ein Wechselrichter über die abgegebene Frequenz die Drehzahl des Motors. Dabei ist Leistungsverlust unerwünscht, weshalb im Wechselrichter elektronische Schalter verwendet werden. Diese Schalter, üblicherweise FETs oder IGBTs, haben entweder keinen Spannungsabfall oder keinen Strom und sind somit ohne Verlustleistung. Mit den Schaltelementen wird durch Pulsweitenmodulation (PWM) eine Sinus-Wechselspannung nachgebildet.

Hier soll ein Wechselrichter entwickelt werden, dessen Parameter in LabVIEW verändert werden können, d. h., die Phasen werden per Software erzeugt. Im Gegensatz zu einer Laborübung mit einem fertigen Wechselrichter, der nur schwer konfiguriert werden kann, besteht bei dieser Versuchsanordnung die Möglichkeit, die physikalischen Eigenschaften von Motoren mit Ansteuerung über Software zu studieren. Beispielsweise wird die feldorientierte Regelung der Drehzahl zu einer Programmieraufgabe, die mit LabVIEW gelöst werden kann. Im Leistungsteil wird hier nur Niederspannung verwendet. Daher kann jeder selbstständig Experimente durchführen, ohne sich durch Hochspannung zu gefährden.

22.2 Versuchsaufbau

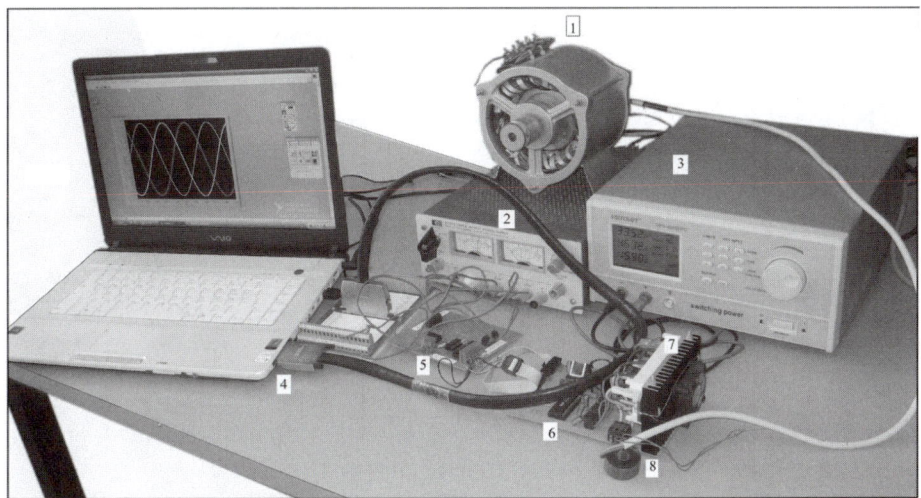

Abb. 22.1: Versuchsaufbau

Erläuterung:

1 Drehstrommotor; umgewickelter Waschmaschinenmotor; Drahtdurchmesser 1,5 mm
2 Doppelspannungsnetzgerät zur Versorgung von OPV und Komparator
3 Leistungsnetzgerät 40 V/5 A für Motorstrom
4 PCMCIA-DAQ-Card 6062E
5 Schaltung, die aus zwei Analogsignalen eine Dreiphasen-PWM erzeugt
6 Treiber IRF2130 und TTL-Inverter
7 FET-Modul als Endstufe
8 Stromwandler (wurde bei diesem Versuch nicht verwendet)

Nach der Ausgabe von zwei versetzten Sinusspannungen über die zwei Analogausgänge der Karte wird also mittels einer Schaltung ein Drehstrom generiert. Mit dem OPV (Schaltung links oben) wird aus den zwei Sinusspannungen die dritte Phase für den Drehstrom erzeugt. Zusätzlich wird mit einer Funktionsgeneratorschaltung ein Dreiecksignal hergestellt und mit einem Komparator das pulsweitenmodulierte Signal (PWM) für jede Phase erzeugt. Mit Optokopplern werden alle drei PWM-Signale ausgegeben und als Eingangssignale für die nachfolgende Treiberstufe verwendet.

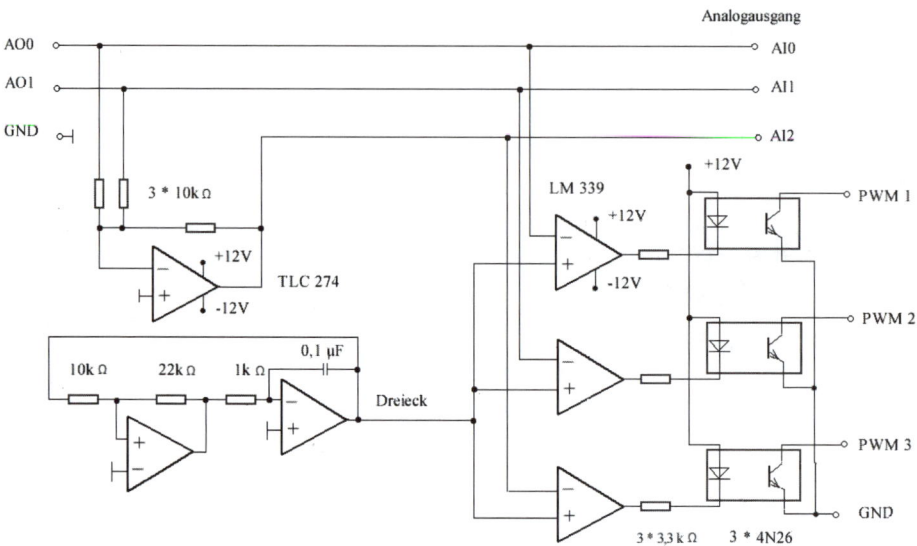

Abb. 22.2: Schaltung zur Erzeugung der 3. Phase und PWM

Die Treiberstufe entspricht nahezu der Schaltung Nr. 7 der Applications Note 985 von International Rectifier (*http://www.irf.com/technical-info/appnotes/an-985.pdf*).

Änderungen

1. Statt der IGBTs wurden FETs verwendet.
2. Der Timer 555 und der 74175 wurden entfernt. An /LIN 1, /LIN 2 und /LIN3 wurde mit einem Pull-up Widerstand das Signal *PWM1, PWM2 und PWM3* von der Schaltung oben angeschlossen.

Die Signale für den Eingang /HIN 1, /HIN 2 und /HIN 3 wurden aus dem Signal / LIN 1, /LIN 2 und /LIN 3 mit einem TTL-Inverter gebildet (74HC14).

22.3 Programme

22.3.1 Ausgabe von zwei phasenversetzten Sinusspannungen

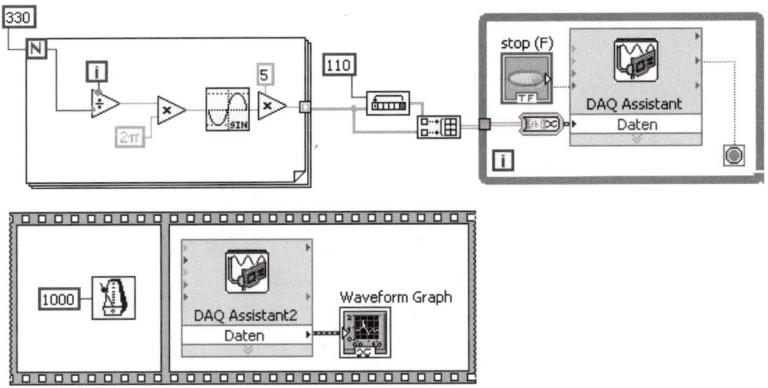

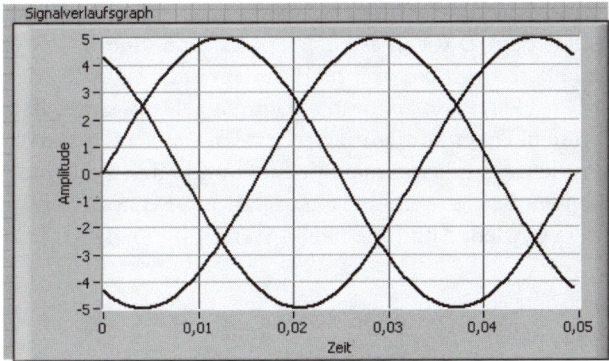

Abb. 22.3: Ausgabe von zwei Sinusspannungen; Phasenverschiebung 120°

Die abgegebene Spannung hat einen Wert von −5 V bis +5 V. Die Phase der zweiten Sinusschwingung ist um 120° versetzt. Das erfolgt mit der Funktion *1D-Array rotieren*, mit der die Sinusschwingung im Array um 1/3 aller Arrayelemente versetzt wird.

In der Sequenz unten werden die zwei abgegebenen Spannungen und die mit dem OPV erzeugte dritte Spannung gemessen. Die Clock für die Ausgabe wird in der DAQ-Karte erzeugt und kann während des Betriebs nicht verändert werden.

Abb. 22.4: Spannungen der Analogausgänge AO0 und AO1 und die erzeugte dritte Spannung (gemessen an AI0, AI1 und AI2).

22.3.2 Drehstrom mit in feinen Stufen verstellbarer Frequenz

Soll ein Motor langsam hochlaufen, muss die Frequenz vom Wechselrichter kontinuierlich erhöht werden. Das kann dadurch erreicht werden, dass die Analogausgabe von einer externen Clock getrieben wird. Möglich ist das mit einem Funktionsgenerator oder über den Timer auf der DAQ-Card.

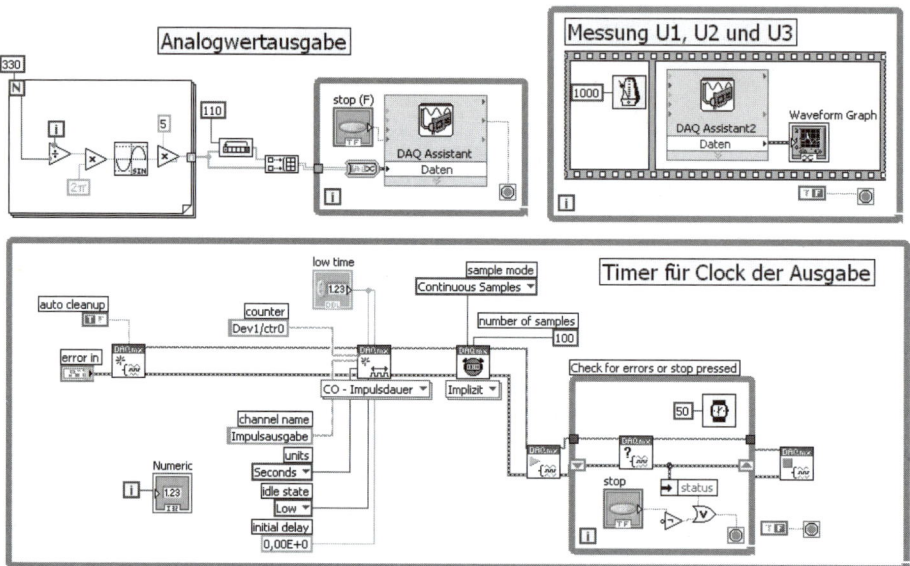

Abb. 22.5: Ausgabe von zwei Phasen des Drehstroms. Die Ausgabe ist vom Timer 0 getaktet.

Konfiguriert man den Timer mit dem DAQ-Assistenten, kann man eine beliebige Low- und High-Zeit einstellen. Diese sind aber während der Programmausführung nicht mehr veränderbar. Dieses Problem kann am besten dadurch gelöst werden, dass man mit dem DAQ-Assistenten den Timer konfiguriert, aber danach das Express-VI in einen LabVIEW-Code verwandelt. Dann kann man die Low- und High-Zeiten mit einem Eingabeelement im laufenden Betrieb verändern. Zusätzlich muss noch der Timer in einer Schleife konfiguriert werden, damit die neuen Werte für den Timer laufend aktualisiert werden.

Abb. 22.6: Umwandlung von Express-VI in LabVIEW-Code

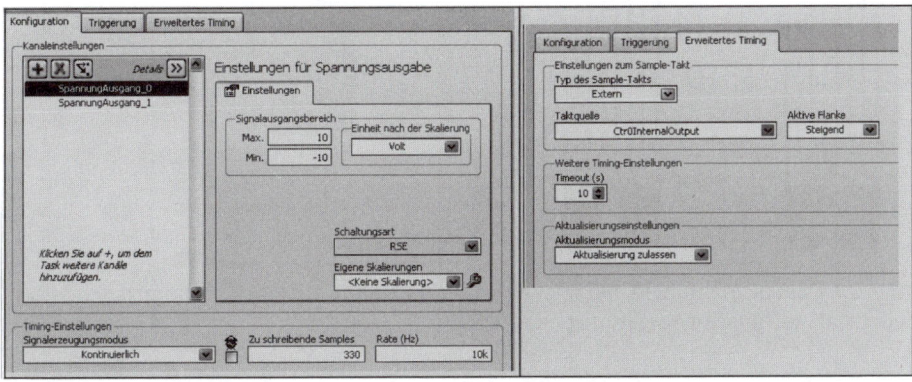

Abb. 22.7: Konfiguration der Analogausgabe mit Clock vom Timer

23 Dehnungsmessstreifen

Mit einem Dehnungsmessstreifen kann man kleine Änderungen von Längen erfassen. Er ist einfach aufgebaut – im Prinzip handelt es sich um einen Draht, der im Zickzack auf das sich verändernde Objekt aufgebracht wird (Mäandergeometrie).

23.1 Hintergrund

Ein Dehnungsmessstreifen verändert seinen Widerstand bei Dehnung in Richtung B und hat einen weitgehend konstanten Widerstand bei Dehnung in Richtung A (siehe *Abb. 23.1*).

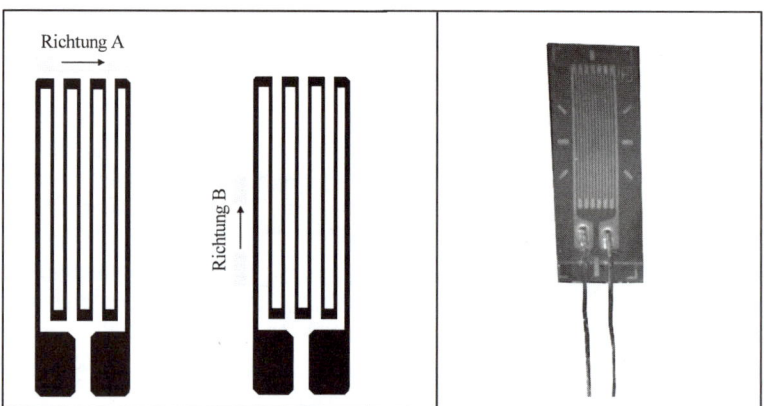

Abb. 23.1: Links: Richtungsabhängigkeit des Widerstands bei einem Dehnungsmessstreifen, rechts technische Ausführung eines DMS

Jeder Draht hat einen ohmschen Widerstand, der bei einer Dehnung in die Länge steigt. Wird eine Leitung um 1 % gedehnt, ist zu erwarten, dass die Querschnittsfläche des Drahts um 1 % sinkt (das Volumen bleibt gleich). Nach der Formel für einen Widerstand eines Leiters ist mit einer Erhöhung des Widerstandswerts um 2 % zu rechnen.

$R = \rho \cdot L / A$

ρ = spez. Widerstand, L = Länge, A = Querschnitt

Derart kleine Änderungen eines Widerstandswerts kann man am besten in einer Brückenschaltung messen. Um die Brückenspannung zu verstärken, verwendet man z. B. einen Instrumentenverstärker (z. B. INA128).

23.1.1 Umgang mit Störungen

Zur Kompensation von Temperaturschwankungen (die ähnlich „große" Auswirkungen haben können wie eine Dehnung) ist es üblich, einen zweiten Brückenzweig mit einem zusätzlichen DMS einzubauen. In diesem Experiment wird aber auf diese Kompensation verzichtet. Um besonders präzise Messungen zu erhalten, wird der DMS mit Wechselspannung betrieben. Von der Brückenspannung wird die eingespeiste Frequenz ausgewertet und dadurch werden Störungen, die eine andere Frequenz besitzen, eliminiert.

Einen anderen Weg, Störungen zu beseitigen und außerdem gleichzeitig die Auflösung des Digitalwandlers zu erhöhen, stellt die stochastische Messtechnik (Dithering) dar. Dabei wird einem Messsignal (dem Signal, das vom Dehnungsmessstreifen stammt) ein gleichmäßiges Rauschen überlagert. Die Messung wird außerdem sehr oft durchgeführt. Eine Mittelwertbildung aus den vielen Messwerten ergibt einen genaueren Wert als bei einer einzelnen (normalen) Messung.

Beispiel: Es wird eine Spannung in Quantisierungsschritten von 1 V gemessen. Beträgt die tatsächliche Eingangsspannung 35,5 V, ist bei einmaliger Durchführung (und entsprechender Rundung) der gemessene Wert 35. Wird nun ein gleichmäßiges Rauschen hinzugefügt, wird durchschnittlich bei 50 % der Messungen 35 oder 36 gemessen. Bei 1.000 Messungen sollten sich also etwa 500 Mal 35 V und 500 Mal 36 V messen lassen, der Mittelwert ergäbe ca. 35,5 V.

Die so erzielte Steigerung der Auflösung erfolgt im Allgemeinen um den Faktor Wurzel aus N, wobei N die Anzahl der Messungen ist. Beispiel: 12-Bit-Wandler mit einem Messbereich von −1 bis +1 V – daraus errechnet sich eine Quantisierung von 0,5 mV. Falls nun 100-mal gemessen wird, kann die Auflösung bis auf 0,05 mV gesteigert werden. Bei der konkreten Durchführung ist es wichtig, dass das hinzugefügte Rauschen von hoher Qualität ist.

23.2 Versuchsaufbau

Abb. 23.2: Messbrücke mit DMS ohne Temperaturkompensation

Ein DMS mit 120 Ω wird an einen Spachtel geklebt. Biegt man den Spachtel, kann man nur eine Widerstandsänderung messen, die als kleiner als 1 Ω ist. Aus diesem Grund wird das Ergebnis in einer Brücke ausgewertet. Zur Versorgung dieser Brücke werden die 5 V Gleichspannung der USB-6008 herangezogen, der aber eine Störung von einigen mV überlagert ist. Diese Spannung kann als Rauschspannung für die stochastische Messung herangezogen werden. Die Verbesserung der Auflösung kann man bereits bei so einer einfachen Anordnung beobachten. Ein zusätzlicher Verstärker wird damit für die Auswertung des DMS nicht mehr benötigt. Spezielle Messkarten von National Instruments haben einen eingebauten Rauschgenerator.

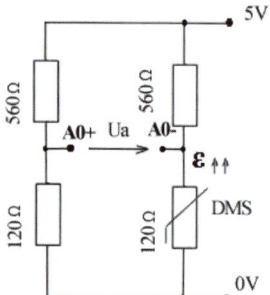

Abb. 23.3: Versuchsanordnung

23.3 Programm

Das Programm für diese Schaltung besteht aus einem einfachen Messteil und einem Kalibrierteil.

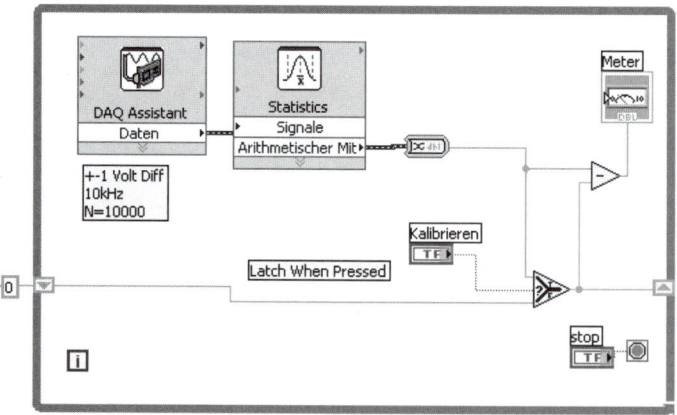

Abb. 23.4: DMS-Signal mit stochastischen Methoden ausgewertet

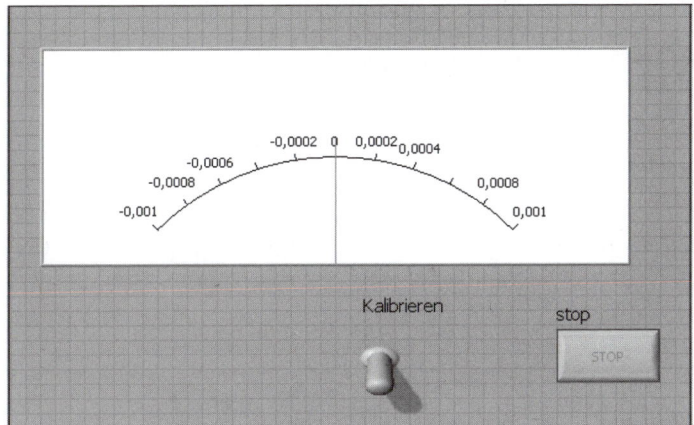

Abb. 23.5: Frontpanel

Wird der Taster *Kalibrieren* gedrückt, speichert das Schieberegister den aktuellen Messwert. Da von den aktuellen Messwerten immer der Schieberegisterwert subtrahiert wird, wird auch das Zeigerinstrument im Frontpanel auf *Null* gesetzt. Erhöht man in diesem Programm die Abtastfrequenz und die Anzahl der Messwerte, kann man noch genauere Ergebnisse erwarten. Auch durch die Verwendung anderer Geräte (z. B. DAQ-6062 mit 500 kHz Abtastfrequenz und einem besseren Vorverstärker auf der Messkarte) ist eine deutliche Verbesserung möglich. Ein Messzyklus wird bei einer hohen Abtastfrequenz viel kürzer, sodass nicht nur Bewegungen, sondern sogar Schwingungen der Spachtel messbar sind.

Praxistipp

Montage des Dehnungsmessstreifens:

- Quer zu Dehnungsrichtung den Untergrund schleifen, damit eine bessere Kraftübertragung auftritt
- Den DMS mit Sekundenkleber befestigen; während der Aushärtezeit den DMS immer andrücken, damit keine Luftblase zwischen DMS und Spachtel entsteht
- An den Anschlussblock (wird mitgeliefert) die Drähte des DMS anlöten

Bezugsquelle für den verwendeten DMS: www.rs-components.de; Folienmessstreifen 5 mm Stahl, Bestell-Nr. 632-168

24 Terminalprogramm

Ein Terminalprogramm schreibt im Frontpanel eingegebene Zeichen auf die serielle Schnittstelle. Zeichen, die über die serielle Schnittstelle an den Computer geschickt werden, erscheinen auf einem Anzeigeelement. Verbindet man zwei Rechner mit einem geeigneten Kabel (0-Modemkabel), kann man mit den Terminalprogrammen chatten.

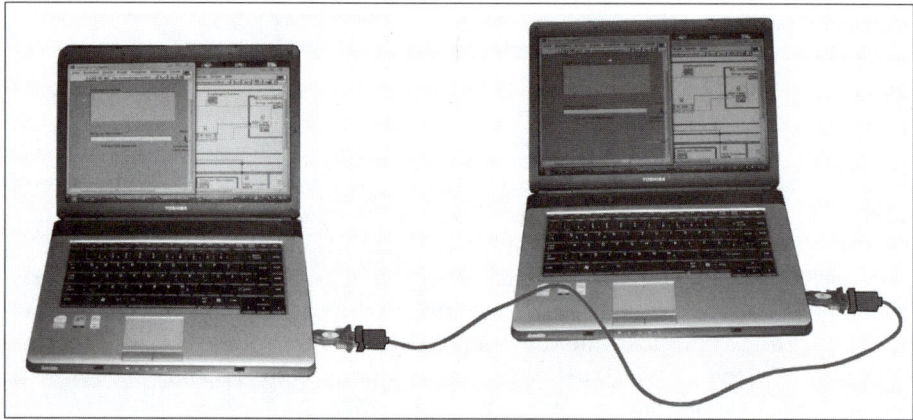

Abb. 24.1: Verbinden von Laptops mit Null-Modemkabel; an jedem Laptop ist ein Konverter von USB auf RS-232.

24.1 Version 1: Terminalprogramm mit zwei Threads

Bei dieser Programmversion werden zwei unabhängige Schleifen (Punkt 2 und 3) für das Senden und Empfangen verwendet. Das ist möglich, weil auch auf der seriellen Schnittstelle das Senden und Empfangen unabhängig voneinander erfolgen (Duplexverfahren), was eine Programmierung mit Threads nahelegt.

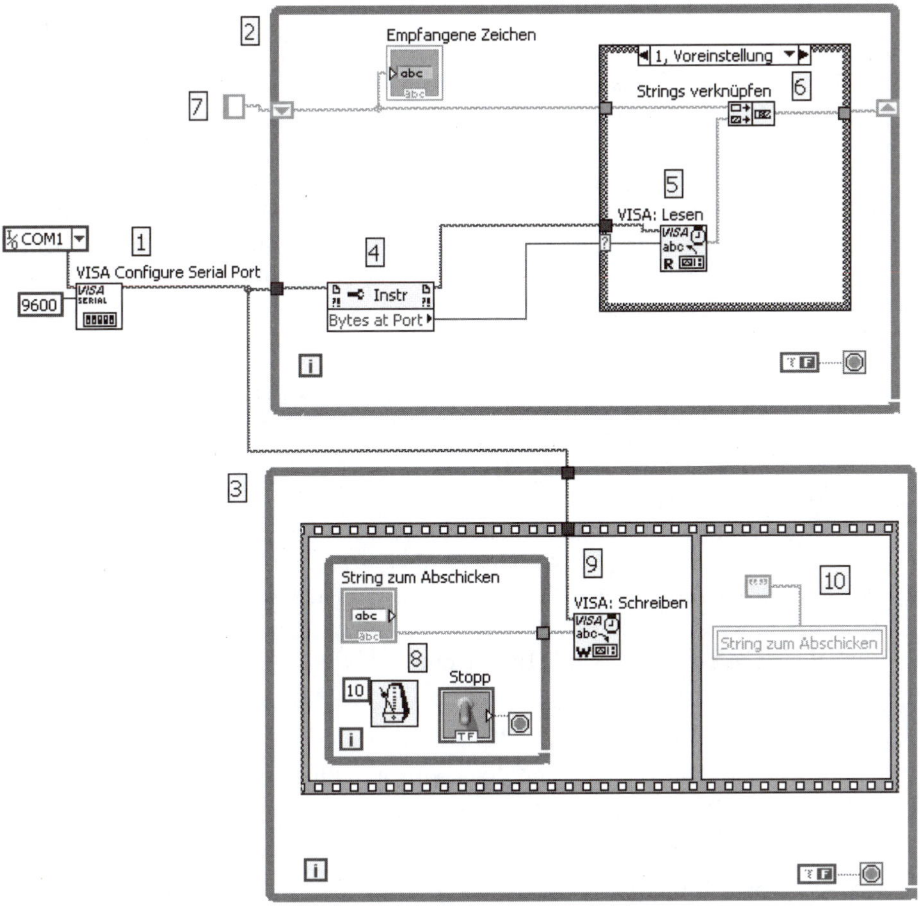

Empfangene Zeichen

2

7

1, Voreinstellung

Strings verknüpfen

6

5

VISA: Lesen

COM1

1

VISA Configure Serial Port

9600

4

Instr

Bytes at Port

Abb. 24.2: 2,3 : Threads zum Senden und Empfangen

3

String zum Abschicken

9

VISA: Schreiben

10

String zum Abschicken

8

10

Stopp

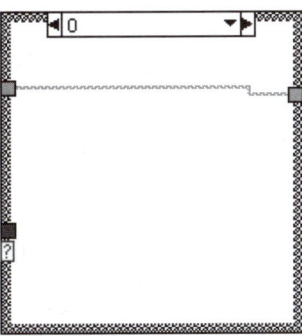

Abb. 24.3: Nicht angezeigter if-Case(6)

Erläuterung

1 Initialisierung der seriellen Schnittstelle

2 Endlosschleife (1. Thread) für den Empfang von Zeichen

3 Endlosschleife (2. Thread) zum Senden von Zeichen; das Empfangen und Senden von Zeichen erfolgt unabhängig voneinander. Beide Vorgänge können in einem getrennten Task bedient werden.

4 An der seriellen Schnittstelle eingehende Zeichen werden in einem Buffer gespeichert. *Bytes at Port* gibt an, wie viele Zeichen im Buffer sind. Falls Zeichen im Buffer sind, wird der Case 1, Voreinstellung, ausgeführt.

5 Die Zeichen, die im Buffer sind, werden ausgelesen; String an String anhängen

6 Kein Zeichen im Buffer

7 Leerer String bei Programmstart

8 Warteschleife für die Eingabe; die Schleife hat einen Timer, damit die CPU-Auslastung nicht zu hoch wird. (Andernfalls wird die Schleife im Mikro-Sekundentakt ausgeführt.) Nach Eingabe des Textes wird durch Betätigen des Schalters die Schleife verlassen.

9 Nach Beendigung der While-Schleife (8) wird der String mit den eingegebenen Zeichen an die Funktion *VISA schreiben* übergeben.

10 Nachdem die eingegebenen Zeichen abgeschickt wurden (Schalter *Absenden*), wird das Eingabefeld gelöscht. Das erfolgt dadurch, dass ein leerer String auf das Eingabefeld geschrieben wird. In ein Eingabefeld kann man mit einer lokalen Variablen schreiben.

Nicht ausprogrammiert wurde das Schließen der seriellen Schnittstelle bei Programmbeendigung. Dafür würde sich ein weiterer Thread anbieten, der die Stopp-Taste abfragt und über eine lokale Variablen die Empfangs- und Sendeschleife beendet.

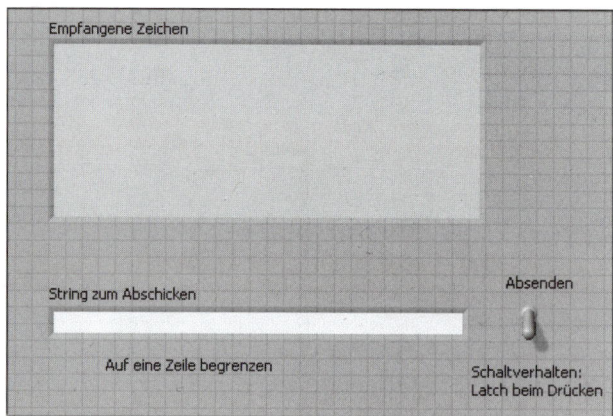

Abb. 24.4: Nach Eingabe den Schalter betätigen; dadurch werden die Zeichen auf die serielle Schnittstelle ausgegeben.

24.2 Version 2: Ereignis-/Eventgesteuertes Terminalprogramm

Bei dieser Programmversion wird der Einsatz von Ereignissen/Events demonstriert. Es werden gegenüber der ersten Version noch folgende zusätzliche Funktionen realisiert:

- Beim Beenden des Programms durch die Taste Stopp oder durch das normale Schließen des Fensters wird die serielle Schnittstelle geschlossen. Sie steht dadurch wieder für andere Programme zur Verfügung.
- Der String, in dem die empfangenen Zeichen abgespeichert werden, wird ständig überwacht und bei einer Größe von über 50 Zeichen wird er um 10 Zeichen verkleinert. Damit wird beim Empfang von vielen Zeichen (z. B. im Dauerbetrieb) der Speicherbedarf begrenzt.
- Der Tastenfokus bleibt im Eingabeelement.

24.2.1 Aufbau: Ereignisstruktur in While-Schleife

Eine Ereignisstruktur (umgangssprachlich *Event-Schleife*) kann nur einmal aufgerufen werden, dann ist sie „verbraucht". Da man mehrmals senden will, wird sie in eine While-Schleife eingefügt. Zur Festlegung der Ereignisse kann man nach Rechtsklick auf die Ereignisstruktur den Menüpunkt *Ereignisse dieses Cases bearbeiten ...* wählen.

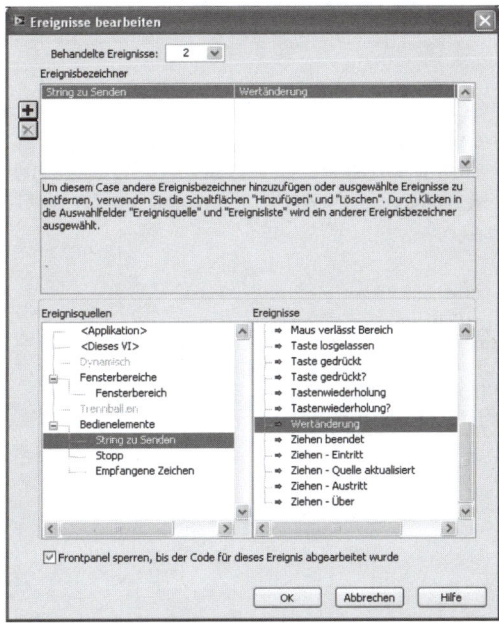

Abb. 24.5: Fenster zum Erstellen von Ereignissen

Einstellungen:

Empfangen: Timeout – wenn in dieser Zeit nichts passiert, wird das Ereignis ausgelöst.

Beenden: bei „Applikationsinstanz schließen" (Fenster wird manuell geschlossen), Wertänderung

Senden: bei Wertänderung des Bedienelements *String zu Senden* (Schalter)

Tipp: Zuerst die Ereignisquelle wählen, danach das Ereignis. Mit der Schaltfläche + zu den Ereignissen dazugeben.

24.2.2 Empfangen (Ereignis: *Zeichen lesen*)

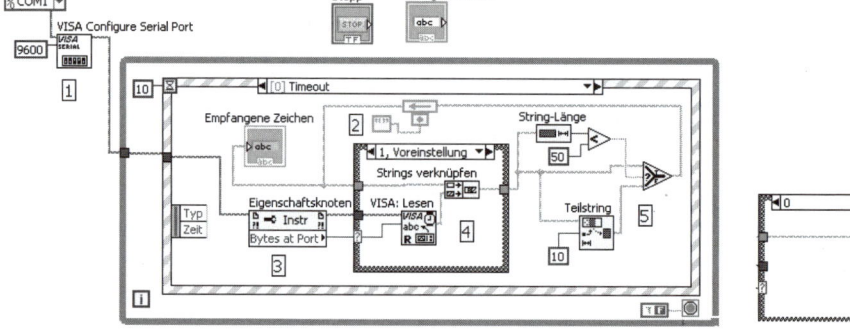

Abb. 24.6: *Zeichen lesen.*

Dieses Ereignis wird ausgelöst, wenn es ein Timeout gibt, also 10 ms (die festgelegte Timeout-Zeit) lang nichts passiert. Das ist ein nützlicher Trick, aber es handelt sich streng genommen nicht mehr ganz um ereignisgesteuerte Programmierung.

Erläuterung

1   Initialisierung der seriellen Schnittstelle
2   Löschen des Anzeigeelements für empfangene Zeichen
3   Anzahl der Zeichen im Buffer
4   Die Zeichen im Buffer werden an den vorhandenen String gehängt
5   Redimensionierung, falls schon zu viele Zeichen angekommen sind

24.2.3 Beenden (Ereignis: *Stopp*)

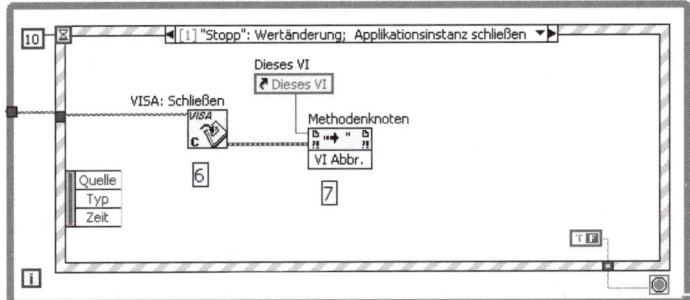

Abb. 24.7: *Stopp* (wird auch bei Schließen der Applikationsinstanz aufgerufen)

Erläuterung

6 Schließen der seriellen Schnittstelle
7 Beenden des LabVIEW-Programms

Auch wenn das Fenster des Programms geschlossen wird, wird dieses Ereignis noch vollständig ausgeführt und damit die serielle Schnittstelle ordnungsgemäß geschlossen.

24.2.4 Senden (Ereignis: *String zu Senden*)

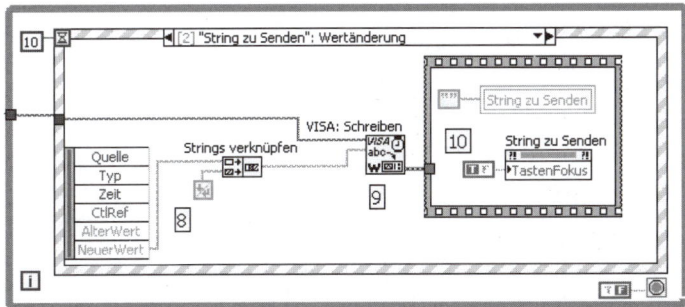

Abb. 24.8: Senden: Bei Wertänderung des Bedienelements *String zu Senden*

Erläuterung

8 neuer Wert von der Eingabe wird mit einem Zeilenvorschub versehen
9 Ausgabe auf die serielle Schnittstelle
10 Eingabefeld wird gelöscht. Das Eingabefeld ist *Auf eine Zeile begrenzen* konfiguriert, damit die Taste *Enter* zur Bestätigung der Eingabe verwendet werden kann. Der Cursor (Tastenfokus) wird wieder in das Eingabefeld gesetzt.

25 Signalverarbeitung in der Praxis

Die große Herausforderung der PC-Messtechnik liegt in der Bearbeitung und Auswertung von Messwerten. In LabVIEW wurden die meisten geläufigen Algorithmen realisiert. Die Schwierigkeit liegt nur noch darin, geeignete auszuwählen und anzuwenden. In diesem Kapitel werden einige typische Probleme und ihre Lösungen vorgestellt.

25.1 Interpolation von Daten

Eine der am häufigsten auftretenden Aufgaben: Ein Signal wird von einem Sensor eingelesen, der Zusammenhang zwischen Messgröße und Messspannung ist nichtlinear, aber einige Kalibrierpunkte sind bekannt. Wie findet man die Zwischenwerte?

Das wird am Beispiel eines KTY85 vorgestellt, einem Sensor, dessen Widerstand sich bei Temperaturveränderungen sehr stark ändert. Er wurde ausgewählt, weil man we-

AMBIENT TEMPERATURE		TEMP. COEFF.	KTY85-110			
			RESISTANCE (Ω)			TEMP. ERROR
(°C)	(°F)	(%/K)	MIN.	TYP.	MAX.	(K)
−40	−40	0.93	562	577	592	±2.81
−30	−22	0.91	617	632	647	±2.62
−20	−4	0.88	677	691	706	±2.42
−10	14	0.85	740	754	768	±2.2
0	32	0.83	807	820	833	±1.97
10	50	0.80	877	889	902	±1.72
20	68	0.78	951	962	973	±1.45
25	77	0.76	990	1000	1010	±1.31
30	86	0.75	1027	1039	1050	±1.44
40	104	0.73	1105	1118	1132	±1.7
50	122	0.71	1185	1202	1219	±1.98
60	140	0.69	1268	1288	1309	±2.27
70	158	0.67	1355	1379	1402	±2.58
80	176	0.65	1445	1472	1500	±2.9
90	194	0.63	1537	1569	1601	±3.24
100	212	0.61	1633	1670	1707	±3.59
110	230	0.60	1732	1774	1816	±3.95
120	248	0.58	1834	1882	1929	±4.34
125	257	0.57	1886	1937	1987	±4.53

Abb. 25.1: Zusammenhang Temperatur – Widerstandswert beim KTY85 (Look-up-Tabelle) [4]

gen dieser großen Empfindlichkeit in der Regel auch ohne Verstärker auskommt und den Sensor in einem Spannungsteiler direkt an die Messkarte anschließen kann. Sein Nachteil: Für genaue Messungen ist eine Kalibrierung erforderlich. In der ersten Näherung entnehmen wir die Kalibrierpunkte dem Datenblatt KTY85-1 von Philips. Falls eine noch genauere Messung erwünscht ist, sind die Widerstandswerte für den jeweiligen verwendeten Sensor messtechnisch zu ermitteln.

Aus der Tabelle im Datenblatt werden Kalibrierpunkte entnommen (oder Werte gemessen) und in Arrays eingetragen. Diese Daten werden mit Geraden zu einem Polygonzug verbunden (*1D-Array interpolieren*).

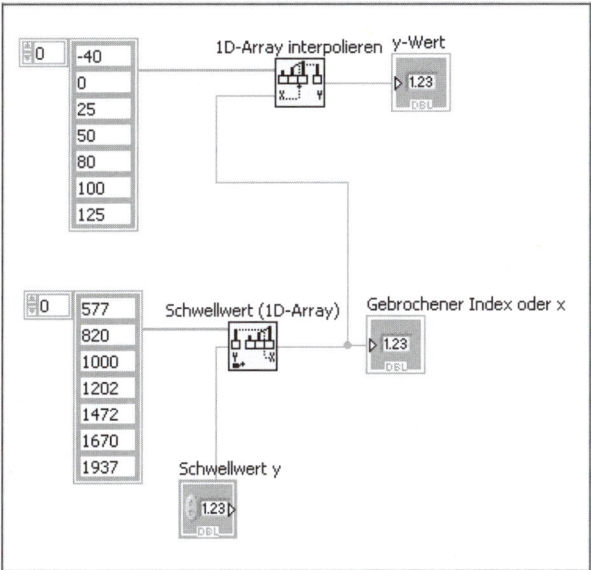

Abb. 25.2: Lineare Interpolation mit Stützstellen aus dem Datenblatt KTY85-1

Beim Eingangsarray der Funktion *Schwellwert (1D-Array)* ist das Element mit dem Index 0 auf 577 gesetzt. Das Arrayelement 1 auf 829, 2 auf 1000, 3 auf 1202 etc. Greift man mit dem (gemessenen) Widerstandswert von 1100 auf die Funktion zu, erhält man den gebrochenen Index von 2,495. (Das Arrayelement 2 hat 1000 und das Arrayelement 3 1202 und 1100 ist etwas näher bei 1000.)

Will man nun die Temperatur ermitteln, benötigt man noch die Funktion *1D-Array interpolieren*. Mit dieser Funktion kann man auf dessen Eingangs-Array zugreifen. Der Zugriff ist auch mit einem gebrochenen Index von 2,495 möglich und liefert den interpolierten Temperaturwert von 37,3762 °C.

(Für den Index 2 ist die Temperatur 25°, für den Index 3 sind 50° gespeichert. 37,3762 °C liegt dazwischen.)

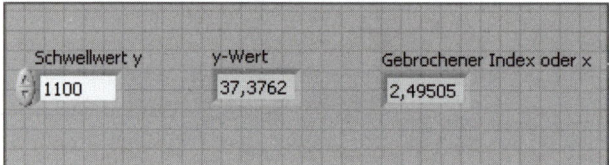

Schwellwert y	y-Wert	Gebrochener Index oder x
1100	37,3762	2,49505

Abb. 25.3: Temperaturbestimmung bei einem Widerstandswert von 1.100 Ω

In der Praxis ist die lineare Interpolation in den meisten Fällen ausreichend.

25.2 Störungen herausfiltern: Spikes und Rauschen

Da in LabVIEW praktisch alle Möglichkeiten der Signalaufbereitung bereits ausprogrammiert sind, liegt die Schwierigkeit in der Auswahl der richtigen Algorithmen. Ist ein Signal störbehaftet, scheint ein Tiefpassfilter oft als einfachste Problemlösung – die aber nicht immer die beste ist. Als Beispiel wird die Messung der Kühlertemperatur in einem Auto genannt. Meist wird dabei ein richtiger Wert ermittelt, jedoch überlagert sich dem Messwert bei einer Zündung ein großer Impuls. Durch Abschirmung, Twis-

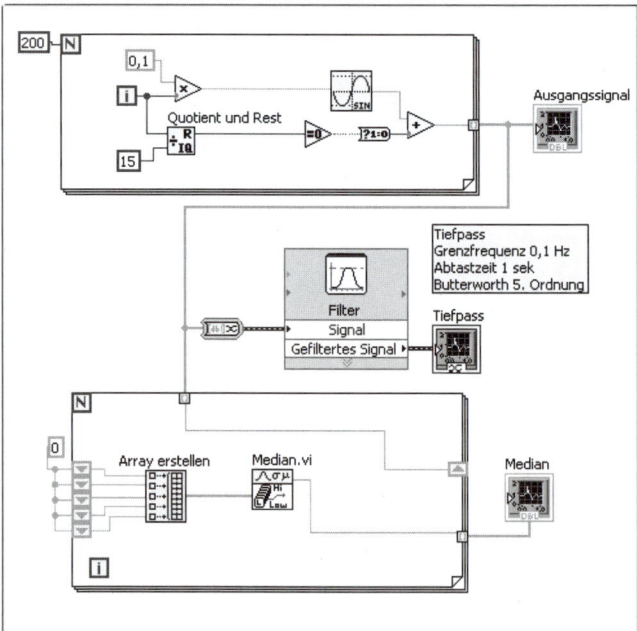

Abb. 25.4: Vergleich von Median/Tiefpass, Signalerzeugung mit Spikes; Rauschen wurde in einem weiteren Programm über den Zufallsgenerator erzeugt.

ted-Pair-Leitungen mit Differenzverstärker und Tiefpassfilter kann man diesem Problem beikommen. Softwaremäßig ist das Problem allerdings einfacher zu lösen. Die zielführende Überlegung ist, Extremwerte zu erkennen und auszuschalten. Das erfolgt dadurch, dass man mehrfach misst und die Messwerte des jeweiligen Mess-punkts sortiert. Der mittlere Wert (nicht der gemittelte, sondern der Medianwert!) im sortierten Array wird dann verwendet. Falls ein einzelner Wert völlig aus der Reihe fällt, wird er beim Sortieren an den Anfang oder das Ende des Arrays geschoben. Die meisten Messwerte sind aber richtig und erscheinen in der Mitte des sortierten Arrays. Greift man hier zu, trifft man auf viele nahezu gleiche und richtige Messwerte.

In der Messtechnik ist dieses Verfahren als *Medianfilter* bekannt. Für Störungen in Form sogenannter *Spikes* ist es ideal. Bei gewöhnlichem Rauschen schneidet jedoch ein Tiefpassfilter deutlich besser ab, denn Rauschen hat üblicherweise eine viel höhere Frequenz als das Nutzsignal. Der Tiefpass kann hier Nutzsignal und Störsignal gut trennen.

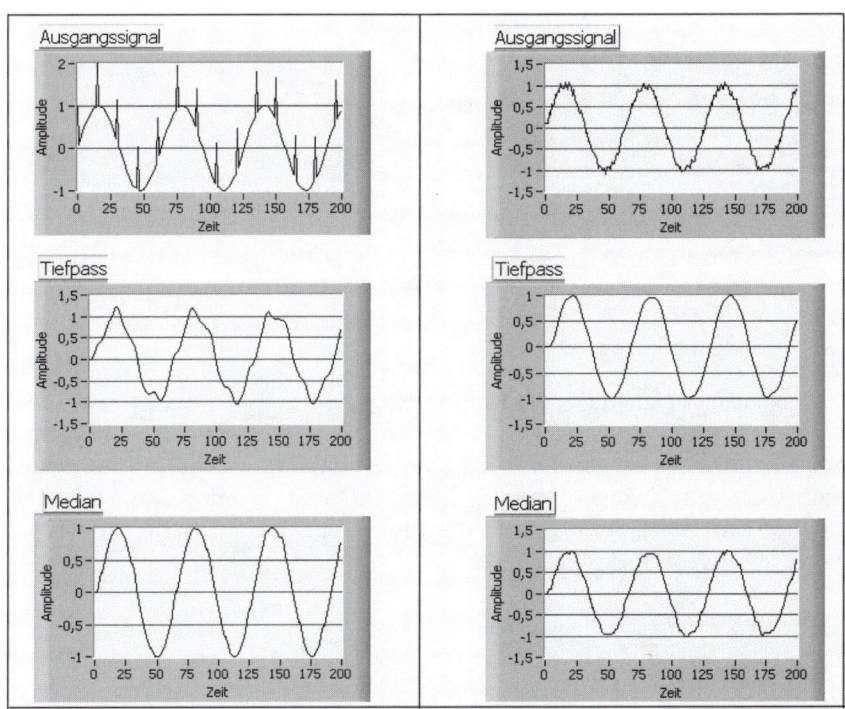

Abb. 25.5: Filtern von Signalen mit Spikes/Rauschen

25.3 Maximumsuche

Aus Messwerten soll ein Maximum gesucht werden. Die Überlegung, einfach den größten Wert auszuwählen, führt in der Praxis zu mindestens zwei Problemen:

1. Beim Abtasten der Messwerte kann es passieren, dass nicht genau im Maximum abgetastet wird.
2. Störungen, die nahe von einem flachen Maximum auftreten, täuschen ein falsches Maximum vor.

Beide Probleme können mit der *Spitzenwerterkennung* (in der englischen Version *Peak Detektor*) gelöst werden. Diese Funktion legt durch die Messwerte eine Parabel und ermittelt daraus das Maximum. Mit einer Schwelle und einer Mindestbreite können unbedeutende Werte des Signals (z. B. Spikes) ignoriert werden.

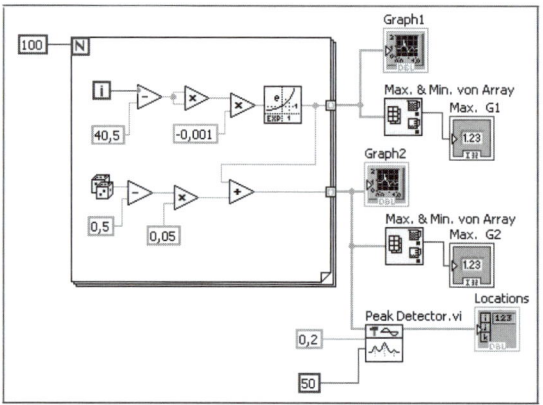

Abb. 25.6: Programm zur Ermittlung des Maximums

In der Schleife links des Programms wird eine Testfunktion erstellt. Im Frontpanel wird sie oben rauschfrei, unten mit einer kleinen Rauschspannung dargestellt. Das Maximum liegt tatsächlich bei 40,5; es liegt nicht in den Datensätzen, die für die Maximumberechnung gesampelt werden.

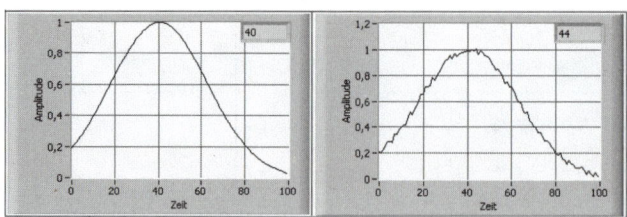

Abb. 25.7: Testfunktion

Durch die Funktion *Max. und Min. von Array* wird das vierzigste Element als Maximalelement erkannt. Noch schlechter wird das Ergebnis, wenn man eine kleine Rauschspannung zum Signal addiert. Schon kleine Werte bei einem flachen Maximum sind störend und das ermittelte Maximum, das dann beim Arrayindex 44 gefunden wird, zeigt das Problem. Die Abweichungen vom richtigen Wert von 40,5 sind nicht mehr akzeptabel. Mit der Spitzenwerterkennung, die 40,5954 als maximale Position ermittelt, ist man schon sehr nah am richtigen Wert. Selbst das Rauschsignal hat nur geringen Einfluss auf die Genauigkeit.

25.4 Bestimmung einer Einhüllenden

Die Einhüllende einer Schwingung ist manchmal von besonderem Interesse, z. B. wenn man von einer mechanischen Schwingung die Abklingzeit ermitteln will. Aus der Form der Einhüllenden kann man beispielsweise auf die Dämpfung schließen. Bei einer Amplitudenmodulation kann man so auch das interessante Nutzsignal herauslesen. Ohne Software werden solche Probleme z. B. mit Gleichrichtung und Tiefpassfilter gelöst. Mit einem geeigneten Algorithmus, der Hilbert-Transformation, ist jedoch eine viel genauere Bestimmung der Einhüllenden möglich.

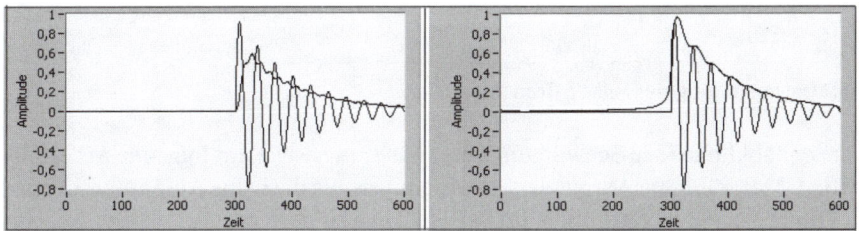

Abb. 25.8: Einhüllende: links Gleichrichter, rechts Hilbert-Transformation

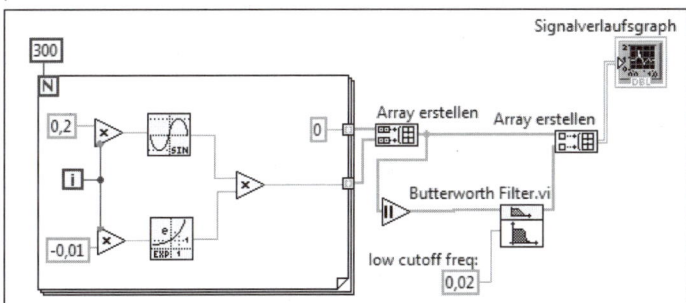

Abb. 25.9: Umsetzung des Gleichrichters durch Bildung des Absolutbetrags (Vollweggleichrichter) mit nachfolgender Tiefpassfilterung

Die Hilbert-Transformation dreht die Phase eines Signals, unabhängig von der Frequenz, um 90°. Mit dem bekannten Additionstheorem sin²(x)+cos² (x) = 1 kann aus dem Originalsignal und dem transformierten Signal die Einhüllende bestimmt werden. Beim Vergleich der Einhüllenden, die durch Gleichrichtung und Hilbert-Transformation gewonnen wurden, ist ersichtlich, dass der Weg über die Hilbert-Transformation mit dem richtigen Wert 1 beginnt.

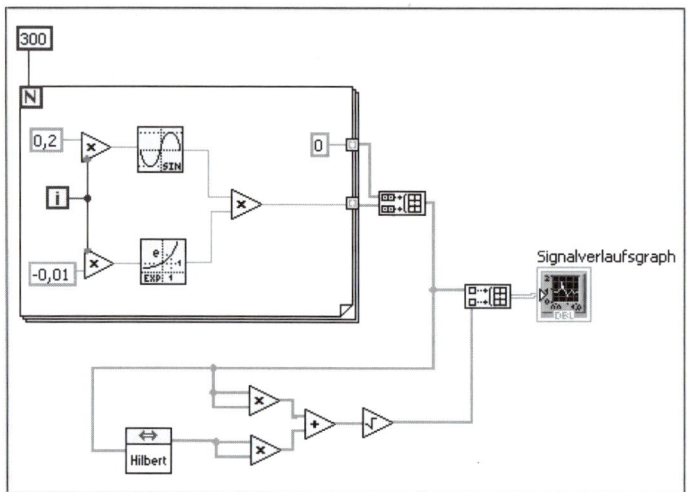

Abb. 25.10: Umsetzung der Hilbert-Transformation

Die Güte der abklingenden Schwingung kann näherungsweise auf folgende Art ermittelt werden: Man zählt die Anzahl der Schwingungen, bis die halbe Amplitude auftritt, und multipliziert diesen Wert mit 5. Im Beispiel oben ist nach ca. zwei bis drei Schwingungen die halbe Amplitude vorhanden. Somit ist die Güte ca. 10.

26 Akustisches GPS

Einen sehr ungewöhnlichen Versuch – nennen wir es experimentelle Messtechnik – stellt das akustische GPS dar. Inspiriert von Fledermäusen, wird mit Tönen aus Lautsprechern ein Mikrofon geortet. Dabei wird die Soundkarte als einfach zugängliches und nützliches Messgerät vorgestellt.

26.1 Hintergrund

Die Aufgabe ist, akustisch mit der Soundkarte ein Mikrofon zu orten. Der naheliegende Gedanke wäre, einen Ton am Lautsprecher auszugeben, ihn mit dem Mikrofon aufzunehmen und daraus die Laufzeit zu bestimmen. Diese gute Idee ist aber mit einem PC nicht realisierbar: Die Aufnahme mit der Soundkarte kann nicht zeitlich genau gestartet werden, weil Windows (oder Linux) mitunter fremde Tasks zwischen dem Senden und dem Empfangen ausführt.

Im Experiment wird daher folgender Lösungsansatz verfolgt:

An den beiden Stereolautsprechern werden ein Up- und ein Down-Chirp ausgegeben. Mit dem Mikrofon, das sich an beliebiger Stelle befinden kann (aber in derselben Ebene liegen muss), werden beide Signale aus den Lautsprechern empfangen. Danach wird in diesem Tongemisch nach den Signalen vom linken und rechten Lautsprecher gesucht. Falls das Mikrofon zu beiden Lautsprechern den gleichen Abstand hat, wird das Signal vom linken und rechten Lautsprecher um den gleichen Wert verzögert sein. Das ist unabhängig von dem Zeitpunkt, an dem die Aufnahme gestartet wurde, da nur die Differenz der Verzögerungen betrachtet wird. Falls aber das Mikrofon näher zum linken und weiter vom rechten Lautsprecher positioniert wird, sind die Signale vom linken und rechten Lautsprecher zueinander verzögert. Das Signal vom linken Lautsprecher wird also früher am Mikrofon ankommen als das vom rechten. Diese Differenz kann man messen und den Abstand über die Schallgeschwindigkeit relativ genau bestimmen.

Chirps sind eine spezielle Signalform, die gern in der Messtechnik angewandt werden. Diese Signale können aus dem Gemisch der beiden Töne, das vom Mikrofon aufgenommen wird, leicht wiedererkannt werden. Als Methode zur Mustererkennung bietet sich die Korrelation an, da sich bei dieser Methode die Up- und Down-Chirps nicht gegenseitig beeinflussen. (Ein Up-Chirp korreliert mit einem Down-Chirp ergibt Null.)

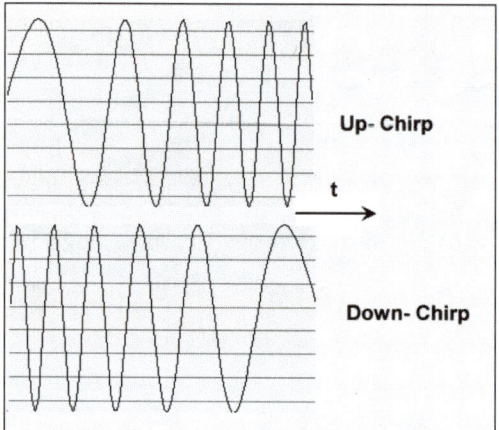

Abb. 26.1: Chirps

Auch Fledermäuse setzen auf Chirp-Signale. Sie können damit Abstände bestimmen und sich sogar in der Dunkelheit orientieren. Da sie Ultraschall verwenden und schon sehr lange mit diesem Verfahren arbeiten, können sie jedoch mit Sicherheit die Positionen viel genauer bestimmen als wir.

26.2 Versuchsaufbau

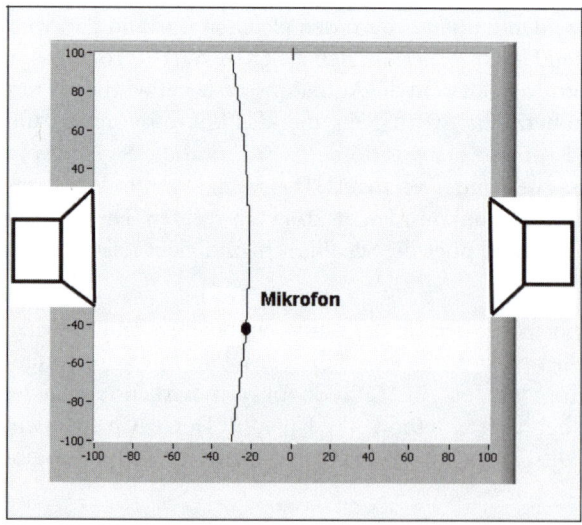

Abb. 26.2: Zwei Messungen zur Bestimmung der Position des Mikrofons

Mit der ersten Messung wird die Hyperbel bestimmt, auf der das Mikrofon liegt. Danach werden die Lautsprecher um 90° gedreht und die zweite Hyperbel wird bestimmt. Am Schnittpunkt der Hyperbeln befindet sich das Mikrofon.

Erläuterung: Hyperbel

Alle Punkte in einer Ebene, für die die Differenz der Abstände von zwei festen Punkten konstant ist, stellen eine *Hyperbel* dar. Im Bild bedeutet das, dass die (Strecke A) – (Strecke B) den gleichen Wert hat, wie (Strecke C) – (Strecke D).

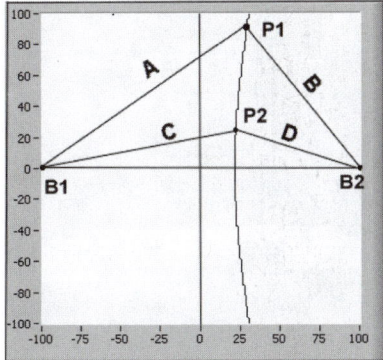

Abb. 26.3: Hyperbel

Wenn die Wegdifferenz zu den Lautsprechern bekannt ist, kann eine Hyperbel bestimmt werden, auf der das Mikrofon ist. Der Schnittpunkt zweier Hyperbeln ergibt dann die Position.

26.3 Versuchsanordnung

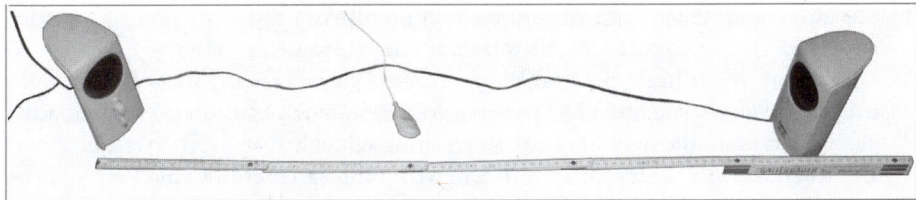

Abb. 26.4: Zwei Lautsprecher, Abstand 100 cm

26.4 Programm

26.4.1 Ausgabe/Korrelation

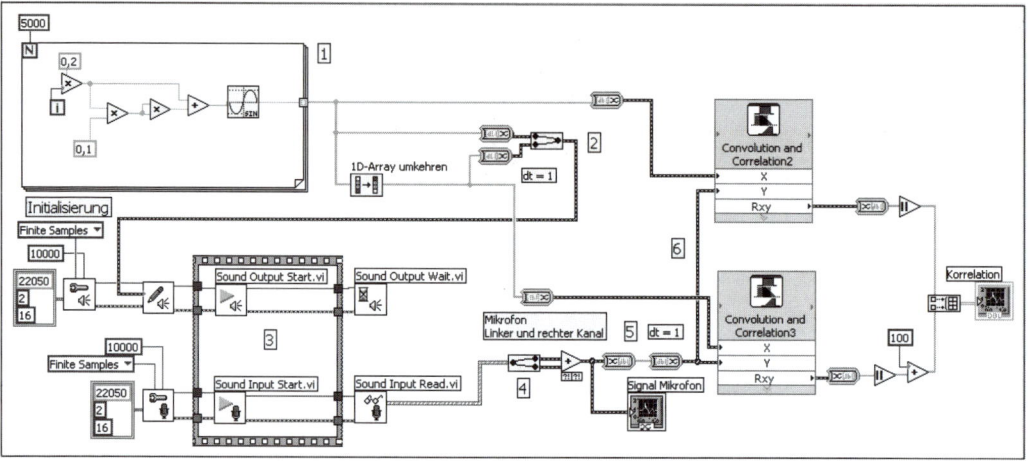

Abb. 26.5: Akustisches GPS

Erläuterungen

1   In der For-Schleife wird der Chirp erzeugt. Außerhalb der Schleife wird durch die Funktion 1D-Array umkehren aus dem *Up-Chirp der Down-Chirp* gebildet.

2   Up- und Down-Chirp werden vereinigt, damit im linken Lautsprecher der Up-Chirp und am rechten der Down-Chirp ausgegeben werden kann. Vor der Soundausgabe erfolgt noch die Initialisierung der Soundkarte auf Stereo und 22.050 Samples pro Sekunde.

3   Mit der flachen Sequenz erfolgt eine annähernde Synchronisierung der Tonausgabe und der Aufnahme.

4   Die aufgenommenen Signale vom rechten und linken Kanal (Mikrofon) werden addiert. Es wirkt dadurch so, als wäre nur ein Mikrofon vorhanden.

5   Durch das Ausführen der Funktionen *Von Dynamischen Daten Konvertieren* und *In Dynamische Daten konvertieren* hintereinander wird die Abtastzeit auf 1 gesetzt. So kann die nachfolgende Korrelation einfach ausgewertet werden.

6   Die Korrelation des Up-Chirp mit dem Mikrofonsignal ergibt eine Zeit, die von der Verzögerung durch den Computer und der Signallaufzeit zum linken Kanal herrührt. Wir bezeichnen diese Zeit als T1. Die Korrelation des Down-Chirp mit dem Mikrofonsignal ergibt eine Zeit, die von der Verzögerung durch den Computer und der Signallaufzeit zum rechten Kanal herrührt. Wir bezeichnen diese Zeit als T2. Bildet man T2–T1 erhält man die Zeit, um die das Signal vom

linken Lautsprecher früher beim Mikrofon ist als das vom rechten Lautsprecher. Die Verzögerung durch den Computer (Task) ist wegen der Subtraktion unbedeutend (quantitative Auswertung siehe Beispiel unten). Die Addition mit 100 dient nur dazu, dass bei der Ausgabe der Korrelationen in einem Graphen nicht beide Korrelationskurven übereinander gezeichnet werden.

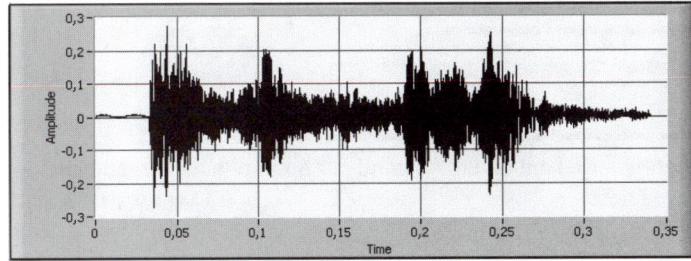

Abb. 26.6: Aufgenommenes Signal

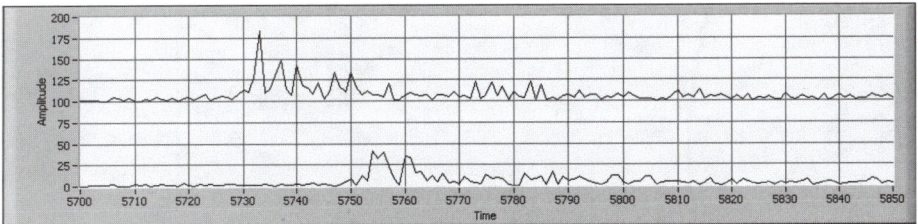

Abb. 26.7: Korrelationsmuster – empfangenes Signal mit Up- und Down-Chirp

Aus dem Korrelationsmuster ist ersichtlich, dass die Korrelationsspitzen bei den Array-Elementen 5733 und 5755 liegen. Die Differenz der gemessenen Werte liegt also bei 22 Array-Elementen. Bei einer Abtastrate der Soundkarte von 22.050 pro Sekunde beträgt die Abtastzeit 1/22.050 = 45,4 µs. Dann entspricht ein Versatz von 22 Elementen 22 x 45,4 µs, also gerundet 1 ms. Der Schall bewegt sich in der Luft mit 1 ms um ca. 30 cm, sodass das Mikrofon um 15 cm von der Mitte verschoben ist.

26.4.2 Zeichnen der Hyperbel

Abschließend wird noch ein Programm zum Zeichnen der Hyperbel angegeben. Man kann damit sehen, wie die Hyperbel liegen würde, wenn man ein Objekt an einem festgelegten Ort platzieren würde. Das Programm ist auf einen fixen Abstand der Lautsprecher von 100 cm ausgelegt.

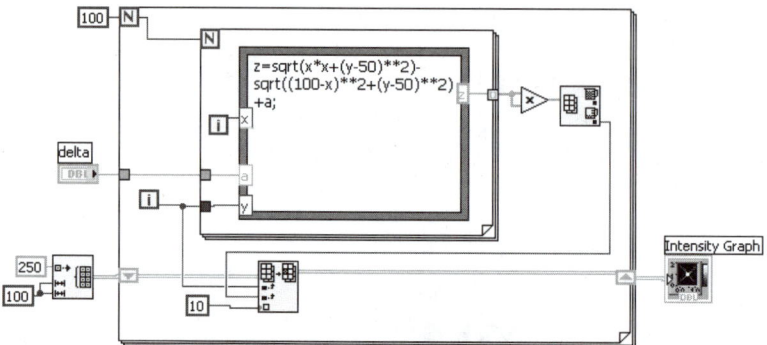

Abb. 26.8: Zeichnen einer Hyperbel mit einem Abstand der Brennpunkte von 100 cm (delta = Versatz in cm)

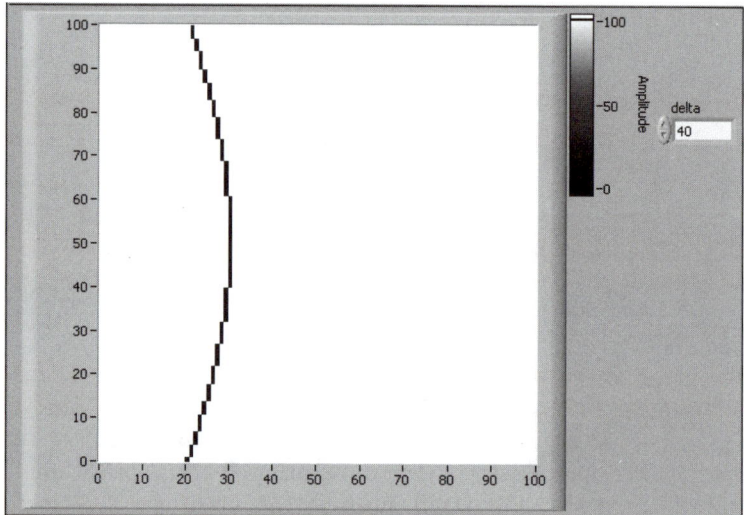

Abb. 26.9: Die Hyperbel, wenn das Objekt 40 cm vom Lautsprecher entfernt ist

Der Versuch *Akustisches GPS* zeigt, dass man mit einer gewöhnlichen Soundkarte ein leistungsfähiges Messgerät zur Verfügung hat, wenn man die Eigenschaften der Karte genau zu berücksichtigen weiß.

Im Beispiel oben könnte man mit drei Lautsprechern die exakte Position eines Gegenstands in der Ebene finden. Für die Bestimmung eines Punkts im Raum würde man vier Lautsprecher benötigen – wie auch das echte GPS vier sichtbare Satelliten zur Positionsbestimmung braucht. Empfehlenswert ist auch das Experimentieren mit anderen Signalen für die Tonausgabe z. B. mit Gaußschem weißen Rauschen (aus der Funktionspalette *Signalverarbeitung >> Signalerzeugung*) oder mit Fensterfunktionen über den Chirp.

27 Bildverarbeitung mit zweidimensionaler Fourier-Transformation

In diesem Experiment wird gezeigt, wie man Filteralgorithmen der Bildverarbeitung mit LabVIEW implementieren kann. Ein Tiefpassfilter wird durch die Verwendung von Fast-Fourier-Transformation konstruiert, seine Wirkung bei Filterung verschiedener Frequenzen demonstriert.

Bei einem Tiefpassfilter wird durch das Entfernen hoher Frequenzen im Bild (schnelle Helligkeitsschwankungen) das Bild unscharf. In der Bildkomprimierung macht man sich zunutze, dass diese schnellen Änderungen selten vorkommen, und speichert nur die niederfrequenten Schwankungen.

27.1 Hintergrund

Einer eindimensionalen Fourier-Transformation übergibt man die Daten in einem Array. Die Fourier-Transformation sucht dazu ein Bündel von Sinusschwingungen. Dieses besteht aus Schwingungen verschiedener Frequenzen. Für jede Frequenz werden eine geeignete Amplitude und Phase bestimmt. Dabei soll die Summe aller Schwingungen die Ausgangsfunktion ohne großen Fehler annähern.

Bei der zweidimensionalen Fourier-Transformation geht man von Ausgangswerten aus, die in einem zweidimensionalen Array gespeichert sind. Jetzt wird nicht nur eine Annäherung mit einem Bündel von Sinusschwingungen in der Zeile gesucht, sondern die Schwingungen sollen örtlich gut in Zeile und Spalte passen. Man könnte das Suchen nach passenden Funktionen auch mit dem Lösen eines Kreuzworträtsels vergleichen.

Betrachtet man ein Bild mit Grauwerten, das horizontal drei Hell-Dunkel-Übergänge hat (*Abb. 27.1*), kann man horizontal mit drei Schwingungen rechnen.

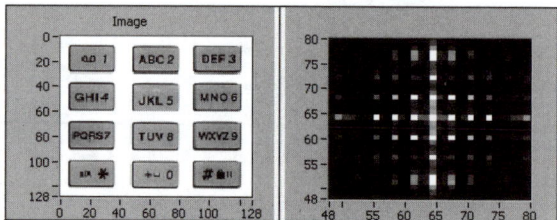

Abb. 27.1: Links Ausgangsbild, rechts Bild nach Fourier-Transformation

An der Mittelposition des Fourier-transformierten Bildes (x = 64, y = 64) befindet sich der Mittelwert aller Helligkeitswerte. Das kann man sich als die Ausgangslage vorstellen (Frequenz = 0). Links und rechts vom Mittelwert sind die Frequenzen der Helligkeitswerte, die im Bild horizontal auftreten. Im Ausgangsbild sind horizontal drei Hell-Dunkel-Übergänge, d. h., es gibt Änderungen, die von der Grundfrequenz um 3 verschieden sind. Daher treten horizontal bei 64 + 3 = 67 und 64 − 3 = 61 helle Punkte auf. Allerdings sieht man links und rechts von diesen Linien in genau den gleichen 3er-Frequenz-Abständen weitere helle Punkte. Diese sind darauf zurückzuführen, dass die Fourier-Transformation Sinuswellen erkennt. Die Helligkeitsschwankungen im Bild sind aber nicht sinus-, sondern in etwa rechteckförmig. Ein Rechteck lässt sich als Summe von Sinuskurven addieren, die immer das Vielfache der Grundwelle (Oberwelle) als Frequenz haben. Daher stammen die weißen Punkte.

Vertikal ist das gleiche Bild zu beobachten. Da aber im Ausgangbild vier Reihen mit Tas-ten zu sehen sind, gibt es bei der Frequenzdarstellung Punkte mit dem Abstand/ einer Frequenz von 4.

Eine Verschiebung des Ausgangsbilds könnte man in dieser Frequenzdarstellung nicht erkennen, da die Phase nicht dargestellt wird.

27.2 Programm

Erläuterung:

1. Das BMP-Bild in Graudarstellung wird geöffnet und die Grauwerte werden in ein zweidimensionales Array eingetragen. Mit der Funktion *Array umformen* wird das eindimensionale Array in das entsprechende zweidimensionale Array umgewandelt.
2. Zweidimensionale Fourier-Transformation: Durch die Konstante *shift* wird die tiefste Frequenz in der Mitte dargestellt.
3. Betrag aus den ermittelten Frequenzen und Darstellung in einem Intensitätsgraphen
4. Tiefpassfilter durch Herausschneiden der Frequenzwerte in der Mitte des zweidimensionalen Array

5. Rücktransformation
6. Laden der Farbtabelle des Intensitätsgraphen mit Grauwerten

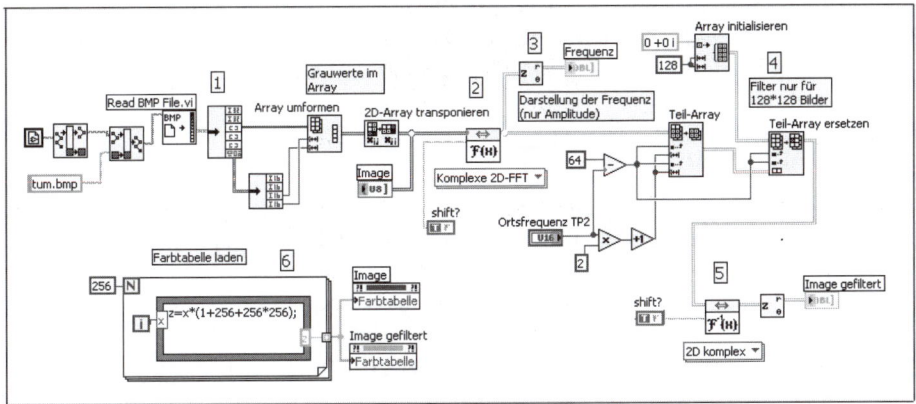

Abb. 27.2: Fourier-Transformation eines Graubilds, Tiefpassfilterung und Rücktransformation

Das LabVIEW-Programm ist ohne Verwendung des Bildverarbeitungsprogramms *IMAQ*, also mit den elementaren LabVIEW-Funktionen, erstellt. Das Problem ließe sich mit den IMAQ-Funktionen wesentlich eleganter, aber weniger instruktiv lösen.

27.2.1 Wirkung des Tiefpassfilters auf das Bild

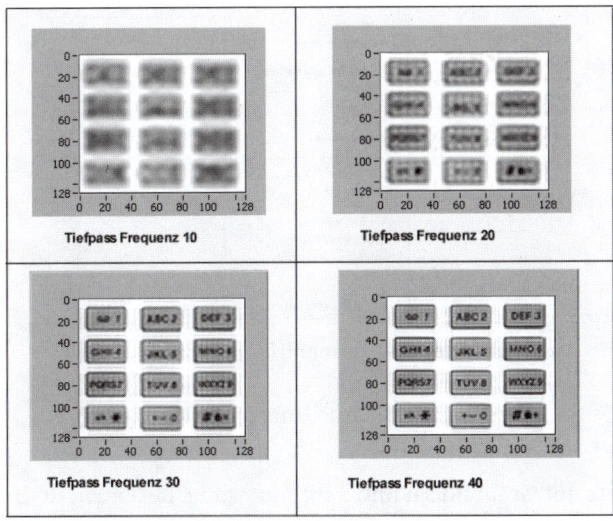

Abb. 27.3: Bild nach Tiefpassfilter

Das Tiefpassfilter wurde über die Fourier-Transformation realisiert. Mit den Array-Funktionen (siehe Teil-Array im LabVIEW-Programm) wird im Frequenzbereich nur der Teil mit niedrigen Frequenzen durchgelassen. Bei der tiefen (Orts-)Frequenz 10 ist die Schrift auf den Tasten nicht erkennbar. Die Tasten, die einen weniger raschen Helligkeitswechsel haben, sind aber noch gut sichtbar. Je höher die Frequenz des Tiefpasses eingestellt ist, desto feinere Strukturen sind erkennbar.

27.2.2 Anmerkungen zur FFT

Eine 2-D-FFT kann auf eine eindimensionale FFT zurückgeführt werden. Das wird dadurch erreicht, dass man die FFT zuerst zeilen- und danach spaltenweise anwendet.

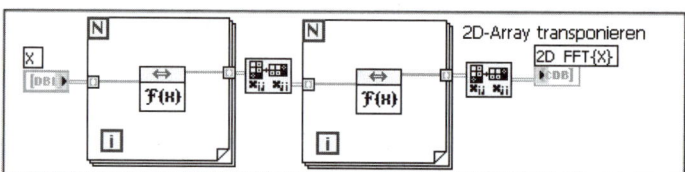

Abb. 27.4: 2-D-FFT elementar programmiert, jedoch ohne Frequenzshift

Beachtenswert ist, dass Zeilen und Spalten unabhängig voneinander transformiert werden können.

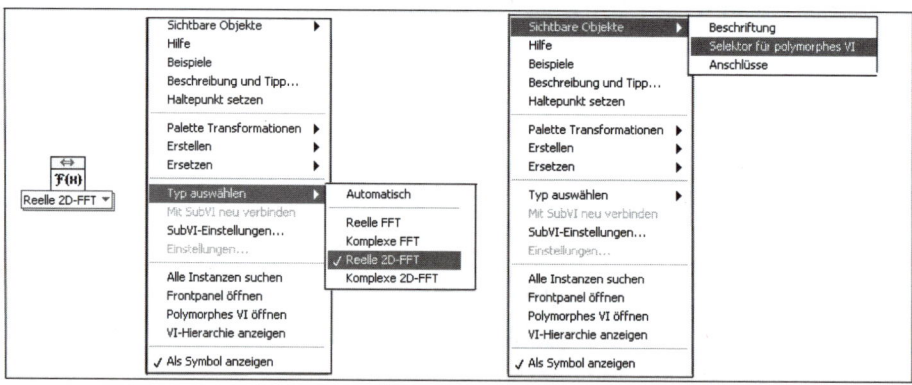

Abb 27.5: 2-D-FFT mit der Konfiguration über das Kontextmenü

Dabei bedeutet die Auswahl *Reelle 2D-FFT*, dass die Ausgangsgröße reell ist.

Praxistipp:
Beginnen Sie Ihre Experimente mit Graubildern und 8 Bit Auflösung. Bei einem RGB-Bild ist der Bildverarbeitungsalgorithmus für jede Farbe zu programmieren.

28 Temperaturverteilung in einem Ring

An der Oberfläche eines Rings wird an acht Stellen (im Kreis herum) die Temperatur gemessen. Der Ring gibt keine Wärme an die Umgebung ab, sondern die gesamte Wärme bleibt im Ring. Wie ist die Temperaturverteilung zu einem späteren Zeitpunkt? Bei diesem Versuch wird demonstriert, wie man physikalische Konzepte ohne viel Mathematik modellieren kann.

28.1 Hintergrund

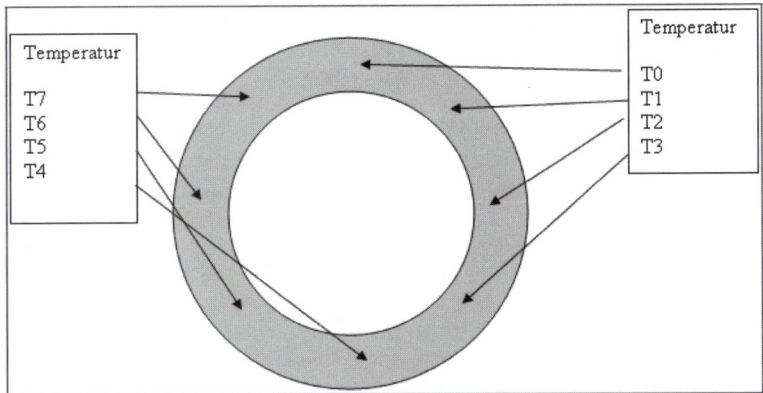

Abb. 28.1: Temperaturmesspunkte an einem Ring

Bei diesem Problem wird nicht auf Differenzialgleichungen, die nicht sofort einsichtig sind, zurückgegriffen, sondern es wird auf anschauliche Weise durch Einsatz der Fourier-Transformation gelöst. Mithilfe einer Analogie aus der Elektronik wird schließlich die Richtigkeit demonstriert.

28.2 Lösung mit FFT

Die physikalische Überlegung ist, dass der Wärmeaustausch zwischen zwei Punkten schneller vor sich geht, wenn sie näher zusammenliegen oder die Temperaturdifferenzen höher sind. Gibt es etwa am Ring vier Temperaturunterschwankungen entlang des Umfangs, wird auch der thermische Ausgleichsvorgang viermal schneller erfolgen als bei einem Temperaturwechsel. Um nun die Temperatur am Ring in einem LabVIEW-Programm auszuwerten, wird die Ausgangstemperatur nach Fourier transformiert und in Spektren zerlegt. Danach vermindert man die Spektren umso stärker, je höher die Frequenz ist.

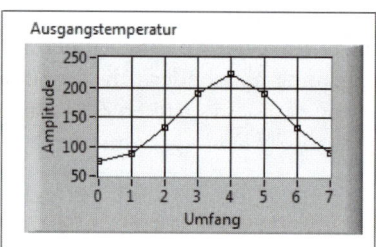

Abb. 28.2: Ausgangstemperatur

Die Temperaturverteilung (wie in der Abbildung) wird also zuerst in vier Komponenten zerlegt. Die Komponenten unterscheiden sich in der Schnelligkeit, mit der die Temperatur wechselt. Dabei soll die Addition der einzelnen Komponenten an den einzelnen Punkten des Rings jeweils wieder die Ausgangstemperatur ergeben.

Die nullte Komponente bei der Zerlegung (Zählung beginnt mit Null, analog zur Programmierung) ist der Mittelwert der Temperaturwerte. Nach sehr langer Zeit wird der gesamte Ring – da es bei diesem theoretischen Beispiel keine Verluste gibt – diese eine Temperatur annehmen.

Die erste Komponente bedeutet, dass sich die Temperatur entlang des Rings einmal sinusförmig ändert. Sie wird bei dieser Sinuskomponente ein Maximum und ein Minimum aufweisen. Diese Komponente könnte man auch als *erste Schwingung* oder *erste Spektrallinie* bezeichnen.

Die zweite Komponente hat zwei Maxima und zwei Minima, also die doppelte Frequenz wie die erste Komponente. Die dritte Komponente hat die dreifache Frequenz der ersten Schwingung.

Die Zerlegung erfolgt mithilfe der Fourier-Transformation, die für jede Spektrallinie einen komplexen Wert liefert. Der Betrag ist dabei die Amplitude. Der Winkel der komplexen Zahl repräsentiert die Phasenlage der Spektrallinie.

Die Ausgangsgröße (die Temperatur) wird entlang des Rings transformiert und dadurch in die Spektren verwandelt. Danach werden die einzelnen Frequenzspektren herausgeschnitten. Das erfolgt im Programm unten mit der Array-Multiplikation. Der Mittelwert oder die nullte Komponente ist nach der Fourier-Transformation das erste Array-Element. Es wird durch die Array-Multiplikation mit [1,0,0,0,0,0,0,0] vom Spektrum herausgeschnitten.

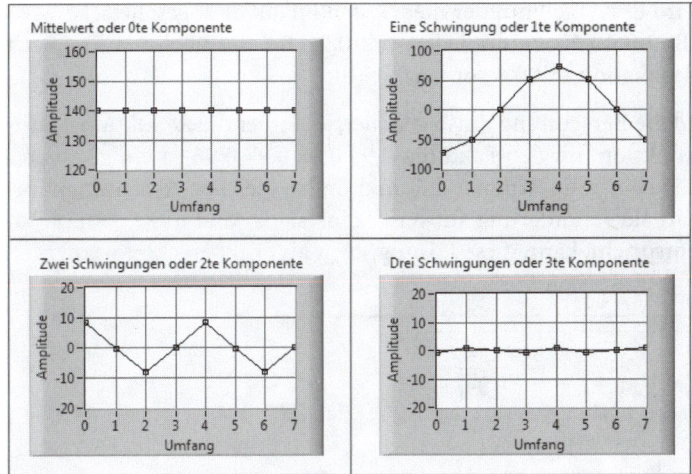

Abb. 28.3: Zerlegung in Temperaturkomponenten

Die erste Spektrallinie wird durch das erste und letzte Array-Element im Spektrum repräsentiert. Die Multiplikation mit dem Array [0,1,0,0,0,0,0,1] schneidet diese Schwingung heraus. Die doppelt so schnelle Schwingung wird mit [0,0,1,0,0,0,1,0] selektiert. Mit einer Arraymultiplikation mit [0,0,0,1,0,1,0,0] erhält man den für drei Schwingungen verantwortlichen Wert. Die nächste Spektrallinie wird mit der Array-Multiplikation mit [0,0,0,0,1,0,0,0] selektiert. Aus dem herausgeschnittenen Spektralwert wird über die Rücktransformation die entsprechende Temperaturverteilung über den Umfang bestimmt.

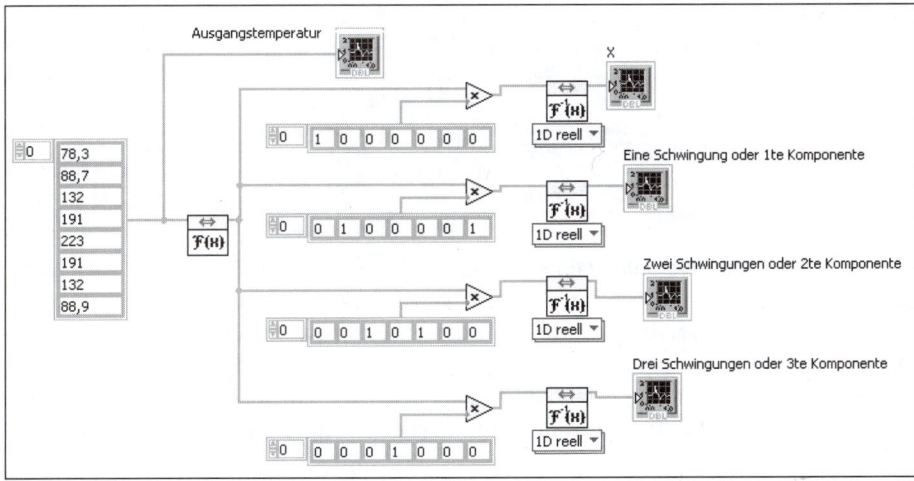

Abb. 28.4: Zerlegen der Temperatur am Ring

Nach der Zerlegung wird der Anteil mit der niedrigsten Frequenz abgeschwächt. Man vermindert diesen z. B. um 10 % (multipliziert mit 0,9). Bei der nächsten Frequenz nimmt man eine Multiplikation mit 0,8 vor usw.

Selbstverständlich wird die Berechnung umso genauer, je kleiner die Reduktionsfaktoren sind. Mit einer Reduktion mit den Faktoren 0,99 0,98 0,97 0,96 ist ein genaueres Ergebnis zu erwarten. Da auch die Exponentialfunktion bei gleichen Abschnitten immer die gleiche prozentuale Veränderung aufweist (Zinseszins) und diese dem physikalischen Abklingen entspricht, kann diese Lösung sogar als exakt erachtet werden.

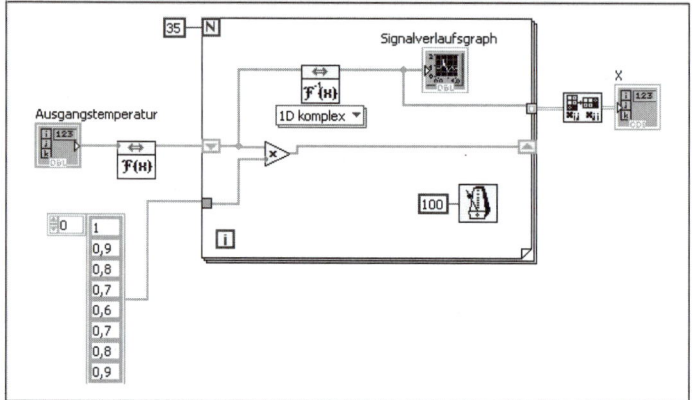

Abb. 28.5: Berechnung der Temperatur als Funktion der Zeit mit der Fourier-Transformation

0	74,3 +0 i	80,17 +0 i	85,59 +0 i	90,57 +0 i	95,15 +0 i	99,34 +0 i	103,17 +0 i	106,66 +0 i	109,84 +0 i
0	88,4 +0 i	93,53 +0 i	98,15 +0 i	102,31 +0 i	106,07 +0 i	109,45 +0 i	112,5 +0 i	115,25 +0 i	117,73 +0 i
	132 +0 i	133,55 +0 i	134,81 +0 i	135,83 +0 i	136,66 +0 i	137,33 +0 i	137,87 +0 i	138,3 +0 i	138,65 +0 i
	191 +0 i	186,12 +0 i	181,66 +0 i	177,59 +0 i	173,9 +0 i	170,56 +0 i	167,54 +0 i	164,81 +0 i	162,35 +0 i
	223 +0 i	213,6 +0 i	205,4 +0 i	198,21 +0 i	191,89 +0 i	186,31 +0 i	181,37 +0 i	177 +0 i	173,11 +0 i
	191 +0 i	186,12 +0 i	181,66 +0 i	177,6 +0 i	173,91 +0 i	170,58 +0 i	167,56 +0 i	164,83 +0 i	162,37 +0 i
	132 +0 i	133,58 +0 i	134,87 +0 i	135,9 +0 i	136,73 +0 i	137,4 +0 i	137,94 +0 i	138,37 +0 i	138,72 +0 i
	88,9 +0 i	93,93 +0 i	98,47 +0 i	102,58 +0 i	106,28 +0 i	109,63 +0 i	112,65 +0 i	115,38 +0 i	117,83 +0 i

Abb. 28.6: Temperaturverteilung über die Zeit am Ring.

Der Ausgangswert der Temperatur ist in der ersten Spalte ersichtlich. Die folgenden Spalten stellen die Temperaturwerte zu einem späteren Zeitpunkt dar. Der Imaginärteil der Temperatur ist Null. Man kann die Fourier-Transformation im Kontextmenü konfigurieren und mit *Typ auswählen* und *Reelle FFT* auf die Imaginärwerte verzichten.

28.3 Versuchsaufbau

Den Ring mit Temperatursensoren experimentell so aufzubauen, dass er keine Wärme an die Umgebung abgibt, ist nicht einfach. Ein Modell aus der Elektronik hilft, dessen Spannungsverteilung der Wärmeverteilung mit einem Maßstab (1 V = 100 °C) entspricht. Ein analytischer Nachweis der Richtigkeit ist durch Vergleich der Differenzialgleichungen gegeben.

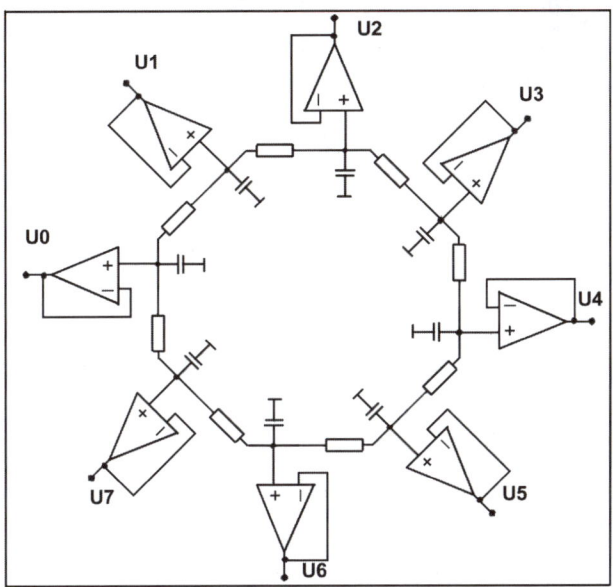

Abb. 28.7: Schaltung mit gleichem Verhalten

R = 1 MΩ, C = 1 µF

Im Schaltungsmodell entspricht der 1-µF-Kondensator der Wärmekapazität. Der 1-MΩ-Widerstand ist das Pendant zum Wärmewiderstand. Der OPV (LMC6484) ist vom „rail to rail"-Typ. Das bedeutet, dass die Ein- und Ausgangsspannung so groß wie die Betriebsspannung sein kann. Die Spannungsversorgung stammt von der USB-6008.

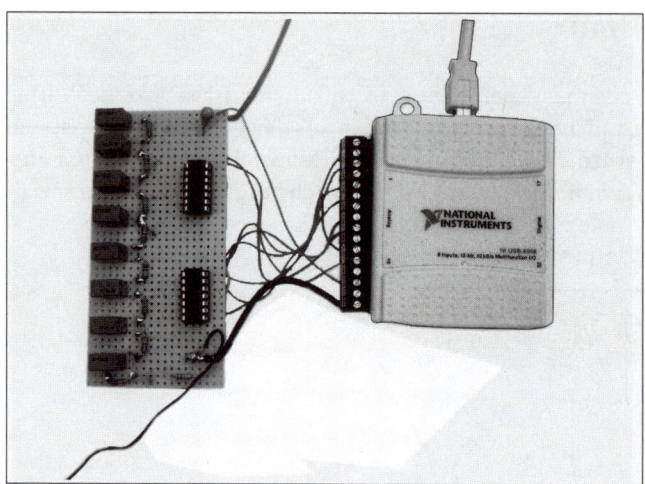

Abb. 28.8: Aufgebaute Schaltung

28.4 Programm

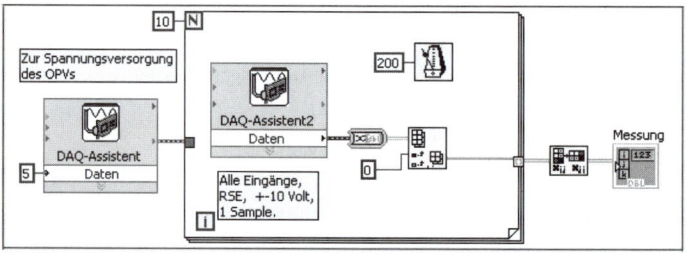

Abb. 28.9: Messung am elektronischen Modell

Messung									
0,743	0,774	0,825	0,876	0,927	0,978	1,02	1,06	1,09	1,12
0,887	0,907	0,968	1,01	1,05	1,09	1,12	1,15	1,18	1,2
1,32	1,33	1,35	1,37	1,38	1,39	1,39	1,39	1,39	1,4
1,91	1,88	1,82	1,78	1,74	1,7	1,67	1,63	1,6	1,58
2,23	2,16	2,05	1,97	1,9	1,84	1,79	1,75	1,71	1,67
1,91	1,88	1,82	1,78	1,74	1,7	1,67	1,63	1,6	1,58
1,32	1,34	1,36	1,37	1,38	1,39	1,39	1,4	1,39	1,4
0,889	0,92	0,971	1,02	1,06	1,09	1,13	1,16	1,19	1,21

Abb. 28.10: Tatsächlich am Modell ermittelte Messwerte

Anfangsbedingung sind Spannungen am Kondensator, die den Werten der Anfangstemperatur (umgerechnet mit dem Maßstabsfaktor) entsprechen. Sie sind in der ersten Spalte der ermittelten Messwerte abzulesen. Die weiter rechts liegenden Spalten stammen von Messungen nach jeweils 0,2 Sekunden.

Im Vergleich (die Zahlenwerte der Messung stimmen mit den Temperaturwerten, die über die FFT ermittelt wurden, überein) sieht man, dass das RC-Modell auf den Ring übertragbar ist. Durch die Analogie kann man noch weitere Eigenschaften des Systems erkennen, z. B. dass die Spannung am Kondensator nur von den Nachbarn beeinflusst wird.

Es wurden zur Temperaturberechnung am Ring acht Messpunkte herangezogen. Erhöht man die Anzahl der Messpunkte, kann man die Temperaturverteilung bei einem realen Ring genauer berechnen.

29 3-D-Scanner mit Laptop und Beamer

Dieses Experiment zeigt, dass man mit Standardgeräten wie Beamer und Webcam auch anspruchsvolle Experimente verwirklichen kann – vorausgesetzt, man verwendet eine starke Programmiersprache: LabVIEW.

29.1 Hintergrund

Es gibt mehrere Konzepte, um 3-D-Scanner zu realisieren. Eines der bekanntesten ist das *Lichtschnittverfahren*. Mit einem Lichtfächer wird das zu untersuchende Objekt schräg angestrahlt. Betrachtet man den entstehenden hellen Lichtstreifen von oben, lässt sein Versatz auf die Höhe (die dritte Dimension) schließen.

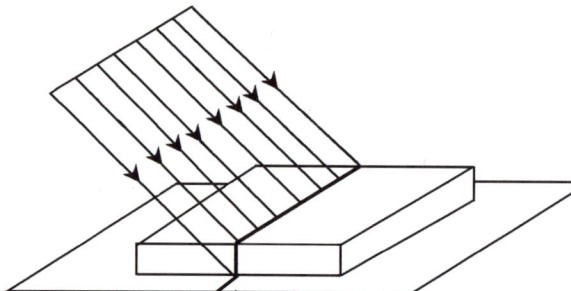

Abb. 29.1: Schräge Beleuchtung des Objekts

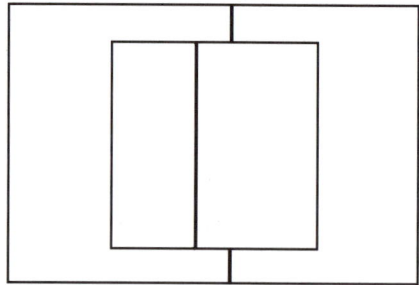

Abb. 29.2: Versatz des entstandenen Lichtstreifens

Üblicherweise wird dieses Verfahren mit einem Laser umgesetzt, an dem zusätzlich eine geriffelte Linse angebracht ist. Ein Modul, das sowohl den Laser als auch die Linse enthält, wird als *Linienlaser* bezeichnet.

29.2 Versuchsaufbau

Im Versuch wird zur schrägen Beleuchtung anstatt eines Lasers ein Beamer eingesetzt. Die Beobachtung erfolgt im Versuch mit einer Standard-Webcam. Dadurch müssen zur Durchführung in der Regel keine weiteren Komponenten gekauft werden. In jedem Fall ist ein abgedunkelter Raum günstig. Das Objekt soll hell und matt sein. Schwarze oder metallisch spiegelnde Gegenstände bergen hingegen eine größere Herausforderung (Lösung: Cyclododecan-Spray).

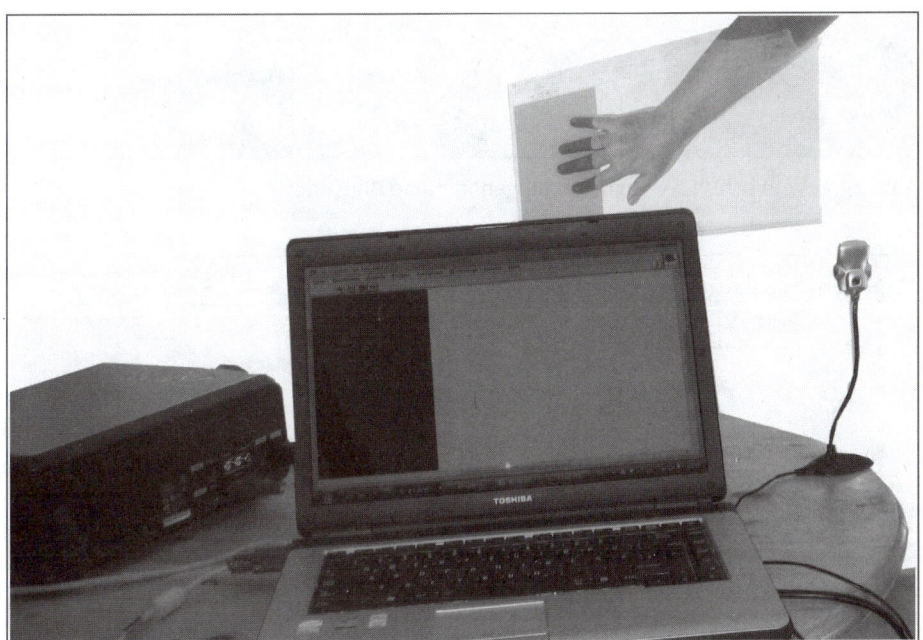

Abb. 29.3: Versuchsaufbau

Im Bild links befindet sich der Beamer, rechts die Webcam. Beamer, Objekt (Hand) und Webcam bilden einen Winkel von ca. 20°. Ein kleiner Fehler bei der Bestimmung der Höhe wird dadurch verursacht, dass das Objekt mit einem unterschiedlichen Winkel beleuchtet wird. Dieser Fehler ist jedoch im Verhältnis sehr klein und wird nicht korrigiert.

29.3 Programme

Zusätzlich zu LabVIEW müssen zwei weitere Programme installiert werden:

1. Das Bildverarbeitungsprogramm IMAQ, das mit der Studentenlizenz aktiviert werden kann.
2. Der Treiber, den LabVIEW 2009 benötigt, um mit der Webcam zu arbeiten, ist VASNovember2009.zip (1.033.916 kB). Diese Datei kann von der NI-Homepage heruntergeladen werden.

29.3.1 Bilder aufnehmen

Im ersten Teil der Software wird eine größer werdende, dunkle Fläche am Bildschirm ausgegeben. Dabei werden mit der Webcam Bilder aufgenommen und unter fortlaufendem Dateinamen gespeichert.

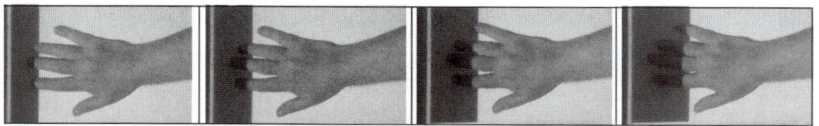

Abb. 29.4: Vom LabVIEW-Programm aufgenommene Bildserie

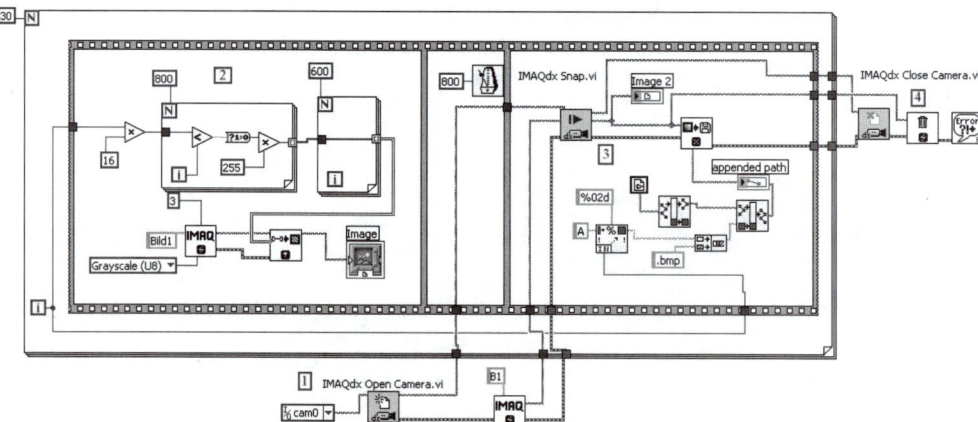

Abb. 29.5: Ausgabe der Strukturbeleuchtung am Beamer (links dunkel, rechts hell) und fortlaufende Aufnahme mit der Webcam

Erläuterung:

1 Initialisierung und Auswahl der Webcam
2 Erzeugung der dunklen Fläche, die sich im Sekundentakt von links nach rechts verschiebt

3 Aufnahme mit der Webcam und Speichern unter fortlaufendem Dateinamen (A00.bmp, A01.bmp, A02.bmp …)

4 Beenden der Webcam

29.3.2 Grafik erzeugen

Das zweite Programm liest die gespeicherten Bilder der Reihe nach ein und ermittelt aus der Beleuchtungsgrenze die dritte Dimension (Höhe) des Bilds. Die Darstellung des erzeugten Objekts geschieht mit einem *3D-Oberflächengraphen*.

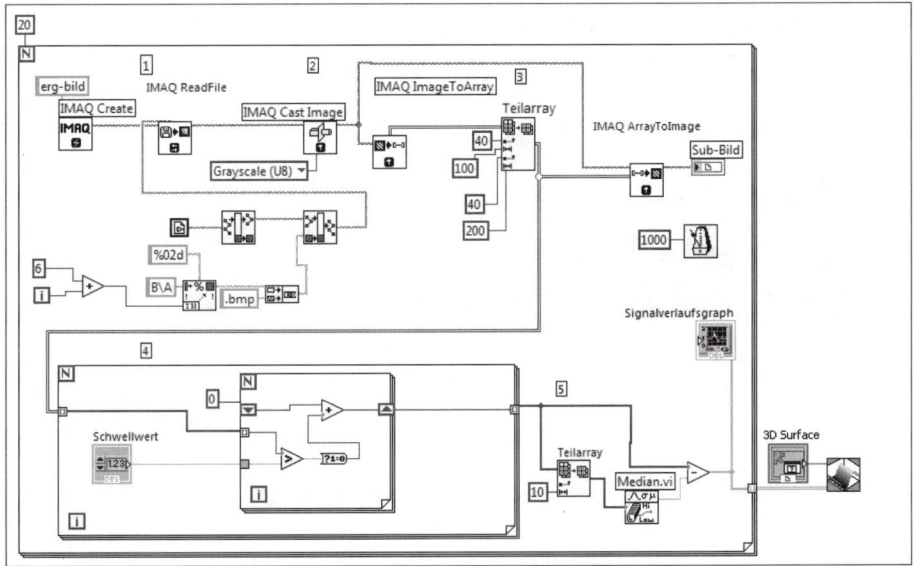

Abb. 29.6: Einlesen der Einzelbilder vom vorigen Programm mit nachfolgender 3-D-Ausgabe

Erläuterung

1 Einlesen der einzelnen Bilder, die unter fortlaufenden Dateinamen gespeichert wurden

2 Umwandlung vom Farbbild in ein Graubild mit *IMAQ Cast Image*

3 Umwandlung eines Graubilds in ein zweidimensionales Array; die Array-Elemente stellen die Helligkeit der Bildpunkte dar. Aus diesem Array wird der relevante Teil herausgeschnitten.

4 Zerlegen des Bilds in Zeilen (äußere For-Schleife) und Zählen der schwarzen Punkte. Die Schwelle ist so eingestellt, dass die schwarzen Punkte von allen anderen Punkten unterschieden werden. Dieser und der vorherige Schritt könnten auch durch die Funktion *IMAQ Find Vertical Edge* bewerkstelligt werden.

5   Selektion von zehn Randpunkten, die zur Bestimmung der Nulllinie im
    3-D-Graphen herangezogen werden. Extremwerte werden dabei mit der Funk-
    tion Median ignoriert.
6   Ausgabe des 3-D-Bilds mit einem *3D-Surface-Graphen*

Es ist zu beachten, dass das Bild der Hand in der Richtung Handwurzel – Fingerspitzen
nur 13 Bildpunkte (0–12) hat. In dieser Richtung ist die Welligkeit im Bild (Frequenz)
niedrig (es treten also nur langsame Änderungen auf – im Gegensatz zu der Richtung
Daumen – kleiner Finger). Dadurch kann die Anzahl der Bildpunkte stark reduziert
werden.

Der 3-D-Graph ist bei den Frontpanelelementen unter *Modern >> Graph >> 3D-
Oberflächengraph* zu finden.

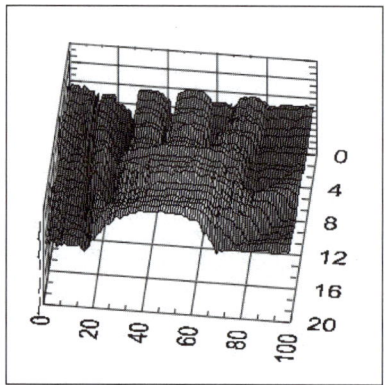

Abb. 29.7: Ausgabe der aufgenommenen Hand in 3-D-Darstellung

30 Praktische Bildverarbeitung

LabVIEW stellt eine sehr leistungsfähige Umgebung für die Bildverarbeitung zur Verfügung. In diesem Kapitel werden einige typische Aufgaben und ihre Lösungen vorgestellt.

30.1 Elementare Bildberechnungen: Bildrätsel überlisten

Aus Zeitungen sind Bilderrätsel bekannt, bei denen kleine Unterschiede zwischen zwei Bildern zu finden sind. Diese Suche soll automatisiert werden.

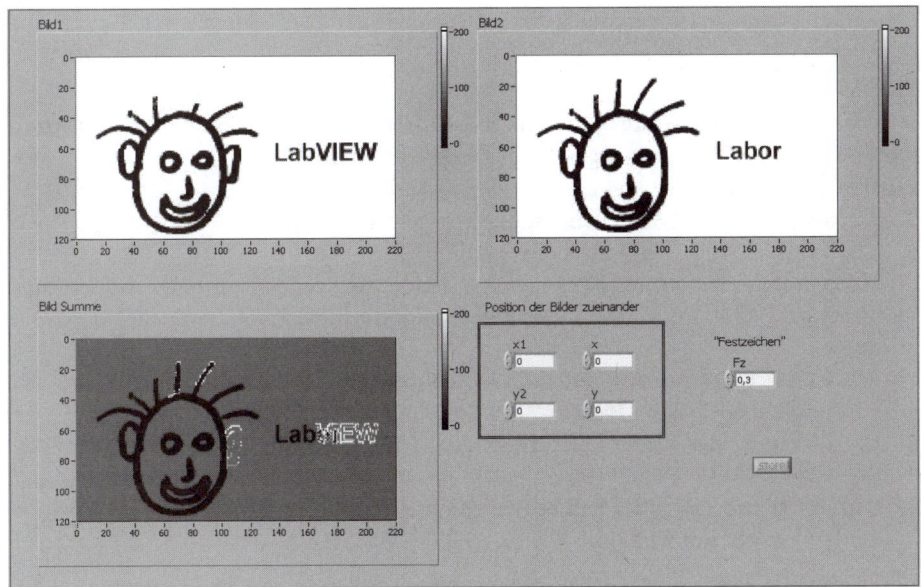

Abb. 30.1: Vergleich von zwei Bildern (oben links und oben rechts) mit Darstellung der Differenzen im Bild unten

Eine Anwendung dieses Prinzips ist nicht nur für regelmäßige Zeitungsleser interessant. Z. B. tritt diese Aufgabe in der Radartechnik auf. Ein Rundsichtradar (etwa bei einem Flughafen) empfängt vorwiegend Echos von Festzeichen (also sich nicht ändernden Objekten wie Bäumen, Häusern, Bergen ...). Um ein Flugzeug deutlich von den vielen Festzeichen unterscheiden zu können, wird von zwei ankommenden Signalen (Radarbildern) die Differenz gebildet. Dadurch werden die Festzeichen eliminiert und das veränderte Echo vom Flugzeug wird deutlich dargestellt. Dieses Verfahren ist als *Festzeichenunterdrückung* (moving target indicator) bekannt.

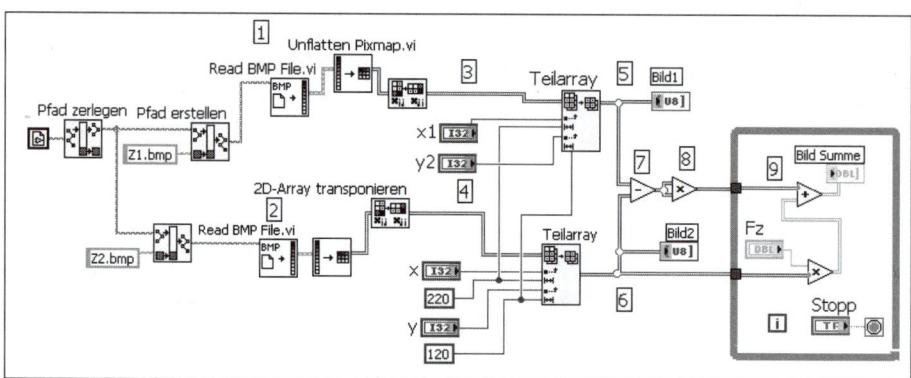

Abb. 30.2: Programm zur Ermittlung der Unterschiede von zwei Bildern durch Subtraktion

Erläuterung

1 Öffnen der *.BMP-Dateien; Format: 8-Bit-Grauwerte (bei der Funktion *Unflatten Pixmap* ist der Ausgang *8-Bit-Pixmap* zu wählen)
2 Wie Punkt 1, angewendet auf das zweite Bild
3 Zweidimensionales Array mit Helligkeitswerten
4 Wie Punkt 3, angewendet auf das zweite Bild
5 Herausschneiden eines Bildbereichs; beide herausgeschnittenen Bilder sind gleich groß (220 x 120 Pixel), der Bereich kann mit X, Y, X1, Y1 positioniert werden
6 Wie Punkt 5, angewendet auf das zweite Bild
7 Subtraktion der beiden Bilder
8 Die Differenz der Bilder kann positiv und negativ sein. Durch die Multiplikation wird das Vorzeichen eliminiert.
9 Durch Überlagerung der Fehlerbereiche mit dem Originalbild kann die Position der Fehler erkannt werden.

Im Frontpanel kann mit *Fz* das Ausgangsbild eingeblendet werden. Der Wert 0,3 bedeutet, dass von einem Bild 30 % der Helligkeitswerte übernommen werden.

30.2 Anwenden von IMAQ: Münzen zählen

Mit dem Zusatzprogramm *IMAQ* und dem *Vision Assistant* verfügt LabVIEW über eine sehr leistungsfähige Bildverarbeitung. Der Vision Assistent ist interaktiv zu bedienen und es sind keine Programmierkenntnisse erforderlich. Er ist ein Pendant zu den Express-VIs. Es besteht mit diesem Programm ebenfalls jederzeit die Möglichkeit, einen C- oder LabVIEW-Code zu erzeugen und in der Programmiersprache der eigenen Wahl das generierte Programm fortzusetzen oder beliebig anzupassen.

Beim Versuch, Münzen zu zählen, wird ein Geldbetrag in den Scanner gelegt und mit rotem Papier abgedeckt. Das entstandene BMP-Bild wird mit den Funktionen der Bildverarbeitung analysiert und der Geldbetrag, der im Bild ersichtlich ist, berechnet. Industrielle Anwendungen können z. B. Sortieren, Erkennen von Bohrlöchern, Bauteilen etc. sein.

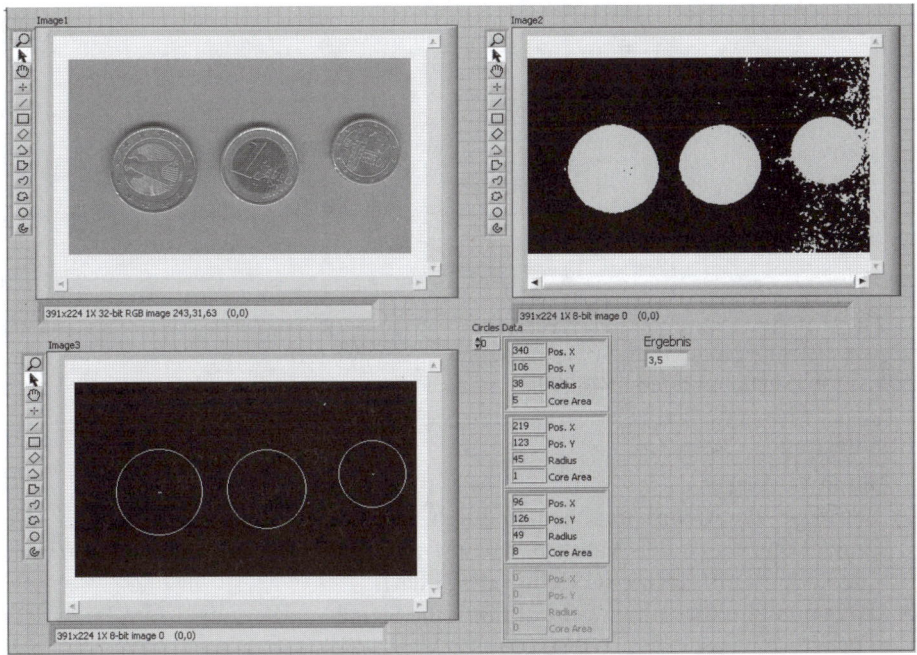

Abb. 30.3: Image 1 – gescanntes Bild mit Münzen, Image 2 – Schwarz-Weiß-Darstellung mit Störungen, Image 3 – ermittelte Kanten der Münzen

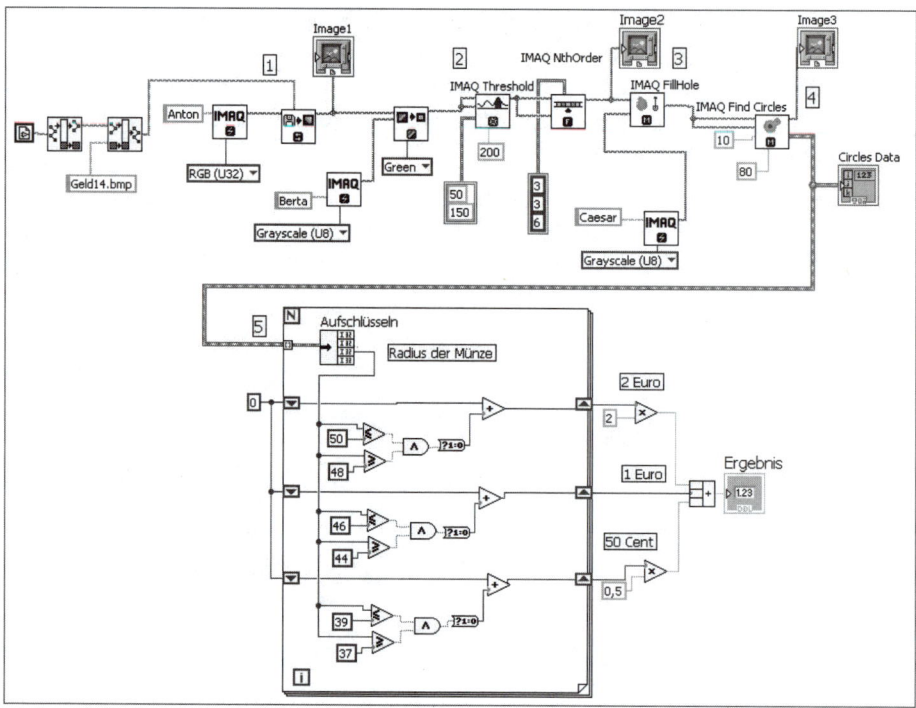

Abb. 30.4: Programm zur Münzzählung

Erläuterung

1 Einlesen der Datei
2 Selektion der Grünkomponente; durch den roten Hintergrund entsteht ein guter Kontrast zu den Münzen. Mit *IMAQ Threshold* wird das Bild binarisiert (d. h., es hat nur noch zwei Helligkeitsstufen)
3 Filtern mit Medianfilter (siehe „Praktische Signalverarbeitung") zum Füllen der Löcher
4 Geometriedaten der Münzen ermitteln; es werden nur Kreise mit mindestens 10 und maximal 50 Pixeln Radius gesucht. Dadurch entfallen die Störungen im Bild Image 2.
5 Auswertung der Durchmesser der Kreise und Berechnung des Geldbetrags; die For-Schleife wird entsprechend der Array-Länge oft ausgeführt. In den Schieberegistern werden die einzelnen Münzen gezählt. Die großzügig eingestellte Toleranz macht die Erkennung der Münzen leichter.

30.3 Kantenschärfung in einem Bild (Kernel-Operationen)

Mit der negativen zweiten Ableitung können die Kanten eines Bilds geschärft (verstärkt) werden. Addiert man sie zum Bild, entsteht durch den rascheren Anstieg der Helligkeit ein schärferes Bild. Dieses Beispiel zeigt nicht nur eine nützliche Anwendung in der Bildverarbeitung, sondern auch, wie man Algorithmen dieser Art (die häufig in Büchern zu finden sind) praktisch umsetzt.

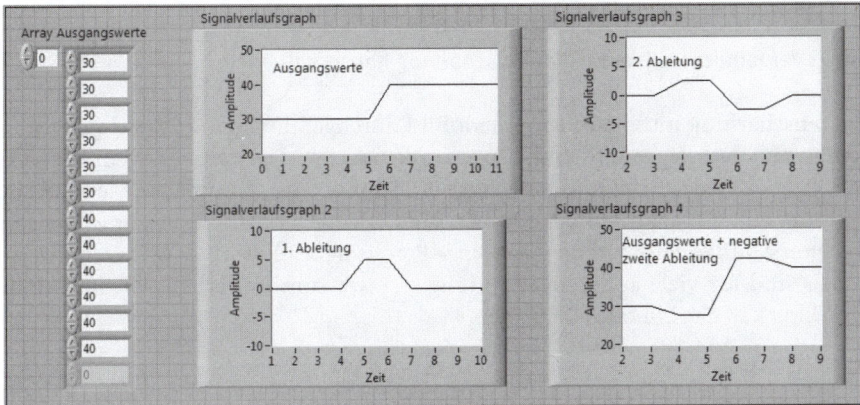

Abb. 30.5: Frontpanel Kantenschärfung

Ausgehend von einem Helligkeitssprung im Signalverlaufsgraph, wird die erste Ableitung gebildet. Mit der negativen zweiten Ableitung und dem Originalbild ist ein rascher Helligkeitsanstieg im Signalverlaufsgraph 4 ersichtlich. Die *Differenzier*-Funktion erhalten Sie unter *Mathematik >> Integral- & Differentialrechnung >> Ableitung (x)*.

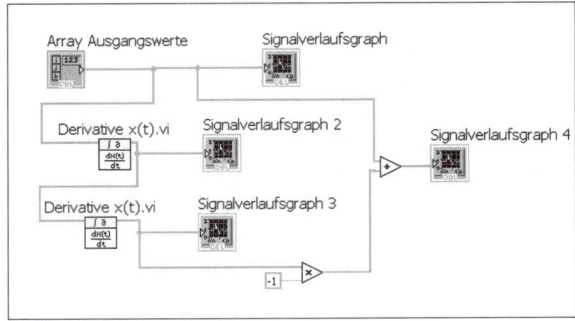

Abb. 30.6: Blockdiagramm Kantenschärfung

In *Abb. 30.7* wird noch einmal verdeutlicht, welche Konsequenzen das Differenzieren hat. Links (Image) befindet sich ein Graubild, daneben die zweite Ableitung, rechts das Ergebnis.

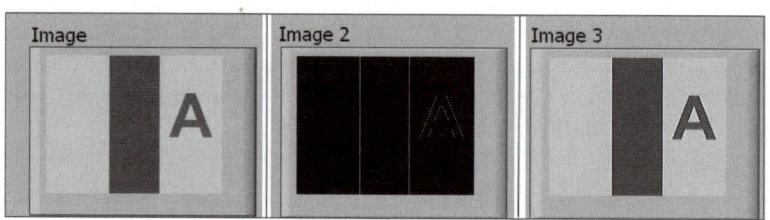

Abb. 30.7: Verdeutlichtes Prinzip (Kantenschärfung horizontal)

Die Kantenschärfung muss nun auf einem Bild durchgeführt werden (und nicht nur auf dem Array). Deswegen gibt es die sogenannten *Kernel-Operationen.* Man legt den Kernel mittig auf jedes Pixel und berechnet die Summe aus den umgebenden Pixeln, multipliziert mit den Faktoren des Kernels. Dies erledigt die Funktion *Convolute* aus *Bilderkennung und Motorsteuerung >> Image Processing >> Filters >> IMAQ Convolute.* Kernels sind für viele andere Anwendungen, etwa zum Entfernen von Rauschen (Tiefpassfilter), in der Literatur zu finden.

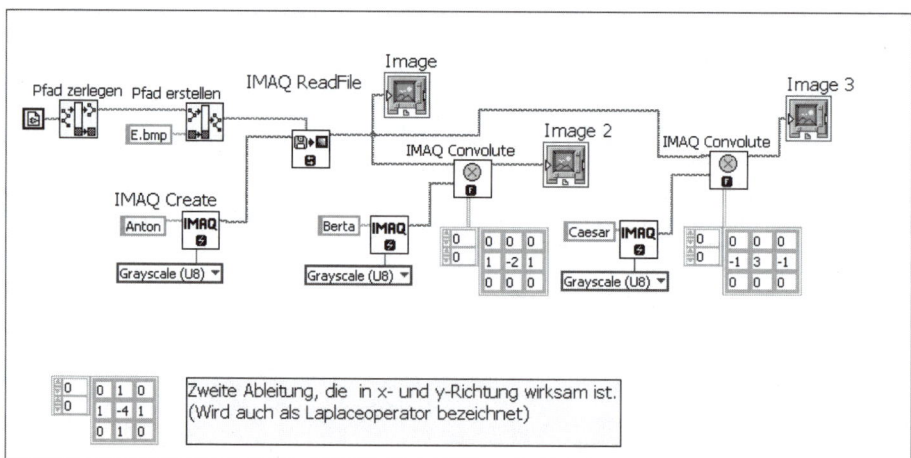

Abb. 30.8: Schärfung der Kanten mit der IMAQ-Funktion *Convolute* (Faltung)

31 Literatur

[1]

Kongress VIP 2007
National Instruments Deutschland

[2]

Virtuelle Instrumente in der Praxis
Experimentelle Messtechnik mit LabVIEW
DI F. Plötzeneder Seite 425–437
Begleitband zu Kongress VIP 2007
Rahman Jamal, Hans Jaschinski (Hrsg.)
Verlag: Hüthig GmbH 2007

[3]

User Manual
DAQCard™-6062E
Part Nr. 322641A-01
ni.com

[4]

KTY85-1 series
Silicon temperature sensors
Philips Datenblatt, März 1996

[5]

LabVIEW – Das Grundlagenbuch
Rahman Jamal, Andre Hagestedt
Addison-Wesley 2004, 4. Aufl.

[6]
Datenblatt L293D
http://www.st.com/stonline/books/pdf/docs/1330.pdf

32 Bauteile

Kap. 20, EKG

2	Transistor	BC550
2	Widerstand	470 Ω
2	Widerstand	100 kΩ
2	Widerstand	10 kΩ
1	Widerstand	4,7 kΩ
1	Kondensator	0,22 µF
1	Stecker	779511-01 National Instruments www.ni.com
2	EKG-Elektroden	Alternativ Papiertaschentücher oder Küchenschwamm

Kap. 21, Schrittmotoransteuerung

1	Treiber-IC	L294D
1	Schrittmotor	Nanotec SP2575M0206-A Farnell Best. Nr. 4743209 de.farnell.com

Kap. 22, Wechselrichter

1	Drehstrommotor	Nennspannung entsprechend der Endstufe

Für Schaltung zu Erzeugung der 3. Phase und PWM

1	IC	LM339
1	IC	TLC 274
3	Opto-Koppler	4N26
4	Widerstand	10 kΩ
1	Widerstand	22 kΩ
1	Widerstand	1 kΩ
3	Widerstand	3,3 kΩ
1	Kondensator	0,1 µF

Für FET-Ansteuerung und Endstufe
Siehe http://www.irf.com/technical-info/appnotes/an-985.pdf
Zusätzlich 1 Stück 74HC14

Kap. 23, DMS

1	DMS	Folienmessstreifen 5 mm Stahl Bestell. Nr. 632-168 www.rs-components.de
1	Superkleber	
1	Widerstand	120 Ω
2	Widerstand	560 Ω
1	Spachtel	
2	Aluminium- profil	25 x 25 mm, 100 mm lang

Kap. 28, Temperaturverteilung in einem Ring

2	IC	LMC8464
8	Widerstand	1 MΩ
8	Kondensator	1 µF

Die Autoren

Dipl.-Ing. Friedrich Plötzeneder

Birgit Plötzeneder

Dipl.-Ing. Friedrich Plötzeneder studierte allgemeine und theoretische Elektrotechnik. Er ist an einer österreichischen HTL und der Fachhochschule Wels tätig und bildete seit LabVIEW 4 (12 Jahren) über 1.000 angehende Ingenieure in LabVIEW aus. Zusätzlich hat er in der Lehrerfortbildung am Pädagogischen Institut und an der Pädagogischen Hochschule Linz viele Lehrer von LabVIEW begeistert. Die wichtigsten Fragen, die die Einsteiger gestellt haben, beantwortet dieses Buch.

f.ploetzeneder@fh-wels.at

Birgit Plötzeneder studiert Mathematik an der TU München und arbeitet als Programmiererin. Davor war sie an einer österreichischen HTL für technische Informatik/Elektronik. Sie beschäftigt sich mit numerischen Algorithmen, Parallelisierung und mathematischer Modellbildung.

b.ploetzeneder@gmail.com

Stichwortverzeichnis

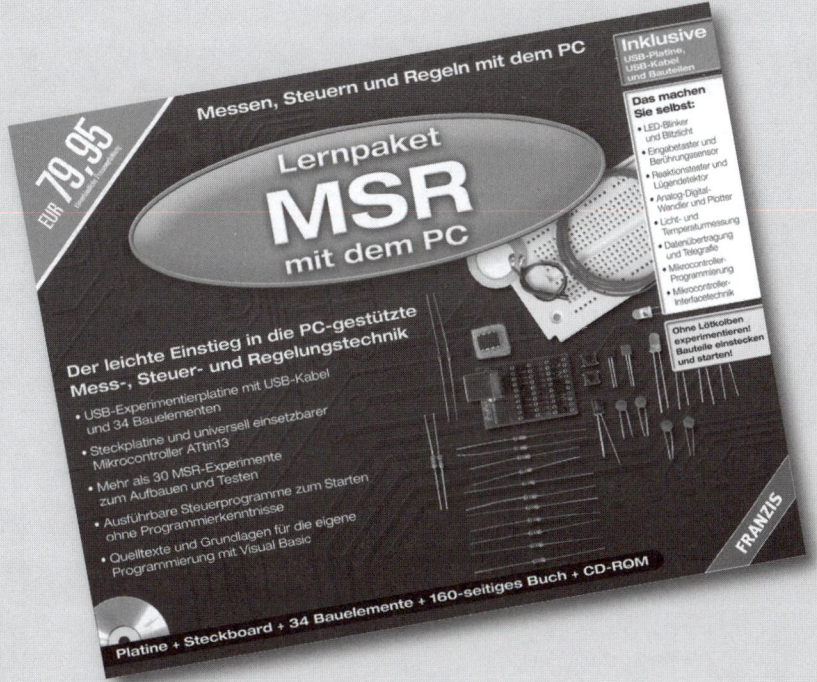

Der leichte Einstieg in die PC-gestützte Mess-, Steuer- und Regelungstechnik

• USB-Experimentierplatine mit USB-Kabel und 34 Bauelementen

• Steckplatine und universell einsetzbarer Mikrocontroller ATtin13

• Mehr als 30 MSR-Experimente zum Aufbauen und Testen

• Ausführbare Steuerprogramme zum Starten ohne Programmierkenntnisse

• Quelltexte und Grundlagen für die eigene Programmierung mit Visual Basic

Lernpaket MSR mit dem PC

2009; KSF; Platine, Steckboard, 34 Bauelemente, 160-seitiges Buch, CD-ROM

ISBN 978-3-7723-**4380-3**   UVP € **79,95**

Besuchen Sie uns im Internet – www.franzis.de

Dieses Lernpaket bietet Ihnen eine einfache und experimentelle Einführung in den Basic-Compiler Bascom AVR.

• Mikrocontroller-Grundlagen

• ATmega88: Eigenschaften und Anwendung

• Der Basic-Compiler Bascom

• Bascom-Programmierkurs

• Ein-/ Ausschaltverzögerung

Mikrocontroller - Technik mit Bascom

2010; KSF; 17 Bauteile; CD-ROM; Handbuch mit 220 Seiten

ISBN 978-3-7723-**4605-7**   € **79,95**

Besuchen Sie uns im Internet – www.franzis.de

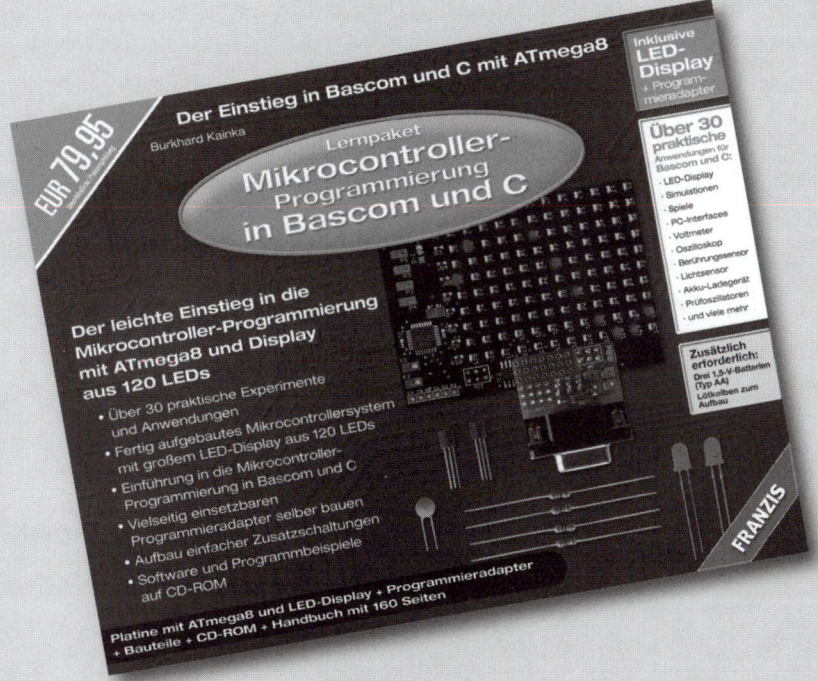

Dieses Lernpaket enthält den Mikrocontroller ATmega8, ein großes Display aus 120 LEDs, einen Programmieradapter und zusätzliche Bauteile für eigene Experimente.

- C-Projekte und Sprachstrukturen
- Verwendung des USART
- Terminal-Ausgaben mit Printf u.v.m.

Mikrocontroller-Programmierung in Bascom und C

2010; GSF; Bauteile; CD-ROM; Handbuch mit 160 Seiten

ISBN 978-3-7723-**5897-5**   € **79,95**

Besuchen Sie uns im Internet – www.franzis.de

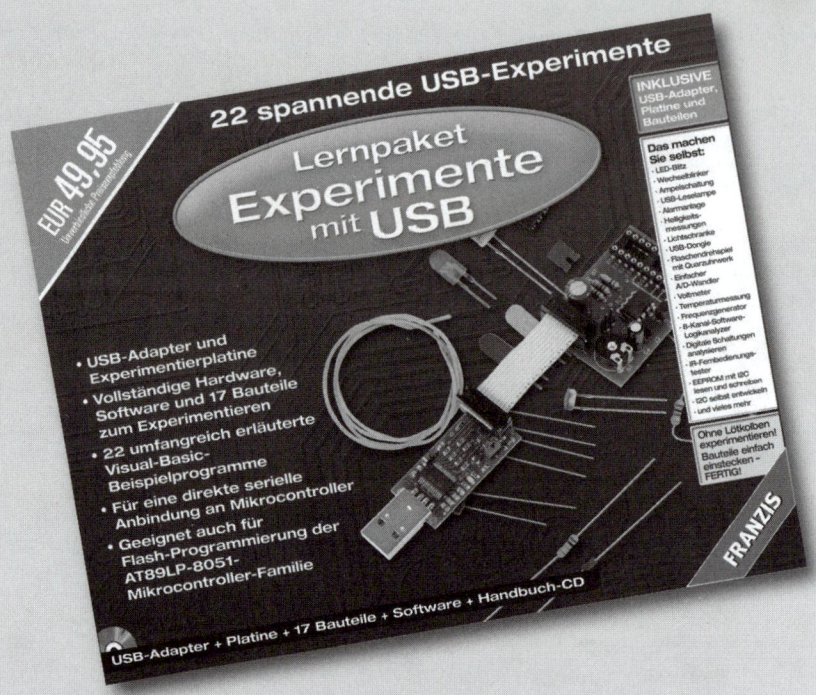

Das USB-Lernpaket startet mit einfachen LED-an-, LED-aus- und Ampelversuchen über USB. Ein Beispiel einer Alarmanlage und wie man den Wasserstand in einem Aquarium überwachen kann, vertiefen das gelernte Wissen. Auch der Spaß soll nicht zu kurz kommen: Haben Sie noch irgendwo ein Quarzuhrwerk, das nach einem kleinen Umbau über USB zum Flaschendrehspiel mutieren kann?

Anschließend werden die im Lernpaket enthaltenen Beispiele komplexer. Messungen von Helligkeit oder Temperatur mit einem selbst gebauten Analog/Digital-Wandler vermitteln weitere Grundlagen, die sowohl für die Software, für USB als auch für die Hardware notwendig sind. Manch einer wird sich danach vielleicht wundern, wie einfach ein selbst gebauter A/D-Wandler mit ein paar Zeilen in der Anwendungssoftware behandelt werden kann. Ein kleiner Fernbedienungstester mit Fotodiode, ein Voltmeter, ein Kennwort-Datenspeicher und die Verwendung als USB-Dongle sind weitere praktische Beispiele.

Lernpaket Experimente mit USB

2010; KSF, Bauteile, Software, Handbuch auf CD-ROM

ISBN 978-3-645-**65016-8**

€ **49,95**

Besuchen Sie uns im Internet – www.franzis.de